シン=トゥン・ヤウ
スティーブ・ネイディス
久村典子訳

宇宙の隠れた形を解き明かした数学者

カラビ予想からポアンカレ予想まで

日本評論社

The Shape of a Life

One mathematician's search for the universe's hidden geometry / Shing-Tung Yau / Steve Nadis

両親

ユウ゠ラム・リョンとチェン・イン・チウ

ロレイン・B・ネイディスとマーティン・ネイディス

に捧ぐ

亡き父の生誕百年紀に

浮き沈みの多い刺激に満ちた人生が一瞬にして消えた。

その人の東西の英知が今もわが胸にこだましているも、
その人の愛を十分に享受できなかったことを残念に思ってきた。

若い盛りは過ぎ去り、髪は白くなった。

だが私はしばしば、無頓着な十代だったあの運命の時を思い返す。はるかはるか遠くのあの夜、父が去って行ったとき、どれほど悲しかったただろう。もしも言葉を発することができさえしたら、父は私に何を語っただろう。その言葉を聞くことは決してないが、その考えはつねに私とともにある。

シン＝トゥン・ヤウ、二〇一一年

宇宙の隠れた形を解き明かした数学者　目次

まえがき

これまで「私の人生の話」を印刷物に載せたことがないので、単純に書くことを心がける。それが読者のためではないとしても、私のためにだ。というわけで人生の最初から始める。私は共産主義革命まっただなかの一九四九年春に中国に生まれた。数か月後、一家で香港に移り、一九六九年に大学院入学のためにアメリカに行くまでそこに住んだ。初めて太平洋を渡ってから五十年近い間に、アメリカとアジアの間を数え切れないほど行き来した。ときには、どちらが本当の故国なのか、また故国が二つあると言ったほうが正確なのかわからなくなる。だが、どちらにいても完全にくつろぐことはない。

たしかに、まわりの社会と真に一体になっていると感じたことは一度もないながら、アメリカでの快適な生活を築いてきた。一方、中国とは感情的・家族的な強い一体感があって、それが私の存在に深く染みこみ、組み込まれているようだ。とはいえ、何十年も離れているうちに故国についての見方が変わって、いつでも少なくとも一~二歩離れた所からものごとを眺めているかのようだった。アメリカにいても中国にいても、インサイダーの見方とアウトサイダーの見方を同時に持っているような気がする。

この感覚によって私は、やや特異な位置を占めるようになっている。それはふつうの地図では見つけられない、歴史的、地理的、哲学的に隔てられた、食事の面でもかなり大きな違いのある二つの文化と二つの国の間にある場所である。私の家はマサチューセッツ州ケンブリッジの、幸いにも一九八七年以来、勤務先であるハーバード大学から遠くない所にある。また、北京にも滞在中に使えるアパートがあるが、それよりずっと長く所有している第三の家がある。それは、半世紀近く私がどっぷりつかっていた分野、数学である。

数学は私に一種の万国パスポートを与えてくれた。そのおかげで世界中を自由に動き回り、同時に数学の恐るべき道具を活用してその世界を解明することができた。私はずっと、数学は興味の尽きない分野だと思ってきた。どうやら魔性があるらしく、距離、言語、文化の乖離に橋を架け、その力の生かし方を知っている人びとをほぼ一瞬にして同じページ、また同じ理解度へと連れていくことができる。数学のもう一つの魔性は、この分野で重要なことをするのにお金は、多少はかかるとしても大してかからないことである。多くの問題を解くのに必要なのは紙と鉛筆、それに集中力だけである。その紙と鉛筆すら不要なこともある。とびきり重要なことも頭の中でできるからだ。

大学院を出てからずっと、博士号を取る前からも、選んだ分野の研究を中断なく続けてこられたことを幸運に思う。その間に、この分野のために誇らしい貢献もいくつかした。しかし数学は、子どものときに私を魅了したにもかかわらず、そこでのキャリアは決して保証されてはいなかった。実際、人生の初期には現在通っている道にはとうてい届きそうもないと思われた。

私が育った家は経済の標準的基準では貧しかったが、両親がきょうだいと私に与えた愛は豊かで、知的に育ててくれた。悲しいことに私がわずか一四歳のときに父チェン・イン・チウが亡くなって、一家は赤貧に陥った。頼みの蓄えがないうえ、方々からの借金がかさんでいた。それでも母ユウ＝ラム・リョンは私たちの教育を続けると決めた。それは、学問をしなさいと子どもたちにいつも言っていた父の望みに沿ったものでもあった。私は勉強のことを本気で考えるようになり、数学が天職だと気づいた。香港の中学校と高校にいたときから数学には惹かれていた。

大きなチャンスがやって来たのは、香港の大学在学中にカリフォルニア大学バークレー校の若い数学者、スティーブン・サラフに会ったときだった。バークレー校の大学院で、同校数学科の有力者で中国系では当時世界トップの数学者だった陳（チャーン）省身の教えを受けて研究するように、サラフがお膳立てしてくれたのだ。

私をカリフォルニアに導いた思いがけないできごとの連鎖がなかったら、はたして数学にここまで深く入り込めたかどうかわからない。だが確かなことが一つある。母が子どもたち全員のために捧げた献身と、父が子どもたち全員に植え付けた勉学好きがなかったら、私はこれほどのキャリアを手に入れることはできなかっただろう。ここで語る物語を実現させてくれた両親にこの本を捧げる。また、過去数十年間にわたって私との生活に耐えてくれた妻ユーユンと息子たちアイザックとマイケル、そして私の兄弟姉妹全員に感謝する。

私は膨大な時間を、物の形と数、曲線、曲面、またあらゆる大きさの空間の魅力に浸りきって過ごしてきた。だが私の研究も人生も、家族、友人、同僚、教授や学生たちとの関係によって、計り知れないほどに豊かになった。

本書は、私が中国、香港、アメリカ合衆国を渡り歩いた長い旅の話である。私は幾何学の研究のために世界を旅してきた。宇宙をマクロとミクロの大きさの両面で明らかにしようと思えば、幾何学はきわめて重要な分野である。その旅の過程でさまざまな思索を経て予想を立て、「未解決問題」を提示し、さまざまな定理を証明した。しかし数学の研究で、単独でできるものはほとんどない。人は歴史を踏まえ、無数の相互作用によって形づくられる。そうした相互作用はときに誤解に至ることもあれば、争いになることもある。あいにく私もときどき争いに巻き込まれた。そうした争いを通して学んだことの一つは、「純粋数学」という概念は実際にはなかなか実現しがたいということである。性格や政治問題が思いがけない形で入り込んで、ときには数学固有の美しさを覆い隠すこともある。

とはいえ、同僚にたまたま出会ったことで予想外に実りの多い道を歩み、それが何年も何十年も続くこともある。結局、人は生まれた時代と環境の産物なのだ。私自身はさまざまな由来を持つようで、それが人生を豊かにも複雑にもしている。このあと、私の生い立ち、成長、そして人としての旅のようなものを、関心を持ってくれる読者に伝えたい。

この本に直接関与しなかったとしても、これからの話を一応、語る価値があるものにしてくれた人は大勢いた。その何人かに、礼を述べる。まず、辛い時期を通して、私ときょうだいをできる限り支え、つねに私たちに良い価値観を教えようとしてくれた両親には計り知れない恩を受けた。人生の主目的は金儲けではないことを教えられた。おかげで、たとえば実業や金融ではなく数学を職業にすることができた。私はどのきょうだいとも親しかったが、とりわけ姉シンユエには感謝している。この姉は死の瞬間まで、私とほかのきょうだいを支援するために、自身の職業を持つこともせず多くを犠牲にしてくれた。

同じく幸運だったのは、私が恋をしてのちに結婚した女性が、私と同じ考えを持っていたこと、つまり人生には財産やぜいたく品などを追い求めるより重要なことがあり、学問に励むことによってより多く報われると考えていたことだった。息子たちもまた、学問の道を進んでいるのを誇りに思う。

シウ・ユエン・チェン、シウ・タ・チウ、ブン・ワンなど生涯の友を持てたのも幸運だった。いずれも香港の学校以来の友だ。一年生のときの先生ミス・プーンは、幼くてひ弱な私に誰よりもやさしくしてくれた。崇基書院（のちの一九六三年に香港中文大学の一部となる）の一年次にH・L・チョウ講師の影響で数学好きになった。そして非常に幸運なことに、在学中にスティーブン・サラフに偶然出会い、彼が陳、小林昭七、ドナルド・サラソンらに助けられて私をカリフォルニア大学バークレー校に送ってくれた。

到着した瞬間から、数学を研究するのに素晴らしい環境を与えてくれたアメリカの教育制度に感謝している。この制度の偉大な特徴は、人種、経歴、あるいは訛りに関係なく才能を認めて育成することだ。この点でとくに名前を挙げたいのはハーバード大学で、過去三十年余にわたって私の心地よいホームだった。ハーバード大学数学科には素晴らしい同僚が大勢いた。多すぎて、残念ながらここには列挙できない。

私の経歴は、やや年上の、世間で認められた数学者たちがわざわざ手をさしのべてくれたおかげで計り知れないほど助けられてきた。真っ先に挙げるべきは私の指導教官で師である陳省身である。ほかにも大勢の人がとてつもなく大きな力になってくれた。アルマン・ボレル、ラウル・ボット、エウジェニオ・カラビ、広中平祐、フリードリッヒ・ヒルツェブルフ、バリー・メイザー、ジョン・ミルナー、チャールズ・モリー、ユルゲン・モーゼー、デヴィッド・マンフォード、ルイス・ニーレンバーグ、ロバート・オッサーマン、ジェームズ・サイモンズ、イサドール・シンガー、シュロモ・スタンバーグたちである。

数学者のなかには単独で研究するのを好む人もいるが、私は友人や同僚たちと一緒のほうが、うまくいく。長年にわたって偉大な人たちと出会えたことをうれしく思う。例を挙げると、シウ・ユエン・チェン、ジョン・コーツ、ロバート・グリーン、ディック・グロス、リチャード・ハミルトン、ビル・ヘルトン、ブレイン・ローソン、ピーター・リ、ビル・ミークス、デュオン・ホン、ウィルフリード・シュミット、リック・シェーン、レオン・サイモン、クリフ・タウビズ、カレン・ウーレンベック、ハン゠シー・ブ、ホン゠ツェール・ヤウ、そして私の弟スティーブン・ヤウである。とくにリック・シェーンとは約四五年間にわたって緊密に共同研究を行い、私の最良の研究は彼とともに行ったものだった。最初は私の教え子だったが、彼が私から学んだのと同じだけ私も彼から学んだのは間違いない。彼との友人関係は非常に貴重である。

ほかにも以前の学生たちとポスドク（博士研究員）たち、たとえば曹懐東、コナン・リョン、ジュン・リー、ボング・リアン、劉克峰、メリッサ・リュウ、王慕道と共同研究を続けている。中国と香港にもヤン・ロウ、チュウピン・シンのほか優れた数学の同僚が多数いた。また私のキャリアのほとんどの期間、物理学者たちとの間に緊密なつながりがあり、フィリップ・キャンデラス、ブライアン・グリーン、デイビッド・グロス、スティーブン・ホーキング、ゲイリー・ホロウィッツ、アンドリュー・ストロミンジャー、ヘンリー・タイ、カムラン・バッファ、エドワード・ウィッテンなどと交流した。私の数学研究がこうした交流の恩恵を受けてきたことは間違いない。また、物理学にもなんらかの恩恵を与えることができたと思いたい。

そんなこんなで、これまで心躍る旅をしてきた。この先の道にも楽しいサプライズがいくつかあることを望む（きっとそうなるだろう）。

シン゠トゥン・ヤウ

ケンブリッジにて　二〇一八年

長い年月にわたって多くの本を出し、そのなかで多くの人の紹介もしてきたが、これまで網羅的な伝記を書いたことはなかった。正直言って、誰かの個人史をできる範囲で完全にかつ深く掘り下げるのは興味をそそられる体験だったから、この本の読者にもその種の興味を感じてもらえるとありがたい。その作業はいくつかの点で、採鉱にも考古学にも似ている。大量に掘り、深く深く掘り、大量の物をふるいにかけてつかみ取るに値する宝を見つけるのだから。こうした過程の途中には学ぶべき新しいことが多数ある。たとえ、すでに知っていること、優に十年を超えて親しんできたことだとしてもだ。

もちろん、数え切れない人たちの助けがなかったらこの取り組みを完遂することはできなかっただろう。その人たちのできるだけ多くに謝意を述べたいが、名前を挙げ損なった人がいたらお詫びする。

この本は家族(共著者ヤウの家族)のことを多く書いているが、私の家族は登場しないので、まず両親と妻のメリッサ・バーンズに感謝する。妻は最初の三章について思慮深い意見を述べてくれ、この本とその執筆について、たいていの人は耐えられないほど多くの話につきあってくれた。そして愉快な娘たちジュリエットとポーリンにも感謝する。二人の偉大なきょうだい、スーとフレッドがいることも幸運だった。

ヤウと私は、イエール大学出版局の編集者ジョー・カラミアと、エバ・スケウス、アン゠マリー・インボルノニを始めとする同僚たちのたゆまぬ支援に感謝する。ジョーは最初から励まし続け、長い（そしてときに辛い）過程の間、熱意と陽気な応援を惜しまなかった。ジェシー・ドルチは校閲のエキスパートとして、私たちが多弁、冗長に陥りがちなのを、そしてときにあいまいになるのを巧みに抑えてくれた。私は時、場所、天気にかかわらず、「whether」と書くべきときに「if」と書く傾向があるのを知った。また私はマルクス兄弟のグルーチョ・マルクスのように「行く」と言うべきときに「来る」と言うことが多い。

　次に挙げる人たちも、この本とその執筆にさまざまな面で協力してくれた。

モーリーン・アームストロング
リディア・ビエリ
ジャン＝ピエール・ブルギニョン
モーリー・ブラムソン
アリシア・バーンズ
曹懐東
レンナルト・カルレソン
リリー・チャン
レイモンド・チャン
シウ・ユエン・チェン
アイザック・キュウ
シウ＝タッツ・チュイ
ロバート・コネリー
ダニエル・フォード
ロバート・グリーン
シアンフェン（デービッド）クー
サイモン・ゲスト
リチャード・ハミルトン
ジェニファー・ヒネンバーグ
トーマス・ホウ
季理真
セルジュ・クライナーマン
ジョー・コーン
サラ・ラボウブ
ブレイン・ローソン
クロード・ルブラン
ジュン・リー
ボング・リアン
劉克峰
ヤン・ロウ

L・マハデバン
ビル・ミークス
K・F・ン
デュオン・ホン
バーバラ・シューバール
J・マイケル・スティール
アンドリュー・ストロミンジャー
リ＝シェン・チェン
ワン・イーファン
ホンウェイ・シュイ
シャオティアン（ティム）・イン
レイ・チャン
フランシスコ・マーティン
ジョン・ミルナー
ピン＝ツェン・オン
ロバート・サンダーズ
リック・シェーン
マーサ・スチュワート
カレン・ウーレンベック
ハン＝シー・ブ
ホン＝ツェール・ヤウ
コスマス・ザコス
シ＝ピン・シュ
アレックス・メドウズ
イレーネ・ミンダー
ディック・パレ
ウィルフリード・シュミット
クリスティーナ・ソルマーニ
リディア・サフィアド
エマニュエル・ウルモ
ハオ・シュイ
スティーブン・ヤウ
チユアン・チャン

ハーバード大学数学科に在籍しながら『Journal of Differential Geometry（微分幾何ジャーナル）』誌の仕事をしているモーリーン・アームストロングは、本書に掲載されている写真を集めて準備したり、原稿の体裁を整えるなど、多くの面で助けてくれた。彼女がいなかったらどうなったかわからず、その努力に感謝している。また、多くの写真を提供するなどの助力をしてくれたリリー・チャンの親切にも深く感謝する。曹懐東、ヤン・ロウ、ハオ・シュイ、ホンウェイ・シュイ、スティーブン・ヤウにもたいへん世話になった。シャオティアン（ティム）・イン、シアンフェン（デービッド）・クーにも心から礼を言う。とりわけバーバラ・シューバールは素晴らしいイラストをわずか二週間ほどですべて仕上げてくれた。なんという離れ技だろう。アンディ・ハンソンもカラビ・ヤウ多様体を見事に視覚化し、また表紙のデザインについて貴重な助言をしてくれた。

バークレー校の数学者ハン＝シー・ウーは草稿の各章を熟読し、ときには何度も読み返してくれた。中国、数学界、またいくつかの複雑な数学的概念を説明する方法について示してくれた見識は、この上なく貴重なものだった。今でも、多忙のなかで、彼がどうやってこの取り組みにあれほどの時間を費やすことができたのかわからない。それでもやってくれたことに感謝する。そして、彼の賢明な助言、有益な励まし、聖人的辛抱強さのおかげで、私たちの本が計り知れないほど良くなったと確信している。

ありがとう、ウー教授。そしてこの数年がかりの取り組みに貢献してくれたすべての人に感謝する。ときには村ぐるみの、あるいはそれ以上の協力が必要だったとのこと。

スティーブ・ネイディス

ケンブリッジにて　二〇一八年

第1章 遍歴の青年時代

人はこの世に生まれ出るとき、どんな人生が待っているのか――どこへ行って何をしてどんな人間になるのか、なんの手がかかりも持っていない。最初の疑問への答えとして、生まれた場所を思い切って遠く離れることなく、人生を始めた場所の近くで人生を終える人がいる。一方、多くの土地を踏む人も。私は後者で、数学と物理学の分野内を遠く広く行き来し、同様に世界中を広く旅した。

旅好きが私の宿命であり、また私の遺伝子に組み込まれているのかもしれない。というのも私の一家は客家《はっか》の出なのだ。客家とは中国北部の黄河流域が起源と考えられている民族で、過去千年間ほどの間に繰り返し移住を余儀なくされて南に移動し、徐々に居場所を広げた。客家の系統には中華民国の初代大統領の孫逸仙(孫文)と、二十世紀の二十年間、中国最有力の人物であった鄧小平のほか、シンガポールの初代首相で「建国の父」と呼ばれたリー・クアンユーがいる。

客家人は現在およそ八千万人いるが、遊牧民の素因があったからではなく必要に迫られてさまよい歩いたことから、もともとは「客人」または「掘っ立て小屋に住む人」と呼ばれた。彼らが移動したのは戦争や飢饉を逃れるために必要だったとき、または、それほどドラマチックではないが定職を求めてのことだった。その途上、客家人は数え切れないほどの苦難に耐えたためそれが信条の一部となった。もっとも、多くの客家人が、いつか故国に帰るという夢にしがみついていた。しかし、その機会が発生したとき、動かずにじっとしていたのでもあった。たとえば私の祖先たちは八百年以上も我が家の故郷に定住していた。

とはいえ、客家人がしばらく一か所に住みついていると、しばしば近隣でもいちばんやせた高台の耕地に追いやられた。ずっと以前から肥沃な低地の権利を主張していたにもかかわらずである。乾燥した栄養分の少ない土壌では中国の主要な作物である米と小麦を大規模にうまく育てることができず、トウモロコシやさつまいもの栽培を試みざるをえないことが多かったが、それらの作物さえ失敗することもあった。侵略などの緊急事態が原因で客家が再度の移動を迫られたときは、住んだ土地が耕作限界地だったことで離れやすかった面があったかもしれない。

私の経験でも似たようなことがあって、転居を何度も経験した。子どものときは事情によって一家が住まいを変えざるをえなかったし、大人になってからは研究者によくあるようにときどき任地を変えた。私は一九四九年四月四日、中国南部の町汕頭《すわとう》で最終的に八人となるきょうだいの五番目に生まれた。生まれたとき、三人の姉シン＝シャン、シン＝フー、シンユエと兄シン＝ユクがいた。六か月後、両親は私たち五人全員を連れて香港に移った。共産党が政権奪取を完遂する直前のことだった。当時、香港は避難を望む知識人に人気がある安息の地だった。

父チェン・イン・チウも、多くの人と同じように我が家の香港滞在は一時的なものになるだろうと考えていた。共産主義政体は長くは続かないだろうと。その信念が誤っていたことを歴史が証明している。私の近親者の何人かはのちに思い切って北米やイギリスに渡り、終生中国に住んだ者は一人もいなかった。

私の成長期には、父と母ユウ＝ラム・リョンは主として客家語を話していたが、この言語は近頃あまり聞かれない。父の教え子たちとは標準中国語を話していた。家の外、とくに香港の学校では広東語を話さざるをえなかった。父は知性を育てることを重視する客家の思想に強く影響されていたため知育を重要視していた（ただし、残念なことに女子より男子の教育に重点を置いていた）。一生懸命勉強すれば未来が開けるという理解だった。この戦略は父にとっては、金銭面ではともかく知性面ではうまくいった。というのも、父は尊敬される学者、作家、そして哲学、歴史、文学、経済学などの教師になったのだった。

私の人生で父が生前も現在も大きな存在であるおかげで、私もまた同じ思想に強く影響されてきた。その基本的な教えをいくぶんか息子のアイザックとマイケルに伝えようとしてきた。一方で旅好きを忘れたことは一度もなかった。旅が仕事に必須だったからであり、また世界を見るのが好きだったからだ。新しい景色と新しい考えに触れることが学問界において、また「象牙の塔」の縛りから遠く離れるためにも有益なことだとつねに感じていた。

父は自分が子ども時代にそうだったように子どもたちに猛勉強をさせることを優先事項とした。もっとも、自分の学究に必要な物資をまかなうのも容易ではなかった。父は中国の南東部にある広東省蕉嶺県《しょうれいけん》の農家で育った。一家は極貧で物を書く紙も買えないほどだった。仏教寺院にはふつう、儀式用の紙が用意してあったから、それをもらって、父が頭角を現していた勉強などに使った。

五歳のとき、父は『論語』(古代中国の哲学者の教えを集めたもの)の長い節をいくつも暗記し、『孟子』(孔子の弟子である孟子の著作)の暗記にも取り組んでいた。七歳で近代的な学校に入学すると、高校まではずっとクラスでトップの成績だった。一八歳になると陸軍士官学校に入ったが、病弱だったため長くはいなかった。その後、日本の早稲田大学に入り、二二歳で修士号をとって卒業した。

母はその点では父より運が悪かった。高校卒業後に学業を続ける機会に恵まれず、卒業後は母校で司書として働いた(ただし母の父、つまり私の祖父は名誉ある学者で、絵画、詩、書の作品で知られていた。祖父の弟子に有名な芸術家が何人かおり、なかでも林風眠《りんふうみん》は二十世紀を代表する中国の画家の一人である)。世が世なら母も大学に行ったであろうが、一九三〇年代は中国でも世界のほかの地でも、女性が大学に行くのはまれだった。そのことで母が落胆したか、それ以前にそのことを深く考えたかどうかは定かでない。良くも悪くも、女性は自分を犠牲にして夫や息子が成功するように尽くすものであり、それがひいては家族に栄光をもたらすのだという考えが支配していた。

今では、そのやり方が公平だとはまず考えられず、現代の男女平等の考えに合わないのは明らかだ。当時はそうではなかったから、母は敢然と自分の責任を果たして、信じがたいほどに夫と子どもたちに身を捧げた。それについては変わることなく感謝しているが、子や孫たちが得られた機会を母も持てたらよかったのにと思う。

香港でのくらし

両親の結婚式の写真。ユウ=ラム・リョンとチェン=イン・チウ(1941年)

父の学者生活は幸先の良いスタートを切った。一九四四年、三十歳代そこそこで中国福建省の廈《あ》門《もい》大学で歴史と哲学の講師になった。思慮深く、高等教育を受けてどこまでも知的だった。だがビジネスの経験はなく、その分野での鋭い直観も乏しかった。長年の間に両親はいくらかの土地と漁船、その他の資産をどうにか手に入れていたが、共産党が国の支配権を握ったとき、そのすべてを失った。その共産主義の「事件」がすべて収まったら、汕頭に帰ろうと父は思っていたが、「事件」は収まらなかった。したがって、わが家は決して帰らず、土地や船や他の財産のどれも、取り戻せなかった。

一九四九年に一家が香港に着いたとき、父は何十万人もの中国人難民の多くと同様に職がなかった。わが家は父を含めて七人家族（まもなくさらに子が三人生まれる）を養う必要があり、加えて家事を手伝っていた養女である姉と、母方の親戚、つまり母の母、兄弟三人、姉妹三人と義姉妹一人の計八人の扶養家族がいた。食べさせる口がずいぶん多かったが、それが中国のしきたりでは逃れられないことであり、足かせだった。家長たる者、一族全員を養う責任があった。そういうわけで父には面倒をみるべき大家族があり、お金はほんのわずかしかなかった。しかし中国ではこの状況から免れるのは難しい。年少者は最年長者を敬うべきである一方、最年長者は彼らの面倒をみるべきであり、「彼ら」はときに、相当に大きな一団だった。

これが、わが家が香港の元朗《ゆんろん》の西に位置する農村に初めて住みついて、なんとかやっていこうとしたときに父が直面した重荷だった。父は持ち金のほとんどを農場経営に注ぎ込んだ。それが、大家族の暮らしを支える最良の方法だと考えてのことだった。その意図は立派だったものの、父には教育者の才能ほどには農場経営者の才能はなく、農場は二年たたないうちに失敗に終わった。そして汕頭から持ってきたお金（それまでの蓄え）はほとんど消えてなくなった。私たちは所持品の多くを質屋に持ち込まなければならず、それでもどうにかやっていくだけのお金はないに等しかった。

父が文無し同然になったため拡大家族はもう養えなくなった。叔父の一人は中国に戻り、ほかの二人は香港のほかの地に職を求めて去った。残念ながら祖母と叔母たちも出て行かなければならな

香港、沙田のヤウ／キュウ一家、1955年。前列左からS・T・ヤウ、シン=ユク、シン=ホウを抱いているユウ=ラム・リョン（母）、スティーブンを抱えているチェン=イン・チウ（父）、シン=カイ、シンユエ。後列左からシン=シャンとシン=フー

かったので、経済難はいくぶん楽になった。

元朗でわが家が住んだ最初の場所は、多くの家族が一緒に住む大きな建物だった。電気は通っていなかったので、石油ランプで灯りをとった。水道もなかったため、近くの川で水汲みと水浴をしなければならなかった。川の水面はときには高くときには低く、ときには冷たすぎて快適に水浴することはできなかったが、ほかに選択肢もなく、高かろうと低かろうと、暖かろうと冷たかろうと衛生第一で、何があっても水浴びをした。

父は九龍と香港の両地区で教職をいくつか得ることができたが、どちらも家から遠かった。早朝に起きてバイクタクシーでバス停まで行き、そこからバス、次にフェリーと、少なくとも二時間の移動を余儀なくされた。仕事と長い通勤時間のせいで、家族と過ごす時間はあまりなか

った。実際、父にまったく会わない日々もあった。

悲しいかな、これがおおむね父の香港生活だった。父は高く評価された学者だったにもかかわらず、それにふさわしい高給の職を得ることができなかった。英語を話さなかったため、より高給が得られるイギリス系の学校で教えることができなかったのだ。代わりにいくつかの職、しばしば同時に三つの職を掛け持ちせざるを得ず、どれも給料は良くなかった。その結果、仕事と通勤、職場間の移動に長時間を費やして、母と私たちと過ごす貴重な時間はほとんど残らなかった。

母もまた、過酷な長い時間を過ごしていた。一日は朝の五時か六時に始まった。私たちの朝食にパンかおかゆを用意するのだが、それでも十分な食料のつもりだった。しばしば真夜中まで起きていたし、さまざまな仕事に追われて時間が足りず、悲しいことに徹夜することも珍しくなかった。母が起きている時間は、このようにほとんど終わりがなく、私たち子どもに食べさせ着せて家事をし、私たちの衣服を手作りし、学校に間に合わせ、病気のときは看病し、さらに宿題の手伝いもした。

それに加えて、編み物、刺繍、その他いろいろな針仕事で収入を補った。セーターなどを編んだり、まくらや寝具に花の刺繍をしたりしたものが町で売れて、家計の足しになった。また、プラスチックで花をつくって売り、さまざまな物をビーズでつくった。辛い生活だったが、母は決して愚痴を言うことなく気高く耐えた。だが、父の稼ぎに母の分を足しても、自由になるお金はほとんどなく、朝には、その晩食べるものがあるかどうかわからないという日がちょくちょくあった。

母はニワトリを何羽か飼っていたが、子どもたちに安定した栄養を与えられるほどではなかった。ときどき、近くの教会から食料が少し手に入った。教会ではゴスペルを歌うときに米、小麦粉その他、アメリカから寄付された食品が配られた。教会からの支給品が底をつくと、ほかの救援物資や慈善品を得ようとしたが、地域に住む貧しい人びと全員が同じように困窮していたため、あてにはならなかった。

私の兄弟姉妹は楽しみをみつけて精一杯暮らしをよくしようとした。客観的には私たちは貧困のなかで育ったが、もっと良い生活を知らなかったから貧乏とは思っていなかった。私たちには金銭的不足を埋め合わせる豊かで刺激的な家庭生活があった。そして私たちはほかの子どもたちと同様に笑ったりふざけたりしていた。どんなファッションコンテストでも優勝しそうにない安い履き物と衣服を身につけていたのはいいとして、貧困の影響が最も顕著だったのは、食料不足と止むことのない空腹感だった。それは通常、背後に潜んでいたが、ときには前面に飛び出してきた。

そのため私たちの屋外行動の多くは周囲の畑での食料探しを伴うものだった。わが家は農場に囲まれていて、作物が収穫されたあと、さつまいもなど食べられる物が残っていたから、それを採取したのだ。近くの田んぼを掘り起こして探すと、よくヒシの実が見つかって、おいしいおやつになった。カエルを捕まえようともした。おもちゃにすると楽しいし、とくに大きいカエルは上手に調理するとおいしかったから。カエルはニワトリのエサにもした。田んぼをうろうろすることの欠点はヒルで、ときどき脚や腕に吸いつかれた。ヘビも怖かった。どれが毒ヘビかわかりにくかったので、精いっぱい出合わないようにした。

五歳のとき、公立学校入学予定者全員に課される試験を受けたうえで正式な教育を受け始めた。この試験には、私が受けた最初の数学の試験が含まれていた。いくつかの問題のなかに、一から五〇までの数を順番に紙に書くのがあった。中国の学者は、父もそうしていたように右から左に書く。だから私は、数を右から左に書くものと考えたのだが、それは間違いだった。数は西洋の慣習に従って左から右に書くのだ。たとえば私の流儀で一三と書くと、それは三一になった。実際、私の間違った書き方のせいで二桁の数は（一一、二二、三三、四四を除いて）すべて逆になった。その結果、私は試験に落ちた。

村の学校に入る

この間違いの結果は深刻だった。一般に成績が良い生徒が行く普通の公立学校に入れず、あまり見込みがない生徒のための村の学校に入れられた。学校そのものの期待も低く、芳しくない評判を浴びていた。

泣きっ面に蜂とはこのことか、わが家はまもなく新しい家に引っ越した。そこは牛糞を肥料にする処理場のすぐ隣だった。いつも牛の糞の臭いがして、風向きが「適切」――わが家にとっては不適切――なときは乾いた糞の粒子が家の中に舞い込んでくることがあった。だから私たちは愛情を込めて「牛糞の家」とあだ名をつけた。

　極めつけは、低水準の学校がさらに遠くなり、片道三キロ超を歩かなければならなくなったことだった。それは小柄な五歳児にとってかなりの距離だった。一人で通わなければならず、酷暑の日が多かったため、母が太陽の光を遮る日傘をくれた。身長が低い私が頭上に半球状のものをかざしていたことから、「小さいキノコ」とあだ名がつけられた。このあだ名は決して好きではなかったが、広まってしまったので我慢するしかなかった。

　その「キノコ」はときどき、学校の行き帰りの途中で祖母の家でひと休みした。そしてときには、祖母があした昼食を食べにおいでといってくれた。祖母がごちそうを目の前に並べてくれるのを夢見たりもしたが、結末は決まってつつましい食事――小さい茶碗のご飯におそらくわずかな醤油で味をつけたものだった。それで、わが家がどれだけ貧しかったかわかるだろう。なにしろ、小さい茶碗に一杯のご飯がご馳走だと考えられたのだ。わが家の子どもたちがしばしば食べ物のことを考えたのも無理はない。私たちはいつもお正月を楽しみにしていた。来年はもっと良いものを食べられると期待したからだ。じつは、どの祭日も楽しみにしていた。鶏肉か豚肉を一口か二口、お菓子を一切れ――とにかくいつものただのご飯と水っぽいスープの食事ではないものにありつけるかもしれないからだった。

　私は歳の割に小さくてやせっぽちで、よく言われる「一腹の子のなかでいちばんちび」だった。学校に通う道が同じ子どもたちのほとんどが私より大きくて強く、気性も荒かった。彼らはちょくちょくけんかをしたのだが、あるとき、重傷者も出た格別ひどい乱闘を私のせいにしようとした。先生も乱暴者たちの味方をして私を責めた。どんな罰を与えられるのかわからなかった私は、心配しすぎて具合が悪くなった。父は、私の病気(今ならおそらくストレスか不安神経症に関連づけられるものだろう)が治るまで、しばらく学校を休ませることにした。

まもなく一家がまた引っ越したため救われた。一九五四年の終わり頃、私がまだ五歳のとき、父は、当時は香港の真北の小村だった沙田《しゃてぃん》に一家を連れて行くことにした。父が翌年に講師になる予定の崇基書院が沙田に移ったばかりだった。そこでは父は経済学、歴史、地理学などさまざまな科目を教えることになっていた。

当時、村の商業地区は店が一～二ブロック並んでいるだけと小さかった。今では沙田は人口が六〇万人超となり、さらに増え続けている。わが家の最初の家は丘の上の仏寺の隣にあって木々に囲まれ、家の中が暗く湿って陰気でさえなかったら、すばらしかっただろう。小学校までの道のりは、ここでも三キロ超だった。私は文句を言って、もう学校へは行かないと騒いだが、その主張は無視された。しかし、転居した最初の年に家族全員が病気になって高熱を発し、(少なくとも私は)夜間にせん妄状態になって悪夢に苦しめられた。

みんなの病気の原因は皆目わからなかったが、家が冷たくて湿っぽかったからだと思われる。寒すぎることがある反面、じめっと暖かいこともあった。いずれにしても父は翌一九五五年にもっと良い家に移ることにした。そこにはほかに三家族が住んでいた。その家も丘の上にあって、それほど遠くない海の景観がすばらしかった。実際、かなり簡単に海まで歩いて行って泳いだり、貝殻やヒトデ、カニなどを採集することができた。

末の妹シン＝ホウが生まれ、養女の姉モイ・ニが結婚して出て行ったため十人家族になっていた一家は、二寝室だけの家に詰め込まれた。それでも、私が子ども時代に住んだなかではいちばん良い家だった。一つには隣の人たちがとても親しみやすく、環境がとても魅力的だったからだ。一年のさまざまな時期に花を咲かせる背の高い花木が点在し、バラ、ボタンなどの花が庭じゅうに植えられていた。海まで歩いたり山に登ったりしてもいいし、ただ遠くの美しい景色を眺めていることもできた。そうしていると悩みも消えた。まるで私たちがその景色を作ったような気分になったものだ。

それ以前の住まいに比べればずいぶん良くなったが、その家も豪華と言うにはほど遠かった。安普請で、壁の一部は泥でできていた。大嵐のときは建物全体が揺れて、ばらばらに吹き飛ばされるのではないかと恐れた。大きな台風に襲われたときは実際に家のあちこちが倒れて、下の粗悪な構造をむき出しにした。

そしてそこでも、家には水道がなかったから近くの小川から汲み上げた。あるとき自分勝手な近所の男が岩と泥で小さいダムを造って小川の流れを変え、自宅の庭に設けた貯水池に流し込んだものだから、ほかの家の水がなくなった。そこで、きょうだいで結束して障害物を取り除いて小川の自然な流れをもと通りにした。近所の人は大男で私たちに立ち向かったが、同じように給水を断たれた家族の子どもたち十人が手に手に長い棒を持って彼の家を取り囲み、公正な行動を求めた。ついには男が折れて、私たちはまた小川からバケツで水を汲めるようになった。

ということは、小川が干上がる（ときどきそうなった）まで、道教寺院まで水を汲みにいかなければならなかったということだ。そこから四〇リットルのバケツを一キロメートル近く運び上げなければならず、幼い子どもには骨の折れる仕事だった。小さいときはバケツの取っ手に長い棒を通して二人でかついだ。子どもの頃は水を手に入れるのに苦労したが、アメリカでは水があるのは当然のことで、ときにはぜいたくに浪費されている。水がなくなったとき、あるいは少量の水でも手に入れるのに悪戦苦闘しなければならなくなって初めて、人は水の大切さを知る。科学の授業でしばしば水は生命のためになくてはならないと教わるが、わが家は日々の経験で、それをたびたび思い知らされた。

水汲みにも良いことがあって、それは山地に入っていく口実ができたことだった。山には小川がいくつかあって、そこで岩の上で遊んだり、魚を捕まえてときには裏庭の大きな鉢で飼ったりした。また、（ほとんど絶え間ない飢えを癒やすために）木の実を探したり、花を買えないため野の花を集めたりした。

母は毎日、食べ物を調達しに町へ行かなければならなかった。ときには私たちを連れていったが、そこではときに面白いことがあった。朝、人びとが通りに並んで品物を売っていると、違法な路上販売をやめさせるために警官が定期的にやってきた。するとその場は大混乱になって人びとはあわてて四方八方に逃げた。警察から逃げるとき、多くの人が持ち物をなくすのを気の毒に思った。食べ物を買うお金が十分ないのはわが家だけではなかった。よそでも貧しい家族は金品を貯めておいて、とくに厳しいときは助け合った。この相互扶助のおかげで、たびたびあった金欠のときも食べ物にありつけた。それと同じ精神で私の両親も、自分たちが食べるのも苦しいときでも困っている友人や親戚を助けた。両親はできる限り人助けをしていた。それが気前の良さと徳の手本として私の中にある。

なんとか生きていくために日々苦闘するなかで、いつも楽しみにしていたのは祝日だった。そういう日は差し迫った問題は一時脇に置いて、その一瞬を楽しむことができた。たとえば一九五六年初めの春節には例年のように大いに祝った。貧しかったものの、母は準備に丸一か月をかけて自作の果実酒、正月もち、団子などのごちそうを家族と友人たちへの贈り物としてつくった。

春節の前日（除夕）は中国ではとくに重要だった。わが家もよそと同じように集まってごちそうを食べた。父が祖母と祖父ほかの親戚の写真をテーブルの上に置いて香をたき、先祖の出身地の話をした。私たちは慣習に従って写真に三回お辞儀をして祖先への敬意を表した。

翌日は爆竹に火を付けることから始まった。私はたいてい花火を打ち上げる係だった。そのあと両親が子どもたち全員に立つように言うと、私たちは両親におじぎをして「あけましておめでとう」などのお祝いの言葉を述べた。母が各自に少額のお金、たいてい一香港ドルを幸運を意味する赤い封筒に入れてくれた（金額はささやかな、当時で約一五米国セントだったが、それでもボウル一杯の麺を買うには十分だった)。春節は両親にとってとても重要だったから、そのささやかなお年玉を私たちに与えるため、借金をすることさえあった。

父は次に私たちを連れてバスで友人たちと親戚に会いに行った。裕福な友人を訪問してまた赤い封筒をもらうと、そのお金を母にあげた。この慣習によって、私は父と親しい多くの人たちに会うことができた。こうした集まりのとき子どもたちはときに集まってポーカーをした。祝祭日でないかぎり、めったにできないことだった。

もう一つのお祝いごとが九月頃、ときには十月にあった。中秋節だ。母がさまざまな詰め物をした焼き菓子、月餅をつくったものだ。それから子どもたちは夜遅く、ランタンを持って山や丘を走り回った。ランタンは燃えやすいので危険だったが、ずいぶん楽しくもあった。

こうした祝祭行事を振り返ってみると、この上なく苦しいときでも生活苦と欠乏のなかにつかの間の息抜きがあったことがわかる。

父の授業

週に一度、父が兄弟と私、それに近所の男の子たちに書と漢詩を教えた。誇りある学者は誰でも書に長けていなければならないというのが父の考えであり、古代にもさかのぼる習わしだった。私たちは過去の有名な詩人の作品を暗記し、それを安い紙に書かなければならなかった。立派な学者は炭を石で摺って墨をつくるのだと父に教えられて、そのとおりにした。それは根気のいる作業だったが、自家製の墨は店で買えるものより質が良かった。

次の段階はもっと辛かった。長い詩を覚えて父の前で暗唱するのだ。言葉を正しく発音し力強く話すように、と父は主張し、「大きな声で読まなければ詩の感覚はわからない」と言った。

子どもたちが声を張り上げて発する詩の音がうるさいと、ある隣人から苦情が来た。騒がしいパーティよりはましな詩の朗唱だったのだが。父が与える課題はときに私には難しすぎたが、それでもこうした練習によって中国文学と歴史について多くを学んだ。

当時、私は学校の勉強には熱心でなかったが、父の授業はまじめに受けた。当時から今日に至るまで、父は私にとって最も重要な教師だった。父による早期教育が中国の歴史、文学、詩への関心に火を点け、それが私から消え去ることは決してなかった。それは私の数学研究にも影響している。問題を解く実際の技巧ではなく、つねにその歴史的背景を理解しようとする、問題へのアプローチに対してである。以前どうだったかを知れば、次の段階はどうあるべきかを知る手がかりが得られることが多いことにも私は気づいた。

もっと一般的な意味で言うと、父が私に高い期待をかけていたことが私にプラスに働いた。もっとも、幼少の頃はどうしたらその期待に応えられるのかを知らず、残念なことにそれが見つかったのは父亡きあとだったのだが。父から教えを受けたことに加えて、普段のやりとりもさることながら、ちょくちょく家に訪ねてきた大学生くらいの教え子と父が活発に議論するのをそばで聴いているのも楽しかった。ときには話の内容が哲学的で、子どもの理解をはるかに超える考えを論じていたが、話される言葉のわくわく感を感じることができたから、そうして人びとを魅了する発想の力を知った。

それが、いろいろな意味で正式な学校教育に先立った私の非公式な教育の一部だった。元朗では一学年でいじめられ半年近くを無駄にしたが、沙田に移ったため新しい学校で新しい先生方や級友と一からやり直した。級友たちが私の薄っぺらな靴や手縫いの衣服を笑うことはあったが、そのあざけりは決してひどいものではなかった。それに、衣服にはあまり頓着しなかった。

目立った変化として、新しい学校の授業は以前より、とくに前年に私が通った、というか部分的に通った補習学校と比べて厳格だった。二年生になると私は本当の学習とは何かを感じ始めたが、正直なところ成績はあまりよくなかった。三年生になっても芳しくなかった。じつは、まじめにやらなかったからだ。片道一時間の通学だけですでに十分に疲れ、ときには耐えられないほどだった。そして決して好きになれない「小さいキノコ」というあだ名もまだついて回っていた。

ときどき帰り道で、嫌気がさしてイライラして道端に座り込むことがあった。すると父が三番目の姉シンユエを迎えによこすことがあった。私が苦しんだのは学校への行き帰りだけでなく、授業前のスポーツも苦手だった。バスケットボールの試合も下手で入れず、子どもたちがしていたほかの試合にも、たいてい小さすぎて加われなかった。

ほかの子どもたちがスポーツをしている間、私は小さい丘の上にあった校庭を歩き回っていた。

そういううろうろ歩きをしていたとき、人間の頭蓋骨と白骨化した遺体を見つけた。墓地だった場所に学校が建てられたからだった。

学校の唯一のトイレは外に出て六〜七分歩いたところにあって、大人たちがそこに隠れてアヘンを吸っていた。そういうわけで私たちはなるべくトイレに行かないようにしていた。ほとんど行くたびに、その種の人たちに出会ったからだ。もっとも、トイレに行くことには隠れた教育的メッセージがあったかもしれない。「子どもたちよ、クスリをやるなかれ（さもないと、思った以上の時間を公衆便所で過ごすことになるかもしれないのだから）」とでもいうような。

学年末にシンユエが放課後、友だちと私に偶然出会って、後期はどうだったか聞いた。私は成績が標準以下だったのがわかっていたので答えに窮した。だが友だちは、私がすごい成績だったと言った。

「どれくらいすごいの?」と姉が聞いた。

「こいつはクラスで三六番だよ!」と友だちが自慢した。彼自身は、おそらく四十人そこそこのクラスのなかで四十番くらいだったのだ。

四年生になる頃には私の成績は改善し始め、五年生にはさらに良くなってクラスで二番になったから、父が喜んだ。数学も、かなり良い成績だった。もっとも、その頃は大した数学はやっていなかったのだが。五学年では英語の学習も始まった。それまで英語は一言も話したり聞いたりしたことがなかったが、私の人生に長い期間にわたって影響を及ぼすことになったこの言語に関して、すでに起こっていることがあった。当時の香港はまだイギリスの支配下にあった。私の学校は半分、政府の支援を受けていたので、生徒はそれぞれ政府に届け出る必要があった。だが記入すべき書式は英語だった。私は英語が全然わからなかったので、先生が代わりに記入してくれた。標準中国語で私の姓を英語にするとChiu（チウ）で、父が使っていた名前だった。しかし先生は広東語の名前を英語にした。それが、私の名前がヤウになった顛末で、それ以来ヤウと呼ばれるようになった（チウもヤウも、紀元前五五一年に生まれた有名な孔子のファーストネームである。健筆の著作家で思想家の孔子は、真の理解は猛勉強によってのみ得られると強調した。父はそうした教えを幼少期から私たちに伝えたから、私たちは孔子から名前をもらっただけでなくその思想の一部も学んだことになる）。

後年、私の息子たちは二人とも、家風を尊重してチウと呼ばれることを選んだ。しかし当時、父は私が小学校でヤウと呼ばれることを気にしなかった。私もその頃は幼かったから気にしていなかった。私の英語名が届出用紙への記入を超えて意味を持つことになるとは、思いもしなかったのだ。私がやがてアメリカに定住し、永遠にヤウを名乗ることになるとは、当時だれも予想できなかった。

五年次では英語をあまり勉強しなかったが、六年生になって同級生たちとともにガツンと目を覚まされることになった。マという香港大学を卒業したばかりの新しい先生が来たのだ。マ先生は、クラス全員が英語しか話してはいけないと決めた。そのことで、クラス全体がパニックに陥った。なにしろ、それまでに触れた英語はほんの少しだったのだから。最初の二週間、誰も先生が言うことを理解できなかった。「ドゥ　ユウ　アンダスタンド？」と先生はよく英語で何度も熱心に聞いたが、質問を理解できる者すらほとんどいなかった。一部の生徒にとってこれは最悪だった。というのもマ先生はとても厳しくて、ためらいもなく悪い成績を付けたのだから。ある日、怒りにまかせて学校にナイフを持ってきた生徒たちがいた。彼らは放課後、バス停に向かって歩いていたマ先生を取り囲んでひどく殴りつけた。私の級友たちはそれほど乱暴だった。それは恐ろしいできごとで、マ先生も自身の教育法を考え直したようだ。

六年次で起きたもう一つの大きなできごとが、すべての学校で行われた一斉テストだった。どの中学校に行くかを決めるために生徒全員が受ける必要があった。このテストは誰にとっても重要だったが、それをさらに重要にしたのが、香港では中学校と高等学校が一緒になっているという事情だった。したがって、そのテストの準備をすることが六学年最初の唯一の優先事項になった。少なくとも、そうあるべきだと考えられた。約四五人の生徒がいる私のクラスが七つの班に分けられた。私は前年、クラスで二番だったので、約七人からなる一つの班の班長に指名された。もちろん、私自身がたった一一歳の子どもで、しばしば手に負えない同級生たちを監督する資格もまるでなく、自分でも彼らを行儀良くさせる役割を果たせるとも思っていなかった。

「壁のない学校」の初日、私はいつもの時間に家を出て級友たちと合流したが、何をしたらいいのかわからなかった。私たちには本もなければ、勉強できる公共図書館もなかった。何もしない会合が数回あったあと、班の二人が別行動をとったが、四人は私のそばを離れなかった。どうすれば時間を生産的に使えるのかわからず、私たちは沙田地区をうろうろ歩き回った。こうして私はつかのま非行少年になった。

中学校の入学試験

この期間の私たちの行動は無害なこともあったが称賛に値するとはいえないこともあった。私たちは市場をうろつき回り、折りあらば物を盗んだ。ときにはほかの「ギャングたち」と出くわしたが、その遭遇が友好的とは限らなかった。あるときは鉄道線路の近くで悪ガキの一団と出くわした。状況を見積もって完全に力負けしていると踏んだ私は、攻勢に出ると決めた。石をいくつか掴んで相手に投げつけると、驚いたことに相手は恐がって逃げた。級友たちは私の先制攻撃を勇敢さのしるしと見て、私ができるリーダーだと確信した。こんなことはとくに自慢にもならないが、ほかの子どもたちより身体が小さくて弱かったにもかかわらず、出くわした悪ガキ団（私たちとそれほど違うわけではない）に立ち向かうことを恐れないという経験にはなった。この精神力の強さはその後の難局でも私の力になった。それは不良少年たちの集団には何の関わりもなく、好んで使われる武器が棒や石ほどはっきりした形のない、数学や学問一般で起こる難局でも同じだった。

わがままな私たち六年生グループは、ほかのときもけんかをしたが、もっと罪のない遊び――ビー玉をしたり海辺をぶらぶらしたり、山に入って鳥やヘビを捕まえたり――もした。しかし実情は半年間、役に立つといえることはあまりせずほとんどうろつくばかりで、勉強や学問的大志を高めることを何一つしなかったのは明らかだった。

この期間、私はふつうの学校生活と同じように毎朝七時半に家を出て夕方五時頃帰っていたので、両親（ときょうだい）はこうした「課外活動」が行われていたとはまったく気づかなかった。だがまもなく春になって、報いを受ける日は来た。私たちは全員、中学校の試験を受けなければならなかったが、私の班のほぼ全員が落ちたのだ。年度末の前に香港政府が合格者名を新聞に載せて発表した。その日の午後、近くで友人たちと楽しく遊んでいると、姉の一人が割って入って「父さんが話があるそうよ」と重々しく言った。

父は家の中にいて、それまで見たこともないほど怒っていた。合格者のなかに私の名前がなかったからだ。「おまえは終わりだ！」と父は言った。その言葉が状況をかなりよく表していたが、まだかすかな望みはあった。新聞の次ページの補欠者リストに私の名前があるのに気づいた。それは公立の中学校には席が得られなかったが私立学校には出願資格がある生徒の名簿だった。

父は厳しく私を罰するつもりだったが、私にまだチャンスがある、つまり漢詩の古典や歴史物語を教えた父の努力のすべてが無駄になったわけでもなさそうだと知って安心した。幸い父は、家の近くにあって香港全体でも最高と言える私立学校、培正《ピュイチン》中学をよく知っており、そこの上層部の人たちとも知りあいだった。校長は父を尊敬しており、父に職を提示したこともあった。また父はその学校のもう一人の有力者である事務長とも仲が良かった。そうしたコネが方程式にどう働いたのかはわからないが、私はもう一度チャンスを与えられた。学校独自の入学試験を受けるように言われ、それがひとかどの人物になる最後のチャンスになるかもしれないことを自覚して、今度は猛勉強をした。ありがたいことにこの機会を無駄にせず、試験で良い成績を収めて培正に入れることになった。

さらに幸いなことは、わが家が賄えそうにない同校の学費を香港政府が払ってくれる意向だった。唯一の難点は、この学資援助金は通常、年度末に与えられることだった。ということは、学期の初めには支払いができない。毎年、校長のところに行って、政府からの援助金が出たあとに支払いをしてもいいかどうかを聞かなければならなかった。新年度ごとにこの依頼をするのは少々恥ずかしかったが、最終的にはすべてうまくいった。

培正は一流の学校だったから、そこに入れたのは本当に幸運だった。同校の卒業生で私より十歳年長のダニエル・ツイは一九九八年にノーベル物理学賞を受賞している。卒業生八人が現在、米国科学アカデミーの会員であり、そのうち(私を含む)三人がアメリカ国家科学賞を受賞した。ハーバード大学での同僚で優れた数学者であるユム＝トン・シウも培正の有名な卒業生である。中学校で級友だったシウ＝イェン・チェンは香港大学と香港中文大学の数学科主任などの職を務めた。

私が言いたいのは、培正は素晴らしい学校で、そこに行ったことによって私の状況が好転したことである。私は思いがけない幸運で培正に入学した。もし最初に中学校の試験で良い成績を収めていたら、またその前の六か月間さぼっていなかったとしたら、並の公立学校に通っていただろう。そうなったのは兄シン＝ユクだった。彼は六年次の大半を遊んで暮らさなかった良い生徒だった。

自己弁護としていえるのは、私がいかに幸運だったかを認識して考えを改めた、ということに尽きる。

培正では中学校と高等学校を合わせた六年間を過ごした。地理学と中国の文学・歴史を除く本のほとんどが英語で書かれていたが、授業は広東語で行われた。ただし英語の授業だけは英語で行われ、宿題も英語でやらなければならなかったため、卒業する頃には英語にかなり慣れていた。

培正の数学の先生方はただ者ではなかった。ほとんどの先生が優秀で、おかげで私はそれまでになく数学に関心を持つようになった。物理学の先生はそれほどでもなく、私が物理学者にならなかったのはそれが一因かもしれない。一方、化学の先生方は傑出していたが、この教科にはまったく魅力を感じなかった。数学も最初は好きではなかったが、時間をかけるほどに興味をそそられた。それを父が全面的に支えてくれた。父は哲学者だったから、世界を抽象的なレンズを通して理解するように仕向けてくれた。論理は数学と哲学両方の基本である。それが、父が数学を大いに評価した理由の一つだった。私の数学への関心が大きくなっていくのを父は喜んだ。だがそれ以上に、父はいつでも子どもたちが、なんであれ本当にわくわくするものを見つけるよう勧めていた。

培正では級友たちとよく、ユム＝トン・シウの話を聞いた。その人は私より六歳年長で、すでに学校では伝説となって数学の優れた能力を称賛されていた。彼は香港で最優秀の成績を収めたことでもよく知られていた。何年もあとになって彼と私がアメリカで顔を合わせることになり、緊張関係になったこともあった。しかし私が七年生のときにはそういったことはなく、ずっと単純で人づきあいも裏表がなかった。

培正校は一八八九年創立で何文田《ほーまんてぃん》にある。そこは当時は九龍西部の小さな町だったが、以後ずいぶん都会化した。そこに通うのはさほど大変でなく、ありがたいことにもう誰も私を「小さいキノコ」とは呼ばなかった。私は毎朝七時一五分頃に家を出て鉄道の駅まで歩き、駅で何人かの友人に会った。列車でわずか一五分ほどで九龍に到着し、駅から学校までも徒歩一五分程度だった。

培正はバプテスト教会が所有運営しており、校長は教会の有力者だった。もっとも私は宗教方面にはまったく関心がなかった。学校は八時半に始まり、ふつうは午前中に二〜三時間、授業があって正午に昼食、そして午後も二〜三時間の授業があって終業が三時一五分だった。列車は三時半きっかりに出るので、学校から走らないと乗り遅れた。

沙田の以前の学校の生徒はだいたい学業成績について無頓着な農家の子どもだったから、培正での学問的に厳しい校風に慣れるのに少し苦労した。今度の学校は上流階級が多く、私はみすぼらしい身なりをして、昼食は近くの飲食店からちゃんとした食事を買うのでなく、残り物をかき集めて持って行くのでからかわれた。

中学校の先生は、私が授業中におしゃべりをしすぎるのを苦々しく思っていた。学校は四学期制で、各学期の終わりには先生の所感を両親に見せてサインをもらう必要があった。「ご子息はおしゃべりが好きで動き回るのが好きです」というのが私についての最初の所感だった。二学期の所感も同じようなものだったが、三学期には「ほんのわずかな改善が見られます」になった。

初年度には以前よりはずっとがんばって勉強したが、先生の通信簿によればがんばりが足りないのは明らかだった。とりわけ苦しんだのが音楽と体育だった。授業でみじめな気持ちで歌って必ず調子を外した。先生は決まって歌がいちばん上手な生徒といちばん下手な生徒にみんなの前で歌わせることによって、この問題を目立たせた。私の独唱は誰にとっても耐えがたかったがとくに私にとって耐えがたく、誰も私と一緒に歌いたがらなかった。というのも一種の連座制で自分の点が下がるのを恐れたからだった。

先生は私が音楽ができないことについて寛容ではなかった。当時、私の髪は立つ癖があって、どんなにがんばっても寝かせることができなかった。「この子がどんなに怠け者かわかるだろう」と音楽の先生がよく愚痴をこぼした。「歌も歌えなければ髪を櫛でとかす手間すらかけないんだから」。毎土曜日、ピアノの先生をしていたいとこに歌い方を特訓してもらったにもかかわらず、初年度は音楽を落とした。夏に音楽の追試を受けて、今度は受かったが、私の成績簿には赤点が永遠に残っている。どの生徒も取りたくない、落第を意味する印が。

私は体育でも赤点を一つ（二つだったかもしれない）取った。五十メートル走るのに私は約九秒半かかったが、それは遅いんだそうだ。また懸垂は二回しかできなかった。腹筋はどうにか三十回できたものの、五十回できなければならないとかで、やはり足りなかった。私の成績は自慢できるものではなかったが、がんばったことには何らかの価値があるはずだ。

数学にも初年度はあまりわくわくしなかったが、それはたぶん、興味をそそられる教え方がされなかったからだろう。先生は二十歳そこそこで、先生というより姉のようにふるまった。経験不足のせいで、数学を生き生きと教えることがなかなかできなかった。とはいえ私も数年後に教員になって最初は苦労したことから、彼女の立場もわかる。

数学との出会い

中学二年生のとき、数学とは本当はどういうものかを体験できた。男性の先生は非常に有能で、ユークリッド幾何学を教えてくれた。五つの単純な公理から始めてどこまで進むことができるのか、またどれだけ多くの定理を証明できるのかを知って驚嘆した。当時は理由を完全に言葉にできなかったが、その考えで私は幸せになり、このやり方をいじくり回し始めた。

私は次の問題を考え出した。自ら考案したものだと自分では思っていた。三角形の辺の長さ、角の大きさ、中点から向かい合った頂点に至る中線の長さ、または角の二等分線の長さ、これらのうちいずれか三つの量がわかった場合、定規とコンパスだけを使って唯一の三角形が描けるか？　またそれはつねに真か？　私は最初から、例外が少なくとも一つあるはずだと気づいていた。つまり三つの角の大きさしかわかっていなかったら、唯一の三角形は決定できない。というのは、その三つの角を持つさまざまな大きさの三角形は無数にあり得るからだ。したがって、その状況では上記が当てはまらないのは明らかだった。

ほかのすべての可能性をできる限り検討したが、一つの例外がかなり長い間、私の関心を引きつけていた。三角形の一辺、一つの角、一つの角の二等分線の長さがわかっているとする。それに対応する三角形をコンパスと定規だけを使って描くことができるか？　私はこの問題に一年の大半を費やして取り組んだが、ほとんど前進しなかった。学校に向かって歩いているときも列車に乗っているときも考えたが、それが真であることを証明できなかった。それはある程度はもどかしい思いだったものの楽しくもあった。というのは、私が記した一般規則がこの場合に破綻するかどうかを解明したくてたまらなかったからだ。

級友たちの何人かはかなりの悪ガキで、昼食や屋外スポーツ大会のときに私にいじわるをした。たとえばある太った生徒には私の前腕を強く締めつける悪癖があったため、腕がヒリヒリ痛んでその後しばらくは感覚がなくなったこともあった。その生徒がそういうことをする動機はよくわからなかったが、指の跡が私の腕についた。こういったいやなことから私を救ったのが、数学にほかならない。数学を教わりたくて、彼らは私の機嫌を取ろうとした。

あるときサッカーをしていると顔にボールが強く当たって、私は気を失いかけた。ほかの生徒たちはそれを延々と面白がった。彼らはこの出来事やほかの多くのことでも私をからかった。あるときは、あまりに腹が立ったので言ってやった。「君たちがそんなに偉いんなら、僕が自分で考えた問題があるから、君たちが解けるかどうか見てみようじゃないか」。私が取り組んでいた三角形の問題を出すと、もちろんグループの誰も解けなかった。その問題を聞いた数学の先生も解けなかった。

学校は月曜日から金曜日までが全日で土曜日は昼までだった。土曜日の放課後は列車が来るまでに少し時間があったので、よく九龍の書店で過ごした。買えなかったので、数学の本を立ち読みした。ある日、私が取り組んでいたのと同じ問題が書いてある本を見つけた。私が自分で考えたと思っていた問題だった。その問題は解けないことがわかって大いにほっとした。その本には、それらの条件三つを満たす三角形、しかも唯一の三角形は描けないことを証明した最新の内容が引用されていた。

みんなを当惑させた「私の問題」は解けないことが最近証明されたばかりだったと知って、私はわくわくした。さらに、この問題が何世紀もさかのぼる問題と似ていることがわかった。その問題とは、定規とコンパスしかないとき角を三等分できるか？　いや、できない。また、もう一つの長年の問題「円を正方形にする」、つまり与えられた円と同じ面積の正方形を、定規とコンパスだけで求めるという問題も解けない、というもの。私の問題がこれら二つの古典的問題と同種であることを知って自慢に思った。私がそれを解けなかったからといって力不足だったわけではないどころか、先人の仲間入りができたのだから。

まわりくどい言い方をしたが、私は培正での二年目に数学を楽しみ、しかもかなりよくできた。相変わらず音楽では落第し、英語でも苦労したのだが。中国文学の先生、ミス・プーンは二二歳くらいの若い女性だった。プーン先生はとても厳しくて、生徒全員を苦しめた。おそろしくとがったメガネをかけていたのを今でも思い出す。何年もたってからプーン先生に偶然出会ったときは、もうそのメガネをかけていなかった。なぜあんなにいかめしい格好をしていたのかと聞くと、私たちの学校は言うことを聞かない生徒、とくに男子がいるので有名だったから、メガネの角を鋭くすれば悪ガキたちへの脅しになるのではないかと思ったとのこと。

その年、全校集会で校長から生徒全体に話があった。校長が登壇したとき生徒たちがあまりに騒がしくて話すことができなかった。校長は私たちの失礼な態度を注意して、先生方に生徒たちを静かにさせるよう指示した。彼はそれに加えて、多くの生徒たちは学校の昔ながらの伝統を無視してネクタイをしていないと言った。まさに私もそうだった。クラス担任のプーン先生がそれに気づかないはずもなかった。私は標準的な制服を着ていたがネクタイはしていなかった。もっとも、それにはいささか筋の通った言い訳があった。私は気管が普通の直径の四分の一しかなく、ネクタイをすると呼吸がさらに困難になったので、ふつうは始業の直前までネクタイをしていなかった。しかしその日は、列車が遅れたためネクタイをポケットに入れて駅から走り、集会が始まる前に締める暇がなかった。校長に非難されてから締め始めたが、遅すぎた。

プーン先生は、放課後、職員室に来なさいと私に命じた。その話し合いのなかで、服装規則違反で罰すると先生は言った。違反行為をするたびにポイントが科されたのだが、ネクタイを着けなかったせいで二ポイントお見舞いされるという。その行為は校長先生に対する大きな侮辱であり学びの共同体に対する無礼であるというのが先生の考えだった。九ポイントたまったら退学になる決まりだった。先生はこの出来事を父に通知するだろうし、そうなれば楽しいことにはならないだろうことを知っていた。迫り来る罰のことを思い、その結果どうなるかもわからず泣いていた。

プーン先生は、それまで気づかなかったかのように、すすり泣いている私を見た。私が「判決」を待っていると、どうしてそんな小さすぎる服を着ているのかと聞かれたのできょとんとした。それしかないのだと答えると先生は、私が痩せて顔色が青白かったせいか栄養失調ではないかと考えて、何を食べているのか聞いた。私が一日に何をどれだけ食べるかを話すと、先生はこう言った。「お父さんは教授でしょう？ それなのにあなたは十分な着るものも食べ物もないの？」。わが家の状況を少しくわしく話すと、先生はいたく同情して、私の貧しい食事を補うために粉乳や食べ物までくれた。

この出来事が、私にとって一種の転機になった。私は先生の親切さに感動した。それは、私が記憶するかぎり培正での全学年をとおして、教師や学校管理者からめったに受けたことのないものだった。決して先生を失望させないと決心した。これから先、もっと良い生徒になると誓い、事実そうした。この進歩に父はたいそう喜んだ。以後、二年次の学習は順調に進んだ。数学にわくわくしながら取り組んだのに加えて、初級物理学も学び始めた。

新たな決意にもかかわらず、培正での三年次は私のコントロールが及ばない理由で悲惨なものになった。マカオの高等学校にいた二番目の姉シン゠フーが、重い病気で帰ってきたのだ。母はすべてを投げ打って姉の看病をしたが、不幸なことにシン゠フーはどんどん悪くなって一九歳で世を去った。一九六二年九月、私の学年度が始まった直後のことだった。それが悲劇の始まりで、家族全員がショックを受け深い悲しみに沈んだ。私は父が泣くのを生まれて初めて見て衝撃を受けた。同時に、それまで経験したことのない喪失感を味わった。

父との別れ

だがそれはわが家の苦難の始まりにすぎなかった。当時、父は(今はもうない)香港カレッジ――陳樹渠という人物と父が創立した学校で陳氏が学長を務めていた――で哲学、中国の歴史、文学の主任だった。仕事は順調に進んでいるように思われた。父は西洋哲学についての本を書き終えたばかりで、中国哲学の本に取りかかろうとしていた。しかし、香港が非常に複雑な場所であるのが一因で、さまざまな困難が続いた。同地にはわが家を含む難民が大勢いたし、中国本土、台湾、アメリカ、そしてイギリスからのスパイがかなりの人数いた。父の話では、台湾政府が香港カレッジの首脳陣に特殊な申し出をした。スパイが日常的にカレッジに潜入するのを許せば、台湾が中国に取って代わったあと――必ずそうなると彼らは考えていた――、政府の割のいいポスト、たとえば本土の都市の市長などを与えるというのだった。

父はその提案に強く反対したものの、陳に異存はないようだと私に語った。陳は父を放逐して、台湾の提案に賛同する人物をそのポストに就かせようとした。陳に即座に解雇されることは契約で防ぐことができたはずだったが、学校の首脳陣の価値観を見限っていたので、抗議の退職をすることを決心した。

父は一九六二年十一月に職を辞した。ほぼ同じときに崇基書院での教職も失った。父が親しくしていた学長ダオ＝ヤン・リンがその地位から追われそうになっていたのが原因だった。この状況の変化でわが家の収入は激減した。職業上の挫折に娘の死が加わって、父は深いうつ状態に陥った。

約二か月後の春節中に、父は病気になった。不快感が強くて眠れなくなったのだ。父の病気は腐っていたかもしれないカニを食べたせいだと私たちは考えた。それも一因だったかもしれないが、まだ診断されていなかったもっと重大な疾患があったことがわかった。その頃わが家にはほとんどお金がなかったので、父は安い漢方薬で病気を治そうとしていた。どれも効かず、父の健康は悪化し続けた。母は、私立のカトリック系高等学校の経営で成功して金持ちになっていた自分の弟――何年か前に父が惜しみなく援助した人物――に助けを求めた。父にもっと良い医療を受けさせるためにお金を借りようとしたのだが、叔父は一切貸さなかった。

母は誇り高くて物乞いは嫌いだったが、夫を助けたい一心で方々に助けを求めた。一九六三年四月、父の教え子たち何人かがお金を出して西洋医学の医師たちが治療してくれる病院に行かせてくれた。病気は腎臓がんによる尿毒症であることがまもなくわかった。わが家は費用を払えなかったが、父は治療のために入院した。数週間のうちに、父は話ができなくなった。あれほど賢明で雄弁だった人が話せなくなったことに、私は胸が張り裂ける思いだった。

培正から病院に行くには乗り換えが何度もあって大変だったが、私はちょくちょく見舞いに行った。父の病状が深刻になると、教え子の一人が病院の近くのホテルに私たちが泊まれるように手配してくれたため、はるばる見舞いに行く必要がなくなった。決して浮かれていたわけではなかったが、私たちが経験した初めてのホテル住まいだった。六月のある夜、ホテルに立ち寄ったあと病院に戻ると、母が泣いていた。何が起きたのか聞く必要はなかった。母の顔を一目見れば、すべてわかった。

私の素晴らしい、立派な父、学問と名誉を何よりも重んじた高潔な学者が、たった今亡くなったところだった。家族全員が打ちひしがれた。まるで、地震で家がずたずたになり、土台が引き裂かれ、上階は崩れ落ち、残りががれきになったようだった。すべてが突然、取り返しがつかないほど変わってしまった。言うまでもなく悪いほうへの変化だった。私の家族が営んでいた生活は手厳しい終わり方をし、これからどうなるのかすら予想もつかなかった。

第2章 人生は続く

　父の死によって私は大打撃を受けた。不慣れな状況に投げ込まれて、不気味なものごとが一緒くたに起こったのを感じた。それまで近づいたこともなかった深い場所から強い悲しみが込み上げてきた。どこかわからない鈍い痛みと全身のしびれを感じた。

　それは生理的レベルのことだったが、道徳的指針を失ったようにも感じた。というのは、父は公正な人でつねに私たちに正しい方向を示し、つねに勤勉さと前向きな価値観が重要であることを教えていたからだ。その多くは、孔子の書物から引き出された教訓だった。父がいなくなって、重心、つまり私たちの生活を組み立てる原則も消えたように感じられた。

　とはいえ、わが家の状況は逼迫しており、悲しみに沈んでいるひまもなければ状況否定にしがみつく現実的な機会もなかった。わが家の状況のすべてが変わっただけでなく、私自身が変わらなければならないことも自覚した。私はすぐに、家族を養うためにお金を稼がなければというプレッシャーを感じた。だがそれだけではなかった。頼るべき父がいなくなって、私は早く成長して自分自身のための決定、しかも私以外の家族にも影響する決定もしなければならないことに気づいた。

したがって父の死は私にとっての転機だった。私は長い間頭にたたき込まれていた中国の考え、つまり強い家長、つねに私たちの面倒を見る用意があって待機している人物をいつでも当てにできるという考えを捨てざるを得なかった。自分自身の将来のために立ち上がるべきときが来たのだ。そのためにできる限りのことを進めている間、父がそれを見ることがないにもかかわらず、まだ父に誇りに思ってほしいという消えることのない願望を抱いていた。私に対する父の信頼はともに過ごした一四年間、揺らぐことはなかったが、つねに父の期待に応えていたわけでもなかった。

驚いたことに、まったく自然に、父が何年も前まで私に教えていた漢詩を、父に深くつながっていると感じるために暗唱し始めていた。以前は言われたときだけ、いいかげんにそれらの詩を見ていただけだが、父に言われたように詩をまじめに受け止めて暗記するようになった。詩を暗唱することは私の趣味になっただけでなく、悲しみを和らげ、その後に来る苦しい時期を乗り越えるのにも役立った。

さらに、父の蔵書のなかから哲学書を読み始めた。決してわかりやすくはなかったが。教養を高めることが私の主たる動機ではなく、父が考えるのを好んだことをより良く理解することが目的だった。それらの詩のなかに父の足跡を発見し、それが記憶を呼び起こす糸となって、さらに気持ちを落ち着かせた。私はこうしたことを自然に、ほとんど無意識に行うようになった。それによって、父が旅立ったあとでも父と私の結びつきはいっそう強くなった。

学校での態度も改まった。以前は気楽にそこに居ただけだったが、より熱心に勉強し集中を高めることにした。責任感が強くなって父や母、それに私自身すらも失望させたくなかった。私にわかる限り、学業で良い成績をとることが成功に至るための考えられる唯一の道だった。私には名を上げるチャンスが一度だけあり、それに失敗すると頼れるものはないだろう。

父の収入が途絶えてから死亡するまでの数か月間にかかった医療費で、わが家の蓄えは底をついていた。生活保護も退職手当も年金も中国にはなかった。あるのは給料だけで、職を失うと、あるいはもっと悪いことに勤め人が死ぬと、ほとんど何も残らない。わが家の場合も同様で、半年分の家賃と未払いの請求書の山が溜まっていた。

だが私たちが最初にやるべきことは葬式だった。中国では死者への尊敬を示すことが大事だ。できる限り父の栄誉だけでなく私たち家族の尊厳を保つことも考えて葬儀の準備をしていた。兄弟姉妹と私は父の死の前後に数週間、学校を休んでいた。姉のシンユエと父の教え子たちが葬儀の準備をしている間、ほかの家族はできる限り手伝った。第一に、父を埋葬する土地を見つける必要があった。それにはもちろん費用がかかるし、葬儀場の使用料も必要だった。幸い、ある程度裕福だった父の友人たちがそれらの費用の一部を負担してくれた。おかげで私たちは九龍以北の新界地区に小さな墓地を買うことができた。

きょうだいたちと私は葬式のことをあまり知らなかったので、だいたいは言われたとおりにした。言われたことの一つは葬式の前夜に葬儀場で過ごすことだった。それは言い伝えで、良い霊魂を守る、あるいは場合によって悪い霊魂を払いのけるためだとされていた。良いとか悪いとか、あるいはそのほかの霊魂に何をしようとしていたのかはわからないながら、私たちは従った。私は葬儀場に掲げられた、父の教え子たちが書いた詩をすべて読んだ。それらの詩は特殊な形式で書かれ、互いに関連する二つの文でできていた。それらの詩を読むことで父について、またそれまで知らなかったほかの人びとの父に対する見方を知ることができて、うれしかった。

翌日、慣習に従って全員が白い衣服を着て、花に囲まれた父の写真のまわりにひざまずいた。参列した人はそれぞれ三回礼をし、私たちも礼をした。それが一日中続いた。疲れる経験だったが、感動的であった。悲しみでいっぱいだったにもかかわらず、どういうわけか私は泣かなかった、いや泣けなかった。

そのあとも、やることがたくさんあった。多くの問題に向き合わなければならず、そのなかには何か月分も滞納していた家賃もあった。幸い、家主は温情のある人で、わが家が貧窮しているのを知って、すぐに出て行けば借りを返さなくてもいいと言ってくれた。母が沙田にもっと安い住まいを見つけた。素晴らしい家とはとても言えなかったが海が見える家で、そこに数年間住んだ。実のところ、そこは豚小屋に隣接する二部屋の掘っ立て小屋だった。豚小屋の隣に住めば臭うことには驚かないが、おそろしくうるさくても不思議ではない。わが家の「隣人」は朝早く、六時になるのを待ちかねて鳴く、鼻を鳴らす、転げ回る、はしゃぎ回るなど、豚がやることは一通りやった。

言うまでもなく、そこは最適な住居ではなかったが、値段は妥当で、少なくとも払える金額に近かった。父とシン゠フーが亡くなり長姉のシン゠シャンが看護婦になる教育を受けるためにイギリスに行って十人から七人になった家族が、この小さい掘っ立て小屋にぎゅうぎゅう詰めになった。住まいはこれ以上ないほど粗末で、近所の子どもたちは、極貧で家とも言えないところに住んでいる私たちを見下した。

それはもちろん、そのとき始まったことではなくわが家はその種の嘲りとそれに対してどう振る舞うかに慣れていた。しかし、それがわが家にとって最悪の時期で、明らかに経験したことのないどん底だったことは否定のしようがなかった。いずれ「底を打って」まもなく事態が好転することを全員が望んでいた。

アヒルの仕事

叔父が飛び込んできて私たちを窮地から救い出す提案をしたのはそのときだった。香港の近くに農場を買うつもりだ、と言う。学校をやめて彼を手伝い、アヒル飼育という誇り高き伝統のある仕事に携わったらどうだ、と。これを寛大な申し出だと思う人がいるかもしれないが、私には悪夢のように思われた。ありがたいことに母も同じ考えで、一切受けようとしなかった。不安定な状況にあっても、このような申し出を受けることは体面に関わるとわかっていたのだ。私たちには父の願いどおりに生きてほしいと母は望んでおり、それは学業を続けて学者になるか、少なくともその道をできる限り進むことだった。母も父と同様に、知識を得て精神修養をすることがお金を稼ぐより重要だと感じていた。人生には単に物質的要求に従う以上のことがなければならないと父がよく話していた。

資産がなかったためそれはまさに奮闘だったが、母はどうにか、私たちが学校生活を続けるのに必要な学資を払う力を出した。これには多くの人が驚き、先生方の一部もそうだった。私たちがいつ退学してもおかしくないと思っていたからだ。母は何年も前から栄養不良で貧血だったが、私たちが食物摂取不足にならないようにできることはなんでもした。ときには、私たちが夜遅くまで勉強してエネルギー切れになりそうなとき、牛のレバーか豚の脳のおいしいスープをつくってくれた。それは必ず私たちをやる気にさせた。

母がしてくれたあれこれを考えると、無理をして母が示した力と意志の強さに驚嘆する。私がたとえば難しい数学の問題を解こうとするとき信じがたいほどしつこくて頑固になると何人かに言われたが、その意志の一部は母から受け継いだのだと思う。非常な困難を抱えていたときでさえ母がしてくれた励ましによって、私は勉強に力を注ぐことができた。そして私が後年、学問界で知られるようになると、母は努力が報われたと喜んだ。

私もまた、一四歳のときに叔父が私たちをアヒルの仕事に勧誘したとき断ってくれたおかげで、単調な仕事をする人生に縛られずにすんだことに感謝した。母の決定は父の望みだけでなく私の望みとも一致していた。私はすでに、一四歳という年齢でできる範囲で、学問界で名を上げることを決意していたからだ。

私がさしあたってやるべきことは、何週間も欠席したため受けなかった試験を全部受け、第三学年の終わり近くにある最終試験の準備をすることだった。その試験で数学とほとんどの科目はいつもどおりよくできたが、体育はやはりいつもどおりダメだった。

当時の住まい、つまり「豚小屋」から学校までは、駅まで一時間近く歩く必要があって前より遠くなった。そのため行き帰りに時間がかかって、学校の勉強や睡眠のための時間がいくらも残らなかった。すると父の教え子だったK・Y・リーが救いの手を差し伸べてくれた。当時、政府が建てた新しい七階建てのビルの最上階で小学校が始められたばかりだった。台風で大勢の人が亡くなり多くの建物が壊れたことによる措置だった。新しい学校は培正により近く、教室に泊まって通学時間を短くすればといいとリーが言った。

私はそこに一年以上寝泊まりして、空いている時間に年少の生徒たちの面倒を見た。その子どもたちは私と同様に貧しい家の子で、ほとんどがそばにいて気持ちの良い子たちだった。けれどもねぐらは質素の限度を超えていた。ベッドはなかったので、たいてい幅が約六〇センチメートル、長さが約一五〇センチメートルのテーブルの上で眠った。幸い、その頃の私は背があまり高くなかったが、幅が狭すぎて、ときどきテーブルから落ちた。その階にトイレが一つあったものの、衛生面と臭いからほとんど耐え難いものだった。一階には店と屋台があって、麺やご飯の（至って）基本的な食事を一香港ドルで買えた。

そのビルに住んでいた父の以前の教え子たちがときどき夜間に教室に来て、話をしたりチェスをしたりした。だが彼らは深夜まではいなかったので、私は何時間も一人になって読書や学習をした。万一寝過ごしても、登校してきた小学生たちがきっと、押したりつついたり、あまり優しくない方法で起こしてくれるだろう。しかし、それは孤独な生活だった。とくに、私が慣れていた人口密度の高い住宅と比べたときには。だいたい二週間に一度家に帰って衣類の洗濯をしたが、それ以外は一人で生きていくことを学んだ。それは知っておいて損のないことだ。

それでも、私の個人的出費と沙田にいる家族のためにいくばくかのお金は稼ぐ必要があった。シンユエはすでに、家族を養うために大学で学ぶ機会を放棄して小学校の先生の職に就いていた。長姉のシン゠シャンは父の死を知ったときから、イギリスから仕送りしていた。私も乗り出すべきなのは明らかだった。

そういうわけで一九六四年に数学の家庭教師を始めた。当時は小さな一歩だったが、それでも現在の学問の道に踏み出す一助になった。始めたのは一五歳くらいで、私よりそれほど若くない子どもたちを相手に仕事をすることになった。生徒の見つけ方も知らず、希望者が連絡するのに便利な電話もない状態で、家庭教師を始めるのは難しかった。幸い、培正での同級生イン゠カイ・ツェンが、家庭教師とは面白そうだと思ってくれた。彼は家に電話があったので地元の新聞に広告を出した。ところが、あとでわかったことだが、彼自身は家庭教師をまったくしなかった。

こうして最初のお客さんを確保した。相手は有名な高校の生徒で、私より一学年下なだけだった。月に二五香港ドルの稼ぎは私の食費にはほぼ十分だった。それを手始めに、母が政府系機関を通じてさらに数人の生徒を見つけた。それだけ母にあげるお金が増えるので私はうれしかった。生徒の一人は六年生の女の子で私より数歳若く、数学で落第点を取っていた。彼女は次のような簡単な算数の問題でも手こずっていた。「農場に行ったらニワトリの脚三六本、牛の足二八本と馬の脚一六本が見えました。何頭の動物が見えましたか？」彼女はこの問題を解くための式を覚えるように言われていたが、私はこの種の問題の新しい解法を教え、ほかの問題についても同じようにした。六年生のレベルをはるかに超える、方程式を解く方法を私が教えていたので、彼女の母親は不安に思った。だがその戦略はたちまち成果を出した。一か月たたないうちに数学のテストで百点を取ったのだ。彼女の母親は大喜びして、娘全員に英語を教えてほしいと言った。私の英語は当時かなりあやしかったので、その申し出は断った。じつは、アメリカで長年暮らしたあとでも荒削りなのは変わっていない。

とくに高校の自分の勉強もあったので、家庭教師をかけもちしてとても忙しかった。それから、第十学年に進級して、数学だけでなく中国文学と歴史でも良い成績を収め、母を喜ばせた。お金が必要で家庭教師をせざるを得なかったのだが、そこから得たものは思った以上だった。子どもたちに数学をわかりやすく説明する過程で、数学に対する私自身の考えを明快にすることになったのだ。

数学を教えることによる充足感を私は発見し、その発見が、それ以来通ってきた道へと背中を押すことになった。

華羅庚との出会い

二十世紀の最も著名な中国人数学者の一人、華羅庚《からこう》の本に遭遇したことでも背中を押された。数論に関するこの本は高等数学への最初の手引書だった。それは私にとって驚くべき新事実だった。華が書いた本をほかに数冊読んだが、同じく素晴らしい本だった。数学は美しくなりうるもので、感嘆に値するものだと思った。何年かにわたって華羅庚やほかのヒント——たとえばユークリッド（平面）幾何学に触れたことなど——によって、数学を専攻しようと思うに至った。父が亡くなって絶望と無為を感じていたときに華の本に遭遇したことが私の人生に方向を示し、突然、熱心に追い求めるようになった目的意識を与えてくれたと言っても過言ではないだろう。もちろん、高校がまだ二年残っていたし、数学専攻のスタンプを押す前に大学での時間も必要だった。

第十一学年で注目すべきことの一つは、ついに微積分学を学び始めたことだった。それは約三五〇年前にアイザック・ニュートンとゴットフリート・ライプニッツが発明した洗練された手法で、現在でも数学と物理学の多くの研究の中心になっている。

その頃には、わが家は豚小屋から沙田のいくらかましな住まいに引っ越していた。松の木に囲まれ近くに山からの急流があった。この家は友人たち、親戚、近所の人たち、それに香港政府の救援機関の助けを借りて安く建てたものだった。自分の家を持つという母の願いがついに実現したのだ。驚くことではないがそこは寝室一つとリビングルーム一つの小さい家で、家族七人全員が同時に住むのがやっとという家だった。また、わが家の直近の歴史に違わず至って旧式だった。電気は通っていなかったのでケロシンランプを使い、料理には薪の暖炉を使った。そこでもまだ、水道はなかった。近辺にはヘビがたくさんいて毒蛇もいたので、家に入ってきたときに対応するのは私の仕事だった。

沙田に帰ると、はしごで昇るしかない屋根裏で寝た。天井がとても低かったので這って動き回らなければならず、座るのはほとんど無理だった。そこには毒蜘蛛やサソリがいたのが不安の種だったが、それでも、快適とはいえない、人がいないわびしい教室に寝て前年を過ごしたあとでは、家族とともにいるのがうれしかった。

一方、新しい家の田舎の環境はきわめて快適だった。母は庭に果樹を植え、私たちは犬やニワトリ、ガチョウなどを飼った。おかげで周囲が賑やかになった。とりわけ歓迎だったのはガチョウで、断りなくやってきそうなヘビを追い払ってくれた。

第十一学年で私は重要な「共通試験」を受けた。高校を卒業して大学に進むには合格する必要がある試験である。幸い私は合格した。第十二学年のときは父の以前の教え子パク・ウィン・リの家に数か月間下宿して彼の甥の家庭教師をした。その家はとてつもなく豪華で、設備はそれまで見たこともない、多くは存在すら知らなかったものだった。家族に仕える召使いまでいた。住み込みの家庭教師という立場で、敬意を持つて扱われたのはありがたかったが、貧しい家で成長した人間としては、この家では召使いたちも敬意を持つて扱われていたのもうれしかった。そうでなかったら、ずいぶん居心地が悪かっただろう。それでも、そのぜいたくな家と、以前に寝泊まりしていた屋根裏部屋とテーブルのベッドとの格差はそれ以上ないほど大きくて、この短期間の経験によって私は少し悪影響を受けた。「あちらの人たち」の暮らしぶりを垣間見てしまったのだ。上流階級のぜいたくな生活のすべては必要ないが、ひとかけらの食べ物ごとに苦闘する必要がなければ、生活はもっと良く、容易であろうことがわかった。

第十二学年での最大の出来事は大学プレイスメントテストだった。親友シウ＝タッツ・チュイは私たちの高校で一番の成績だったが、中国文学の試験を落として香港中文大学（CUHK）に入ることができなかった。タッツ（私たちはそう呼んでいた）は私がこれまでに会ったなかで最も優秀な一人だったが、高校でもう一年過ごさざるを得なかった。しかし卒業時には数学を含むほとんどの科目で立派な賞を取った。高校の校長がタッツに口添えまでしたが、それでも香港中文大学長は入学を許さなかった。制度が彼を受け入れなかったのだ。タッツは香港に嫌気がさして、翌年モントリオールの大学に入ることにした。私も外国で学ぶことを考えたが、出願料が高くて、それだけでもわが家に無用の荷を負わせそうだった。

私はどうにかしてイギリスの学校制度で実施されている一般教育証明書（GCE）試験――当時ア

メリカで大学進学適性試験（SAT）と呼ばれていたものに似た試験——にもぐり込んだ。中国の学校で教育を受けた私にはGCEを受ける資格がなかったのだが。数学と英語では好成績を挙げたが重要な実験が含まれていた化学を落とした。培正には私が行うことになっていた実験の設備がなかったので、友人宅の地下で間に合わせの器具でやったものの、案の定ひどい成績を取った。その結果、どのイギリス系学校にも出願できなかった。ただし（友人タッツと同様に難しい面もあったが）香港中文大学の入学試験には合格していたので、そこに入った。

崇基書院へ入学

父が教えていた崇基書院は香港中文大学の一部で、家族の近くにいられるように最初はそこに行った。兄シン゠ユクもそこに行くことになっていた。同級生の何人かは外国で学ぶようになったが私は願書を出さなかった。しかし一流の科学者になりたければ、いつかヨーロッパか北米に行く必要があるだろうと思っていたから、完全にあきらめたわけではなかった。崇基書院で始めることに満足して一九六六年の秋に入学したが、外国で学ぶという考えは決して忘れなかった。

父の友人でもあったツェという名の数学科長は、優れた数学者というわけではなかったが、いい人だった。彼は数学を専攻する十人程度の学生に対して刺激を与える意図で次のような導入スピーチを行った。「諸君は数学をするためにここに来た。悲しいかな、諸君は数学というこのホールの大黒柱になれるほど優秀ではないかもしれない。だがたとえそうだとしても、少なくとも壁にペンキを塗ることはできる」。それを聞いてがっかりした学生もいたかもしれないが、私は勇気を得た。私たちはみな、数学全体の進歩に対して自分自身の方法で多かれ少なかれ貢献できると言われたのだ。

まもなく、標準的な新入生向けの数学の内容は私には簡単すぎることがわかったので、許可を得てその課程を飛ばして習熟度を証明する試験を受けることにした。おかげで線形代数と高等微積分学を含む、もっと難しい講座を取る時間ができた。難しいほうを教えたのは、ニューヨーク大学クーラント数理科学研究所で修士号を取得し、その後イギリスで博士号を取得したH・L・チョウという講師だった。

チョウの授業でデデキント切断について学んだ。それは、偉大なカール・フリードリヒ・ガウスと、同時代の同じく偉大なベルンハルト・リーマンの教え子であるドイツの数学者リヒャルト・デデキントが一八〇〇年代半ばに発見したものである。デデキントはこの手法によって、整数（1、2、3などの自然数、それらの負の数、0からなる）から始めて有理数（$1/2$、$3/4$など）と無理数（分数では表せない$\sqrt{2}$やπなど）をつくる方法を示した。そこから、すべての有理数と無理数を含む実数をつくり、それによって整数とそれらの間にあるすべてのものを含む数直線状のあらゆる点を網羅することができる。

ほとんどの小学生がよく知っている整数を使って一歩ずつ、実数のように広くて複雑なものを生み出せるという事実に私は打ちのめされた。それは、八年生のときに平面幾何で、一握りの単純な公理を出発点にして、はるか遠くまで行けることを知ったときに感じた興奮を思い出させた。私はチョウ先生に感謝の気持ちを表した手紙を書いた。「数学がなぜ非常に美しいのか、ついにわかりました。私が愛した科目、数学が、私ができると考えたことができることを発見して安堵しています」と。そしてまもなく、数学がそれよりはるかに多くのことをできるのを知った。

返事を覚えていないのでチョウ先生が私の手紙をどう考えたかは定かでないが、おそらく好意的に受け取ったと思う。彼が教えた科目に対する私の熱心さと積極的な態度に気をよくしたかもしれない。というのは、私たちはまもなく友だちになったからだ。彼はたいへん親切なことに私を数回、自宅に招いてくれたし、夫人はとても優しかった。私にとっての最大の問題は、夫妻が八匹の猫を飼っていて、家中に充満している臭いがあまりにもきつかったので、私がもう少しで気絶しそうになったことだった。私はありったけの忍耐力を動員して不快感を隠し、その家から脱出するのをこらえなければならなかった。

だが全体として、崇基書院での初年度は楽しかった。数学に加えて、中国語、英語、日本語、物理学と哲学を学んだ。哲学では偉大な哲学者たちについて学んだだけでなく学生(または人間一般)がどうあるべきか、またはどう行動すべきかも学んだ。また、小さいカレッジだったから、全員が知り合いになった。海に近かったので、ちょくちょく泳いだり海岸で遊んだりした。文句のつけようがないではないか。

初年度は単純に楽しかったが二年目は刺激的でことは重大になった。香港中文大学が大きくなり始め、それとともに崇基書院も大きくなった。カリフォルニア大学バークレー校から来た学長の李氏は、香港中文大学を強大にすることに専心していた。その一環として、新たに数人の博士号取得者を教員陣に加えた。そのなかに、やはりバークレー校から崇基書院に来た若い数学者スティーブン・サラフがいた。

サラフは私がそれまで会ったなかで真に現代数学に造詣が深い最初の教授だった。彼は常微分方程式を「アメリカ式」で教えた。つまり学生たちが遠慮なく発言しつねに参加しているように促した。私を含む中国の学生はこの方法に慣れていなかった。それまでは、先生の思考の流れを邪魔しないように静かに知識を吸収するよう言われていたからだ。サラフの自由に行動させる方式のおかげで、私たちのクラスの彼の授業は筋書きどおりではなく、のびのびしていた。もっとも彼はときどき説明の最中に行き詰まることがあった。そんなとき私は、できる限り手助けをした。そしてサラフがまもなく私に目を留めた。ときどき、授業の一部を私にやらせた。また、ちょくちょく彼の家に行って講義ノートづくりを手伝ったり、数学の問題への別のアプローチを提案したりした。

あるとき、それらの講義ノートをまとめれば本のもとになるのではないかとサラフが気づいて、私たちは共同で作業を始めた。私がまだティーンエイジャーであることがまえがきで明らかになっていたため、その本の出版は難しかった。だが私たちは、何年もたって私がいっぱしの数学者になってからその本を出版した。その本を書く過程で、とくに文献を非常に広く読み通すことで、多くのことを学んだ。

　サラフは、私が本当に数学を研究したいのであれば、外国で学ぶべきだと確信していた。香港中文大学から受けていた私の奨学金が非常に少なく、ほかの学生が受けていた額の約半分であることにサラフは困惑した。額が少ないのは私の大学入学試験の成績が、とくに中国文学で悪かったからなのだが、サラフは私が才能ある学生だからもっともらうべきだと騒ぎ立てた。大学は彼の嘆願に関心を示さなかったが、まさにそのために彼がもっと激しく闘うことになった。

　大学の体育学部長は同じくバークリー校から来たロという女性だったが、かえって私の立場が悪くなりそうだから闘いをやめるようサラフに助言した。私の家が貧しいのを知って、彼女は別の金策を提案した。教授たちのほとんどは外国人で中国式の武道はよく知らないから、太極拳を教えたらどうかというのだった。正直に言うと、太極拳はそれほど得意ではなかったが、お金を稼ぐ方法としては楽しいので、お膳立てしてくれるロに感謝した。

　崇基書院での二年目にあったもう一つの良いことは、ユナイテッド・カレッジやニュー・アジア・カレッジなど、香港中文大学グループのほかの学校の教員陣や学生たちと定期的に集まれることだった。ユナイテッドはケンブリッジ大学から来た素晴らしい数学者ジェームズ・ナイトを雇ったばかりで、私はその人物とも知り合いになった。彼の代数の講義に出席したが素晴らしいもので、私たちはその年、良い友好関係を築いた。その学期の終わりには、ナイトがケンブリッジ大学に戻って講師になる前のプレゼントとして、彼の博士論文の原本をくれた。不幸にも、彼は約十年後にオートバイの事故で亡くなってしまった。彼とは長いこと連絡を取っていなかったが、それを聞いて大きなショックを受けた。

チョウ、サラフ、ナイトなどの数学者といろいろ交流した結果、少なくとも数学に関しては私が才能ある学生らしいといううわさが広まった。香港中文大学の全三つのカレッジを代表する合同数学委員会から、私を早期に卒業させるべきだという要望を受けて、李氏（大学の副総長になっていた）は、私がどれだけ並外れているのか（またはそうではないのか）を検討することにした。香港で最も著名な数学者Y・C・ウォンに会わせるという計画だった。ウォンは香港大学の微分幾何学者で、単独での評価を任されていた。

崇基書院でほとんどが外国人である教授たちに太極拳を教えた（1968年）

香港大学に行くには列車、フェリー、バスと乗り継いだあと山地への心地よい徒歩で一時間半以上かかった。ウォンの研究室に着くとすぐに、彼は正式に私をテストするつもりがない、あるいはいかなるテストもする気がないことがはっきりした。彼はただ、自身の研究について話したいだけで、それははっきり言って私にとってそれほど魅力的ではなかった。ウォンが研究していたのは「グラスマン多様体」の幾何学で、高次元の空間に関わるものである。彼はそのとき、私にはそれほど難しいと思われない計算に手こずっていた。自分がやっていた心躍る研究を私が理解できないと察したウォンは、私がとうてい天才ではありえないという、彼にとっては疑いようのない結論に達した。

その主張に異議を唱えるつもりはないが、審査員の資質を考慮に入れてはどうかと思う。私はすぐに、ウォンがこのテーマに関する論文の多くを発表できていないことから、その論文誌の編集者も彼がしている「心躍る研究」を評価していないことを知った。

しかし実を言うと、私は「天才」という言葉が好きではなく、めったに使わない。というのも、それがどういう意味か、実際にはわかっていないからだ。一部の人は、驚くべきアイデアや素晴らしい数学の証明を事実上どこからともなく、まるで映像が突然目の前に現れたかのように思いつく人が天才だという、ロマンチックな考えを持っているのではないかと思う。その言い伝えによれば、「天才」たちの知力はとてつもなく進んでいるから、汗を流さずにその種の功績を生み出せるのだという。たとえば映画『グッド・ウィル・ハンティング／旅立ち』では、主人公がマサチューセッツ工科大学（ＭＩＴ）の清掃の仕事中に数分間で数学の難解な問題を解いてしまう。そういうことは起こるかもしれないが、私は一度も見たことがない。私の経験では難しい数学の問題を解くには大変な努力が必要で、問題が平凡なものでもない限り簡単には解けない。一方、本当に長い間、本当にがんばって、ついにそれまで誰もしたことがないこと、そしておそらく誰も「できる」とすら思わなかったことを成し遂げた場合、その人は天才ということになるのだろうか。それともコツコツ仕事をした末のただのできすぎか？　私にはわからないが、そんな疑問に多くの時間をかける価値はないとも思う。

結局、香港中文大学の上層部の結論は私が天才ではないというもので、私からの意見は何も聞かなかった。私はその裁定に異議を唱えなかった。だがそれでも、その裁定に気後れすることもなかった。

とはいえ、私とウォンのいきさつでサラフの気が収まることはまったくなく、私が早期に卒業して外国で教育を続け、彼が望んだ輝かしい経歴をスタートさせようと躍起になっていた。

私は四年間のカリキュラムを三年で終えたが、香港中文大学はそれでも四年間の在籍を要求した。李副総長はサラフの懇願にも心を動かさず、伝統の四年制を放棄しようとしなかった。ところがサラフはそこでやめず、新聞と『ファー・イースタン・エコノミック・レビュー』誌に投稿して、この問題についての大学の官僚的な対応を批判した。香港中文大学に、同校の最も才能ある学生にもっと配慮するよう迫ったのだ。

サラフの粘り強さは称賛されなかった。何人かは手を引いたほうが賢明だと助言した。一方で李は、有名な数学者華羅庚《からこう》も大学の学位を取っていないのだから、私にも香港中文大学の学位は必要ない、私も華と同じように大学の学位なしでやっていけると反論した。

それで私もサラフも華の学歴に興味をそそられた。彼についての書物を読んで調べると、高校の卒業証書すら持っていないことがわかった。華は上海の真西にある、当時は小さい町だった金壇《きんだん》の貧しい家で育ち、あまり儲かっていそうもない雑貨屋を営んでいた父親の手伝いをしていた。そのかたわら時間さえあれば独学で数学の問題を解いていた。その後、上海の専門学校に入って全国そろばん競技会で優勝したが、学校での生活費を払えなくなると退学して再び父親の店で働いた。それから間もなく、華は上海の科学雑誌で短い文書を発表した。それは、同じ雑誌に以前に掲載された、五次方程式の一般解を示すとされた論文の誤りを指摘したものだった。華の文書に北京の精華大学の数学者が目を留め、華を同大学の数学科に招いた。華はそれを受け入れ、図書館員から始めてやがて講師の地位まで昇進した。数年後、ケンブリッジ大学に招かれて有名な数学者ゴッドフレイ・ハロルド(G・H)ハーディの下についた。ハーディは華なら二年で博士号を取れると保証したが、華は学位授与課程を取らなかった。登録料だけでも高すぎると思ったからである。ケンブリッジ大学で実り多い二年間を過ごしたあと中国に戻った。まだ博士号や大学の学位はおろか高校の卒業資格も取っていなかったが彼の高評価は定まっていて、数学者としての活動を開始した。

サラフが華についてのエッセーを書こうと思いついて、それがやがて発表された。情報源の多くはもちろん中国語で書かれていたから、私に翻訳を頼んだ。そのため華について多くの書物を読むことになり、読めば読むほど感銘を受けた。

香港中文大学の視点で見れば、この話の教訓は華が大学の学位、ついでに言えばいかなる学位のおかげも受けずにすべてのことを成し遂げ得たということだった。したがって大学は、サラフがいかに声高に抗議しようとも、私に学位を与えるために標準規則を曲げる必要はないと考えたのだ。

というのはサラフが言うほどに私が才能豊かなら、そんな取るに足りない障害は克服できるはずだと。

そうは言っても崇基書院は一九六九年六月の卒業式で私に卒業証書（学位ではなかったが）をくれた。私がそれを受け取ったとき、ほとんどの学生が歓声を上げた。前述のように小さい学校だったから、ほとんどの人が私の早期卒業について起きた論争のことを知っていたのだ。

カリフォルニア大学バークレー校を目指す

香港中文大学が大学学位の問題について態度を変えそうもないことを受け入れると、サラフは私をバークレー校の博士課程に入れることに関心を移した。私はほかの学校も考えるべきではないかと聞いたのだが、彼はバークレー校一本に絞るべきだと考えた。そこなら彼が数学科に強いコネがあり、世界最高クラスと位置づけられているからだった。

崇基書院を卒業（1969年）

私に反対する理由は見あたらなかった。そこで適性能力テストGRE、外国語としての英語のテスト（TOEFL）などの試験を受け、幸い十分な成績を収めた。その間にサラフはバークレー校での友人の数学者ドナルド・サラソンに、私が数学面で有望であることを大げさに宣伝する手紙を書いていた。サラソンはサラフに願書を送り、私が学士号を持っていなくても、たぶん大学院課程に入れてあげられるだろうと述べた。それで私もいくらか望みが持てた。そうして私は出願した（しないはずがあろうか）。そして一九六九年四月一日、入学が許可されたと聞いた。それは人生で最も重要なニュースの一つで、有頂天になった。

しかし、バークレー校に入れただけでなく、サラソンはこの上なくすてきな奨学金も確保してくれていた。IBMが提供する年額三千ドル。わが家の金欠状態を考えれば非常に助かる額だ。この状況は前例がないだろうから、本当にラッキーだった。私が知る限り、香港の第三学年の学生が、こんな気前のいい奨学金つきでバークレー校の大学院に入れたことはかつてなかった。当時、大学院生の入学者選考の主任だった小林昭七と同じくバークレー校にいた有名な中国人幾何学者、陳（チャーン）省身が私のためにこの奨学金を確保するべく働いてくれたことにまず間違いないと思う。サラフ、サラソン、小林、陳の四人に、とりわけサラフに感謝している。彼がいなかったら、私はおそらくバークレー校に辿り着けなかっただろうし、そもそも香港を出る機会もなければ先立つものも手に入れられなかったかもしれない。

陳は名誉学位を受けに一九六九年七月に香港に来た。講演をするために香港大学を訪れていた陳と、私は話をする機会を設けていた。高校時代に陳についての論文を読んでいたが、それには陳は中国出身の最も有名な数学者で世界中で尊敬されている学者だと書いてあった。中国出身の人物が実際に世界的に有名な数学者になりえたのを知ったのは、それが初めてだった。中国は長期に及ぶ強い劣等感を持っていたので、それまで私は知らなかった。もっとも楊（ヤン）振寧と李（リー）政道という中国生まれの物理学者二人が一九五七年にノーベル物理学賞を受賞したことで、劣等感は幾分か和らいだのだが。楊と李が受賞したことと陳の数学での評判が高まっていたことは、中国人も世界を舞台にして何事かを成し遂げられることを示していた。彼らの成功とそれに伴う名誉は国民全体——少なくとも学問志向のある人びとに望みを与えた。

じつは楊は一九六四年、私が高校の生徒だったときに香港で講演していた。私は聴講できなかったのだが、それでも彼の講演についての新聞記事を読んで楊の影響は感じた。そして今、中国人学生にとって将来の見通しがわずか十年前に比べて明るくなった時代に育ったことを幸運に思う。

バークレー校に入ることになって、私自身の見通しも明るくなりつつあったと言ってもいいだろう。陳に会ったとき、彼は私がバークレーに合格したことを知って、行くつもりかと聞いた。「はい。行きます」と私は答えた。それが、そのときの私たちの会話のほぼ全部だった。しかし後に、もっと話をすることになった。というのは、この素っ気ないやりとりが長く有意義な、そしてときに難しい関係の始まりだったのだから。

陳に言ったようにバークレー校に行くことに決めていたが、いつものようにまだ克服すべき問題があった。そこに行き着くまでのお金がなかったのだ。それにビザや身分証明書もなく、アメリカのビザを取得するのは並大抵なことではなかった。TWA（トランスワールド航空）の旅行代理人が、彼を通して航空券を買うものと期待して、私とほかの学生たちがビザを取る手引きをしてくれた。ところが、もっと割の良い条件を提示したパンアメリカン航空から航空券を買ったものだから、彼は怒っていた。

私のバークレー校行きを母は喜んだが、同時に遠い外国に敢えて行くことを少し案じていたかもしれない。私も、前年に病気になってその後脳腫瘍と診断された兄シン゠ユクの世話を母一人に任せるのは心苦しかった。兄はすでに、頭蓋内圧を下げる手術を受けていた。これはわが家にとって再度の試練のときで、それによって家を離れるのがなおさら難しくなっていた。一方で、私は世界に向かって進んでいきたいという強い願望を感じてもいた。なにしろサラフが香港中文大学に来たことを含めていくつもの要素が都合良くそろって、その結果、バークレー校に行く機会が生じたのだ。こんな誘いは二度と来ないかもしれないから、それに飛び乗る必要があった。母には、七千マイル離れても心はいつも家族の近くにいるし、きちんと手紙を書いて毎月送金すると約束した。

私は自分の将来にわくわくし、アメリカに上陸したら多くのドアが開くと感じていた。子どもの頃に数か月を中国で過ごしたのを除いて香港の外に出たことがなかったから、少し不安に思っていたのは間違いない。多くの面で、またさまざまなレベルで、冒険が待っていた。しかし私には意気込みがあり、それまでより大きい新たな課題を二十歳で引き受ける用意ができていた。

一九六九年九月の初めにサンフランシスコ国際空港に向けて出発した。数学を入口、手引き、そして案内役として真実と美を求める新世界の探検を熱望していた。スーツケースが一つだけ、そしてポケットには百ドル足らずの身軽な旅だった。友人と親戚、長年にわたって集めた数学の本もすべて残してきた。私の蔵書が、今はスティーブン・ヤウと名乗っている弟の運命を左右するとは気づいていなかった。私が大学院に入ろうとしていたとき、弟は兄二人が学んだ崇基書院のカレッジにちょうど入るところだった。

アメリカの大学では、学生たちは専攻を決めずに数年間、贅沢な時間を過ごすことが多い。中国、というか香港ではそうではない。まだティーンエイジャーだったスティーブンは最初から専攻分野を決めなければならなかった。母が意見を出した。「兄さんがこれだけ数学の本を棚に残して行ったのだから、数学を学ぶのがいちばんいいでしょ」。弟はそのとおりにしたが、それによって中国では物事がどうなるかがわかる。多くのことが意識的な行為ではなくチャンスによって決まるのだ。幸い事態は都合良く進み、弟は数学がかなり良くできて、また数学を好んでいるようだ。彼が職業の選択で後悔したと言ったことは一度もなかった。その選択は弟が一人でしたものではないと思うのだが。

そうは言っても、私の考えでは数学を学んでやがてそれを職業にすることより価値ある行為を、人はすることができる。実際、弟はアメリカで数学の本を買って中国の図書館に寄付することによって、何十年も前に受けた「親切」を返している。

第3章
アメリカへ

一九六九年九月一日に香港の啓徳空港《かいたっく》に足を踏み入れた瞬間から、私にとってすべてが新しくなった。その瞬間まで、私は田舎者の、ほとんど旅をしない人間だった（もっとも、後者についてはまもなく取り返すことになった）。友人や親戚を見送りに空港に来たことはあったが、自分自身が乗るために空港に来たことは一度もなかった。そしてもちろん、飛行機に乗ったことは遊園地やショッピングセンターのニセの飛行機を含めても一度もなかった。サンフランシスコに向かう途中で乗り継ぎをしたハワイへのフライトで、旅に飽きた人たちと違って私は客室乗務員（当時は「スチュワーデス」と呼ばれていた）が搭乗機の安全機能について説明し非常の際にとるべき行動のおさらいをするのを、細心の注意を払って見聞きした。

幸い、その種の行動は必要にならなかった。サンフランシスコ国際空港に降り立ったときは二四時間の旅のあとで疲れ果てていた。だが、それまで見たこともなかった明るく青い空を見、熱帯に近い香港の暖かく湿った空気に比べて涼しく乾燥した空気を吸い込んだ瞬間に生き返った。カリフォルニアの気候はほぼ予想どおりのすばらしさだった。一瞬、初めて天国に着いたときはこんな感じかと思った。日頃は、そういう幻想にふけるタイプではないのだが。心地よいが見なれない景色、頭上の空、足の下の地面、気付け効果を試そうと肺に吸い込んだ空気もすべてひっくるめて、新しいという事実を大いに楽しんだ。

入国管理は難なく済んだ。ありがたいことにバークレー校の信用証明書が自由の道を開いてくれたのだ。手紙のやりとりだけで知っていたドナルド・サラソンが空港で出迎えてくれた。私が何を期待していたかははっきりしないものの、最初に彼を見たときは驚いた。ヒゲを生やし髪は肩まであって、ヒッピーのように見えた。いや、私がしばしば行った香港の遠い町でヒッピーを見ることはあまりなかったので、少なくともこういう外見ではないかと想像したヒッピーだったが。文句を言っているわけではない。なぜなら彼は優しい話し方をするとてもいい人で、私がアメリカでの第一夜を快適に過ごせるように力を尽くし、車で文字どおり一マイル遠回りしてくれた。

初めて飛行機に乗った。アメリカ行き（1969年）

私たちは空港から北東に向かい、ベイブリッジを渡ってバークレーの市街地に到着し、YMCAに立ち寄った。私には安価な宿泊所が必要で、そこは一晩たった十ドルだった。私がチェックインするとサラソンは翌日数学科に顔を出すよう念を押して立ち去った。念を押してもらわなくても行ったとは思うが。

YMCAのロビーでは人びとが大音量のテレビの周りに群がって野球を観ていた。野球のことを私は何も知らず、試合を見たこともなかった。また、テレビを長時間観たこともなかった（もっとも、ニール・アームストロングの月面着陸は数か月前に香港のデパートで見た）。家にはテレビがなく、アメリカで育った人たちと違ってテレビは私の人生になんの意味もなく、魅力もなかった。私はスーツケースを上階に運んで、七人の人たちと共有することになる部屋に行った。アフリカ系アメリカ人の大柄の男が私に挨拶してどこから来たのかと聞いた。私を見て驚いたようだった。たぶん、私が「船から降りたばかり」の人に見えたのだと思う。船の部分を除けば当たらずといえども遠からずだった。彼は私のすぐ隣で眠ることになっていたが、私は彼のような人にそれまで一度も会ったことがなかった。彼の言い回しや訛りを理解するのは難しかったが、サラソンは別としてアメリカで初めて交流した相手が、非常に歓迎ムードだったのはありがたかった。

YMCAは一晩や二晩（結局一週間になった）滞在するには十分な宿泊所だった。家具はほとんどなかったが頭上には屋根があり、寝るためのベッドもあった。長い飛行のあとでベッドは是が非でもほしいものだった。しかし長期の滞在には適さなかった。勉強する場所がなかったからで、急いでアパート探しに取りかかった。だが翌朝、最初に行くべきところはバークレー校の数学科だった。

当時、大学院の学部長だったサンディ・エルバーグと、マーク・リーフェルという若い数学教授が温かく迎えてくれた。もう一人の若い教授、林節玄にも会った。彼も私と同様に香港の出身で、親切にもお金を貸してくれた。それは奨学金の最初の支給を受けるとすぐに返した。YMCAへの支払い、アパートの手配に食料品、本、その他の必需品の購入が必要だったため、林からの短期の借金は大助かりだった。

キャンパスのすぐ隣にあったインターナショナル・ハウスの宿泊施設を借りるよう助言されたが、部屋が空いていなかった。その後、YMCAに近いアパートのリストが載っている掲示板を見て、やはり住むところを探していた学生三人に会った。四分割で家賃の月額が一人六十ドルになった。三千ドルの奨学金は月三百ドルの分割で十か月間支給された。そのうち半分を故国の母に仕送りした。家賃を払い、残り九十ドルでその他すべてをまかなうことになった。財布に余裕はあまりなかったが、多くは望まなかった。

最初は各自で自分の食事を料理した。私にはレパートリーが少ししかなく、スープ、米、野菜をいろいろ組み合わせた。それから食べ物を分け合って夕食を一緒に食べることにした。し

カリフォルニア大学バークレー校で、
1969年、到着直後

かしその取り決めはうまくいかなかった。理由は二つ、スケジュール合わせが難しかったことと、私の料理の腕が、控えめに言っても良くなかったことだった。私が食事を用意した晩は誰も食べたがらず、その後数十年たっても事情はあまり変わっていない。私には得意とすることがいくつかあるかもしれないが、料理、音楽、それに体育は、どうやら含まれないらしい。

バークレーでの生活

ふだんは午前七時頃に起きて洗顔し、すばやく食事をして学校に急いだ。アパートから数学科があったキャンベル・ホール（翌年、エバンス・ホールに移転した）まで徒歩で約二十分だった。普段の経路では有名なテレグラフ・アベニューを北上したが、そこはしばしば、派手な色の変わった服装をした奇妙な外見の人たちで混雑していた。その人たちの多くは物乞いで「余分な小銭」をねだったが、私には小銭がほんの少ししかなく余分はまったくなかったので、無視した。

キャンパスに着いたら一日中、数学科の教室、図書館と講堂に閉じこもった。「勉強ばかりで遊ばないと子どもは馬鹿になる」ということわざになんらかの真実があるとすれば、私は確かにひどい馬鹿だった。そのうえ、小さい崇基書院での私の教育はたいして厳しいものではなく、私はちっぽけな池の比較的大きい魚だったことがたちまちはっきりした。それに比べてバークレー校には、幅広い多数のコースが用意されている巨大な数学科があった。無駄にした時間を取り戻したくて、勉強にどっぷり浸かって、普通サイズの頭に収まると思われたできる限りの知識を吸い上げた。正確な目的ははっきりしていなかったものの、父が大好きだった中国の詩人、屈原（紀元前三四〇～二七八年頃）の言葉、「道は長くて退屈だが、私は真実を見つけるまでこの道を絶えず進む」に導かれていた。行く道が長くてもかまわなかったが、退屈ではないことを切に願った。

鼓舞するものがもっと必要なら、孔子の言葉にそれを見つけることができた。孔子は屈原より数世紀前の人物で、いつでも次の文で私を奮起させてくれた。「一日じゅう食べずに過ごし、一晩じゅう眠らずに考えたが、何の役にも立たなかった。何も得られなかった。考えることは学習することとは比べものにならない」。思うに、私がその時代にいたら、孔子は私に満足してくれただろう。なにしろ私は長時間、懸命に勉強したので、考える時間はほとんどなかった。

正式に申し込んだのは三コースだったが、ほかに六コースを聴講し、一日に詰め込める限り多くの講義とゼミに出席した。バークレー校の人材は圧倒的だった。教員陣には傑出した数学者の大集団がおり、学生もまた、よく「数学のノーベル賞」と言われるフィールズ賞を後に受賞した級友ビル・サーストンを初めとして、優秀な人物が大勢いた。通常のコースに加えて、数学科では週に数回、特別講義とゼミが開かれた。

食べ放題のビュッフェに初めて行った飢え死にしそうな人のように、私はなんでもかんでも取ろうとした。このように際限なく出席したのは、そうしたかったからでもあり、それができたからでもあった。多くの知人がいるわけでもなく、社会的義務もほとんどなく、またほかにすべきこともほとんどなかった。少なくともこの初期段階では、関心の的が数学だけだった。そのために海を渡ったのであり、起きている時間のほとんどを数学に費やした。授業は午前八時に始まって一日じゅう続いた。ときにはキャンパスの反対側の教室もあったりしたが、そこに移動するのにもわずか五分かかっただけだった。

昼食をとる時間もないこともよくあって、そういうときは授業中にサンドイッチを食べた。ほかの学生の気が散らないように、なるべく教室の後ろに座っているときにしたけれど。授業は午後五時頃までで、そのあと歩いて帰るのだが、途中で大学の大きい本屋に寄って最新の数学の本にザッと目を通した。アパートの近くのスーパーマーケットでしばしば夕食用の食材をいくつか買ってから家に向かった。その時期は人生が大変シンプルだったと言える。数学に始まって数学に終わり、途中も数学の探索が埋めていた。

最初の学期は代数的位相幾何学（教師はエドウィン・スパニア）、微分幾何学（教師はブレイン・ローソン）と微分方程式（教師はチャールズ・モリー）を取った。さらに、代数、数論、群論、力学系、保型形式、関数解析の授業も受けた。

登録した三コースは、結果的に私に大きな影響を与えた。バークレー校に来る前は、位相幾何学（トポロジー）――何らかの形を連続変形しても保たれる性質を研究するもの――について知っていると思っていた。しかしスパニアの代数的位相幾何学の講座は、トポロジーの問題を代数的な問題に対応させるもので、まったく新しいとらえ方をしていた。最初の頃、私は緊張していた。というのも、学生たちは授業中、私がそれまで経験していたより活発に意見交換することを求められていたからだ。私は当初、多くを語る心構えができていなかったのだが、ほかの多くの学生たちにはためらいがなく、自分たちが話している内容がわかっているようだった。数週間後、スパニア自身が書いた教科書のかなりの部分を学習し終えてみると、ほとんどの学生が無意味なことをペラペラしゃべっていただけだった、言い換えれば見せびらかしていただけだったことがわかった。

幾何学への興味

ローソンの講義は幾何学への興味に拍車をかけてくれた。トポロジーと同様に微分幾何学も形に焦点を当てているが、はるかに具体的である。微分幾何学は物体の形そのものを対象とし、球と立方体はまったく別ものである。しかしトポロジーでは球と立方体は同じ種類の物体、言い換えれば同等である。なぜなら、切ったり裂いたりせず曲げたり延ばしたりすることによって一方を他方に変形できるからである。

香港では私は数学を抽象的な教科とみなしていた。当時はほとんど独断で、教科のなかで抽象的な分野のほうがなんとなく良い――純粋で数学の本質に近く、したがって「真実」そのものに近いという、ずいぶん未熟な意見にしがみついていた。私は抽象的な科目に集中しようと思っていた。たとえば崇基書院で数学の講師エルマー・ブロディの助言を受けて興味をそそられた、関数解析の一分野である代数演算子などだ。関数解析についてたくさんの本を読み、ペンシルベニア大学のリチャード・カディソンとMITのアービング・シーガルに彼らの論文のリプリントを依頼する手紙まで書いていた。二人がその分野の最高権威だということを知らなかったのだ。何年もあとに会ったとき、彼らは私を級友のように扱ってくれた。シーガルはディナーに誘ってくれたほどだった。

私が彼らの専門分野に行かなかったにもかかわらず、彼らは私によくしてくれた。バークレー校に入ってまもなく、科目に対する私の気持ちが変わったのだ。一つには、その秋、関数解析についてのゼミを受けてから、以前ほどそれにわくわくしなくなった。受けていたほかの講義のほうが興味深いと感じたことから、抽象的なものを最重要の基準とする偏見を捨てた。

代わりに数学をそれほど独立していない、もっと自然と密接に関係のある分野とみなすようになった。自然とのつながりとそこから湧き出る美しい構造を、幾何学を通して容易に見ることができた。場合によっては、そうした構造を絵に描き、それによってより目に見えて感じることさえできる。もっとも、より難解な数学の領域では、それは不可能とは言わないまでも難しいのだが。

時間が経つにつれて、まさにその理由で、私はますます幾何学に引かれていくのを感じた。幾何学は、以前の表面的な出合いにもとづいて認識していたより深く、豊かだった。そしてこの、ピタゴラスの時代まで二五〇〇年、古代エジプトやバビロニアの時代まで四千年さかのぼる歴史的に貴重な分野が、すっかり私を引きつけた。

とはいえ、私に最も大きな影響を与えたのは、おそらくモリーの微分方程式の授業だったろう。

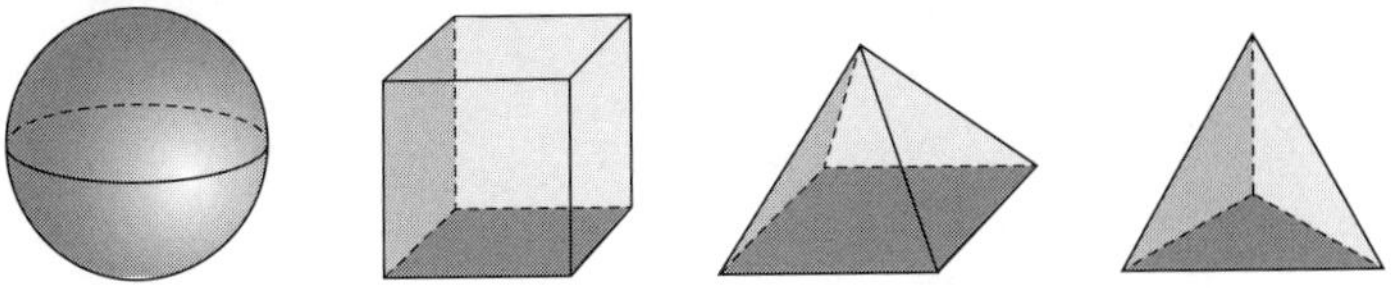

球、立方体、三角錐、四面体は幾何学で見る限り別々の形状だ。しかしトポロジーにおいては、異なるように見えるこれらの形状が同等と考えられる。それぞれが、他のものを裂いたり切ったりしなくても曲げたり延ばしたり押したりすることによって作りかえられるからである（もとの図はシアンフェン（デービッド）クーとシャオティアン（ティム）インによる）

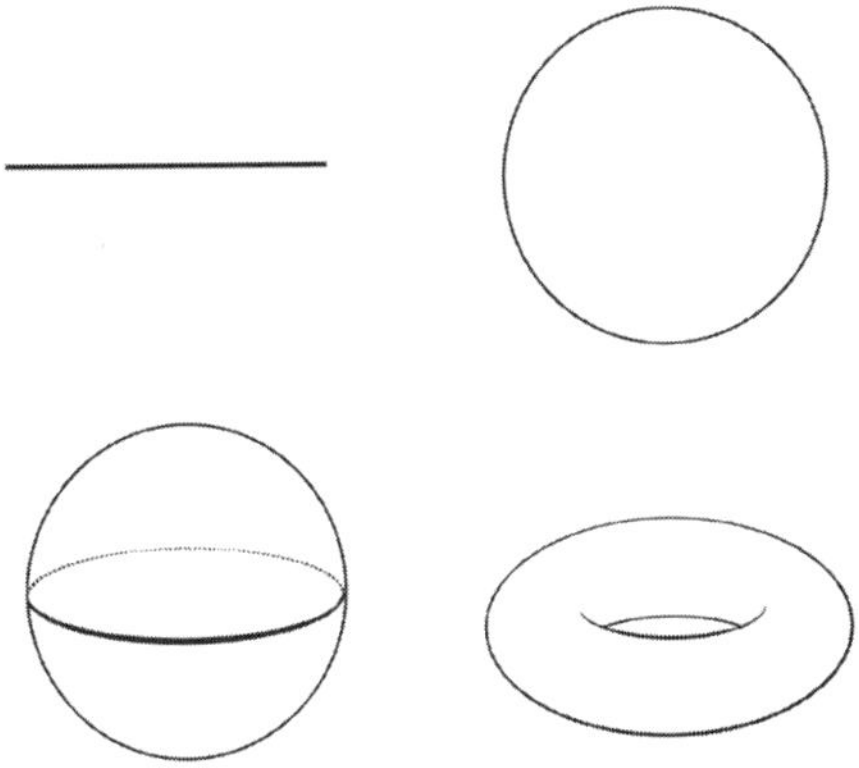

トポロジーにおいては、互いに根本的に異なる1次元空間は、直線と円の二種類だけある。円はあらゆる種類の輪にできるが、切らない限り線にすることはできない。「向き付け可能な」、つまりメビウスの帯のように一面だけでなくビーチボールのように表裏二面ある、二次元のコンパクト曲面は種数、簡単に言うと穴の数で分類できる。したがって、穴のない種数0の球は、穴が1つある種数1のトーラス、つまりドーナツ型と根本的に異なる。円と直線の場合と同様に、真ん中に穴を開けなければ球をドーナツ型に変換できない（もとの図はシアンフェン（デービッド）クーとシャオティアン（ティム）インによる）

その焦点は偏微分方程式——つまり時間などの単一変数についてではなく、多変数について変化しうる方程式にあった。この種の方程式は信じられないほど重要である。それはとくに、ニュートン、マクスウェル、アインシュタインなどが定式化した物理学の主要な法則が、偏微分方程式で書かれているからである。この種の方程式の「非線形」型はとくに難解で、ほとんどが正確にまたは「明確に」解けない。根気のいる近似計算で解にたどり着くのが関の山である。

講義は主としてモリーの教科書を使って行われたが、その教科書は題材の体系化が不十分で良く書けているとは言い難かった。それでも内容はすばらしく、欠点はあるにせよ、このテーマを書いたものとして最良の本だといまだに思っている。しかし講義は、教材が極端に難しいといううわさが伝わっていたため人気がなかった。そのうえモリーは学生たちに課題をみんなの前で発表させたから、発表する学生にとっても聞かされる側にとっても、愉快な経験ではなかった。私は、自分にとってそれが必要だと心の中でわかっていたので、授業を受け続けた。山ほどの計算をして懸命に勉強し、その過程で多くを学んだ。

私は頭のどこかで、偏微分方程式をつなぐ糸として幾何学とトポロジーをつなげるというぼんやりとした考えを持っていた。幾何学とトポロジーはよく、別々の分野とみなされているが、私にはその分離はつねに人為的なものと思われていた。幾何学が地球の表面に拡大鏡を当てて得られるようなクローズアップ像を見せられるのに対して、トポロジーは宇宙空間からしか得られないような広い視野の像を見せてくれる。しかし結局は、対象は同じ惑星だから、二つの像は競合するのではなく互いに補うものと考えるべきなのだ。

だから私には、幾何学とトポロジーの間に線を引いて両者を分離しようとする人がいる理由がまったくわからなかった。一部の数学者がそれに大いに熱心そうに見えたのだが。両者が連携すべきときに一方だけを選ぶ必要はない。実際、私は数学のすべてを同じ織物の一部と見ていて、分野間に人的に引かれた境界線にこだわったことは決してなかった。私は数学のすべて、アメリカ人の友人がときどきいう言葉を借りれば「エンチラーダ(トウモロコシパンに肉などを詰めた料理)」に興味がある。別々の部分をより良く理解できるようになると、本当につながっていることがわかるという決定的な感覚に駆り立てられているのだ。とはいうものの、それらの部分の一部がなんとも不可解な理由で他の部分より魅力的に見えることを白状する。

はっきりさせておくが、このように考えたのは私が初めてではない。カール・フリードリヒ・ガウス、ピエール・ボネ、ヴァルター・フォン゠ダイクが協力して一九世紀の多くをかけて研究したガウス‐ボネの定理が、曲面の幾何学(曲率)を曲面のトポロジーに関連づけている。二十世紀の初めにアンリ・ポアンカレが幾何学とトポロジーの関連性を確かなものにし、数十年後にハインツ・ホップと陳省身(バークレー校で私の指導者になった)がその関連性をさらに強固にした。私は単に、微分方程式、とくに非線形偏微分方程式を用いて彼らの実績の上に構築しようとしたにすぎない。この方向に沿った私の初期の仕事が、やがて「幾何解析」と呼ばれる分野の一部になった。幾何解析という用語はアメリカ数学会とアメリカ国立科学財団がこの分野の研究プロジェクトを分類するためにつくった造語である。

ここでの新たな要素は、非線形偏微分方程式を使う試みだった。というのも、微積分学を幾何学の問題に使う微分幾何学が、少なくとも一七〇〇年代半ばから末にかけてのレオンハルト・オイラーの研究以来数世紀の間そのままだったからである。線形微分方程式を初めて幾何学に持ち込んだ、この分野の基本的前提は完全に筋が通っている。それは、微分方程式がものごとのごく小さい微小の変化を表すものだからである。幾何学においては、曲率を測るには、空間を移動したときに曲率がどう変化するかを求めるために線形微分方程式を用いる。空間の曲率を「局所的に」(つまり小部分で)割り出すことによって、空間「全体」について知ることができる。曲率、局所的な幾何学すなわち所定の空間の詳細な形と、トポロジーすなわち同じ空間の全体的な形との間の関係が、過去四十余年にわたって私の研究の中心またはその近くにあって、長いこと私を魅了してきた。

その本質において、幾何学とトポロジーはどちらも図形の形を問題にするが、曲率はその形を決める手段を与えるものである。パンパンに膨らませたサッカーボールは球の形をしているが、トポロジー的には同じ大きさの十分に膨らんでいないへこんだサッカーボールと同じである。この場合、空気を入れたり抜いたりするだけで一つの形(たとえば完全に丸いボール)を他方(へこんだボール)に変換することができて、破いたり切ったりする必要はない。一方、球形のボールの曲率は、各点で変わらない一定値(正)であるのに対して、へこんだサッカーボールの曲率は表面上の点に応じて変化する。

曲率は全体的な形（すなわちトポロジー）と正確な形（すなわち幾何学）の両方をはっきり理解するための鍵であって、この関係は、別種の曲率によって特徴付けられる高次元の物体でも成り立ち、それは空気圧がさまざまなサッカーボールよりはるかに複雑で（蹴るのも）難しい。これが、曲率が非常に強力なものであって長きにわたって私の興味を引きつけてきた一因である。

たとえば二次元の球面を単純に、中心点から一定の距離にある三次元空間内の点集合と定義することができるが、同じ物体を曲率の特性だけで定義することもできる。じつは、後者のほうが前者より強力で用途もずっと広く、たとえば高次元の空間における、より複雑な構造の物体（すなわち多様体）で単純な式では表せないものを表すのにも使える。

曲率は、微分方程式によって規定される法則の上に成り立っている物理学でも大きな役割を果たす。たとえば粒子の速度は位置の時間変化によって決まる。粒子の加速度は速度の時間変化によって決まる。たとえば移動粒子におよぼされる力を算定することができるから、そこから、軌道の曲率を求めることによって粒子の加速度がわかる。高エネルギー加速器の実験では、粒子の質量を求め、そこから軌道の曲率を解析して粒子を同定するというように、逆方向の研究もできる。これらは、物理学で曲率が役立つ多くの例の一部にすぎない（比喩的に、各個人の軌跡について考えることもできそうだ。軌跡のさまざまな重要な時点における「曲率」を定めて、ある人物の人生の形についてなんらかのことを知る。それは概ね、この拙著で私がやろうとしていることである）。

それよりはるかに大きな規模で見ると、一般相対性理論に基づくアインシュタイン方程式（その学年で学ぶことになった）は宇宙そのものの曲率を言い表している。それは「非線形」タイプの微分方程式、つまり一つの変数の小さな変化が不釣り合いに大きい結果をもたらす方程式である。多くの現象が一次（線形）方程式によってまずまず良く近似できる。「一次（線形）」とは変化が比例することだけでなく、同じ方程式に二つの解がある場合、それらを合計するとその和もまた解であることを意味する。そうは言っても、私たちが住んでいる世界は本質的に非線形で、その事実は永遠に無視できない。そのため、気候の変動や株式市場の乱高下を理解するには非線形方程式が必要になる。空間がつねに曲がっていて、それに伴って現象が非線形である一般相対性理論もまた、非線形方程式の世界である。こうして幾何学において私が取り組むべきことは、物事を局所レベルで表す一般相対性理論の方程式を使って宇宙の全体構造を理解しようとすることだろう。

難点はもちろん、非線形方程式は扱いが難しいことで悪名高いことだ。だが偶然にも私は、おそらく「非線形解析」（解析は微積分学の進んだ形）分野の世界有数の専門家であり、専門が非線形偏微分方程式だったモリーの教室に入りこんでいた。そしてモリーが出してくれるものをすべて取りこもうと必死だった。幸い、彼はその点に関して気前が良かった。

そうしたなかで、幾何学、トポロジー、非線形解析の三つをちょうど良く組み合わせると、とてつもなく良い結果が得られるのではないかと思うようになった。当時、偏微分方程式でモリーがしたような研究は、幾何学分野の人びとの研究から孤立していた。陳のように彼と同じ学科にいた人たちも例外ではなかった。陳を含む多くの幾何学者が偏微分方程式を解析学者、またはある有名な権威者が言ったように「エンジニア」に任せることに甘んじていた。モリーは第一級の解析学者ではあったが、幾何学そのものにとくに興味があったわけではなく、幾何学をむしろ興味深い偏微分方程式の元としていじくるものとみなしていた。一方で私は逆に、その偏微分方程式を使って幾何学の問題――ほかの手段では解決できなかった問題を解きたいと思っていた。

これら別々の糸を一緒にすることで幾何学と解析学、そしてトポロジーに大きな報酬をもたらすことができると感じていた。どのように進めたら良いのか、あるいはどこへ行くのかわからなかったので、そのアイデアは最初は生焼けだった。しかし私の考えは徐々にしっかりしたものになり、それ以来ずっと確信を持ち続けて研究を行っている。

ベトナム戦争反対運動

とはいえ話が少し進みすぎた。一九六九年の秋、ベトナム戦争反対運動が最高潮で、バークレー校は学生運動の中心になっていた。多くの学生と教員がストライキをした。スパニアは出席する学生が少なすぎると休講にした。モリーの微分方程式の講義では授業を数回欠席するどころか、私を除いて全員が脱落した。私はアメリカに来たばかりで、まだ政治論争には巻き込まれていなかったのだ。それでもモリーは講義を続けるのにやぶさかではなかった。いつもの上着にネクタイを締めて、クラス全体にしたかのように私に講義をし続けた。じつは、いつも以上に準備をしていた。それもカリキュラムの標準的な講義を計画するのではなくとくに私に合わせ、私の関心とレベルに合わせた講義をしてくれた。三万人ほどの学生がいるバークレー校のような大学で、このようなマンツーマンの指導を受けられるとは思いもよらなかったが、これらの講義はじつに類いまれな機会だった。私は商売道具を親方その人から学ぶという幸運な立場にいた。

バークレー校はしばしば騒然とした大規模な抗議活動の場になった。催涙ガスの臭いがしょっちゅう空中に漂って、ほとんど環境の一部になっていた。講義中に外を見ると学生の大群衆が手に手に石を持って、盾と銃を構えた警官と対峙していたのは珍しくなかった。「世界中が見ているぞ！」と反戦デモ隊がときどきシュプレヒコールをあげた。そして私も見ていた。テレビではなく教室や図書館の中から。ガラスの向こうで暴動が起きているときに数学に集中するのは確かに難しかった。それでも私は、戦争支持者ではなかったが自らその闘争に身を投じようとは思わなかった。それは主として、私がまだアメリカ文化の一員になっておらず、そこで起きていた問題のすべてに対応する機会を得ていなかったからだった。

その年、サラフが日本に短期間滞在したあとバークレー校に戻ってきて、私にアメリカ方式を教えようとした。彼はサンフランシスコとその周辺の観光に私を連れ出した。また、彼の家での集まりにも私を招いたが、そこではマリファナが自由に回されていた。みんなは気前が良くて、いつも「一服」いらないかと聞いてきた。しかし私はいつも断り、当時はバークレー校じゅうどこにでもあったが、一度たりともマリファナを吸ったことはない。サラフとその友人たちから、ヒッピーの振る舞いがなんとなくわかった。彼らが見せた自由奔放な生き方は、私が香港の田舎の厳格な環境で育つときに見たり経験したりしたものとはまったく異なっていた。香港で会ったほとんどの人は生活の必需品をかき集めるのに四苦八苦していて、快楽を得るための麻薬がその「方程式」に入ることはほとんどなかった。

とはいえ、私は誰を非難することもなく、ヒッピーのレッテルを貼られていたかもしれない多くの人と友だちだった。だが自分でその変わった身なりをすることはなく、麻薬の世界に入り込むこともなかった。また、年上で経験も豊富な友人であるサラフは、アルコールの飲み方を私が学んでも良い頃だと思っていたが、私は飲まなかった。とうとう最初の機会が、バークレーヒルズの高所にあるティルデンパークへの数学科のピクニックでやってきた。モリーがとくに私に来るように勧めていたのだ。ビールが出たので背の高いグラスを取って一気に飲み干した。約十分でひどくめまいがしたので、家に帰らなければならないとモリーに言った。彼は車で送ってくれた。アパートに午後三時頃に帰って眠りにつくと、起きたのは翌日の昼だった。そのとき私はアルコールに弱いことを知った。それ以来私は用心して、飲んでも少しだけにしている。

香港で、貧しい時期(じつは私の子ども時代のほとんどがそういう時期だったが)に母が息抜きのために通っていた教会の一つをとおして、アメリカ人たちに会ったことがあった。その家族の一部がバークレーに住んでいて、感謝祭に家に招いてくれた。感謝祭とは何かは知らなかったが、十一月も末になるとキャンパスに人がいなくなることから、大きな出来事に違いないと思った。感謝祭のディナーには家に大勢の人が現れ、一部は明らかに家族だったがそのほかの人たちは私と同じ、適当に選ばれたはぐれ者と思われた。

プレゼント交換用に一ドル以下の物を一つ持ってくるように前もって言われていた。私は雑貨店にあったクリスタルガラス製品を買って、ほかのプレゼントと一緒にテーブルの上に置いた。誰もそれを欲しがらなかったので少し恥ずかしい思いをしたが、私とてその物には用がなかった。その夜、感謝祭のことはあまりわからなかったが、たっぷり食べた。それだけが、私が学ぶ必要があることだったかもしれない。

それからまもなく、それまで一度も祝ったことがないクリスマスが来た。そのときも祝わなかったが、アメリカ人がこの祝日も大事にしていることはわかった。というのも、このときもキャンパス全体から人が消えたからだ。二週間というもの、キャンパスにいたのはほとんど私だけだった。幸い、数学科の図書室は(クリスマス当日を除いて)この期間中ずっと開いていたから、それが私の「クリスマスの奇跡」だった。図書室には足繁く通った。

それまでも数学科の図書室で多くの時間を過ごしていた。初年度の大学院生には研究室がなかったから、図書室が実質的に私の研究室になった。授業を受けていないとき、自由時間のほとんどをそこで過ごした。当時は今と比べて数学の専門誌がほんの少ししかなかった(今では二千ほどあると思われる)。だから私は図書室にあるすべての数学誌を手にとって論文を読もうとした。それらを完全には理解できなかったとしても、少なくとも誰が何を書いたかはわかるだろう。それによって数学界で何が起きているかを概略知ることができて、その結果、さまざまな活動の糸をどのように組み合わせられるかの全体図を、頭の中で描くことができた。

そのクリスマス休暇の間、図書室はほとんど私専用だったが、注目すべき例外が一人いた。あるとき、私と同じ年頃の若い美人に会った。その人はほぼ間違いなく中国人だと思われた。彼女は本を借りに来ていたのだが、私はたちまち魅了された。あまりまじまじとは見ないようにしたが、部屋にほかに人がほとんどいない状態で目立たずにいるのは難しかった。強い関心を持っていたにもかかわらず、私は彼女に近づきもしなければ声もかけなかった。それが中国人のあり方だったからだ。正式に紹介されるまで待たなければならない。

初めての論文投稿

学期が再開してしばらくして、彼女が物理学科の大学院生で、近くのインターナショナル・ハウスに住んでいることがわかった。それ以外には、あまり進展がなかった。ときどき、となりの物理学棟にあるルコントホールでいつも行われている数学セミナーで彼女を見かけた。しかしやっぱり、話はしなかった。正しい、適切な機会が出来するまで自制しなければならない。それまでに約一年半かかったが、待ったかいがあった。というのは、それが究極的に私たちの結婚に至った長く断続的な求婚期間の始まりだったからだ。

図書室で初めて未来の妻に目を留めたあの一瞬は別として、進展はずいぶん遅かった。理由は私と本にほかならない。図書室には、一七〇〇年代の偉大なスイス人数学者レオンハルト・オイラーが書いた本が棚いっぱいにあった。私はそれらを読んでいただろう――ラテン語で書かれていなければ。私にはラテン語は（まるでギリシャ語というのも変だが、要するに）ちんぷんかんぷんだった。しかし私は引き続き雑誌の論文を読み通した。

そしてたまたま、プリンストン大学の数学者ジョン・ミルナーの最近の論文「A Note on Curvature and the Fundamental Group（曲率と基本群について）」を見つけた。しかしそのとき、その論文をただ読むだけでは済まなかった。ミルナーのアイデアの一部を発展させられるのではないかと考え始めたのだ。この考えが誘発されたのには、私が図書室に一人だけで時間はたくさんあってほかにやることもないという事情もあったかもしれない。しかしその論文は私に強い影響を与え、それまで感じたことのない何か――独創的な数学ができるかもしれないという感覚をひらめかせた。

私はミルナーが論文中で言及していた、アレクサンドル・プリースマンによって証明された定理を検討した。プリースマンの定理は、馬に取り付ける鞍の上面のような曲率が負の空間に関するものだった。鞍または負曲率の曲面上に、三点を最短距離で結んで三角形を描くと、この三角形の内角の和はつねに180度より小さくなる（平らな紙のような曲率が0の空間上では三角形の内角の和はちょうど180度になり、曲率が正の球面上では内角の和が180度より大きくなる）。

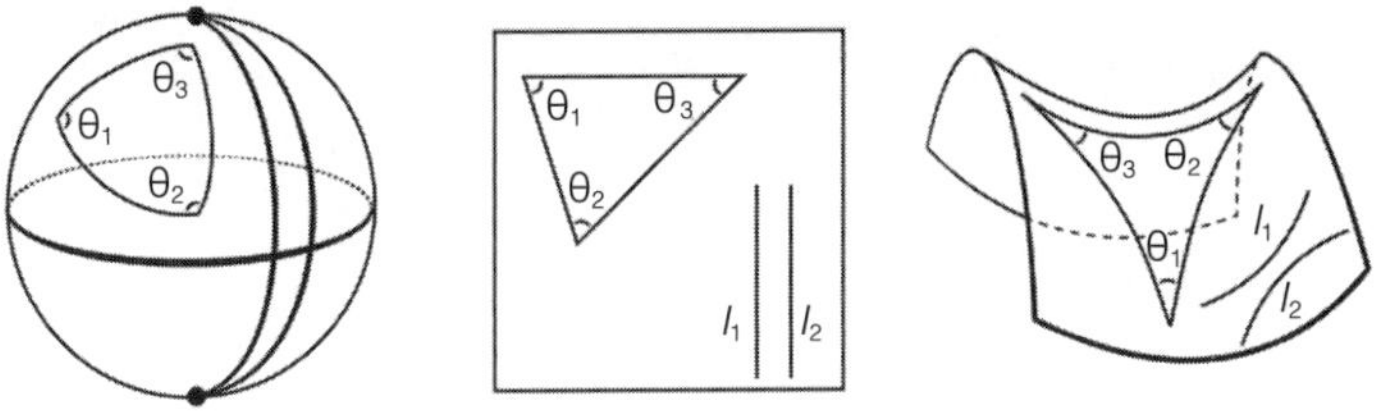

$\theta_1+\theta_2+\theta_3>180°$
球面（曲率が正）

$\theta_1+\theta_2+\theta_3=180°$
ユークリッド平面（曲率0）

$\theta_1+\theta_2+\theta_3<180°$
双曲面（曲率が負）

球面など曲率が正の面上では三角形の内角の和が180度より大きく、平行に見える線（たとえば経線）は（たとえば球の北極と南極で）交わる。ユークリッド幾何学が成り立つ平面（曲率0）上では三角形の内角の和は180度であり、平行線が交わることは決してない。馬の鞍のような曲率が負の曲面上では三角形の内角の和は180度より小さく、平行線に見えるものがそれる（もとの図はシアンフェン（デービッド）クーとシャオティアン（ティム）インによる）

プリースマンは曲率が負の空間にある二つの閉じたループを考えた。一点からスタートして道なりに進むといずれはもとのスタート地点に戻る。これをループAとする。そこからもう一つの曲がりくねった道を進むと同じ点に戻る。これをループBとする。このような空間では、最初にA、次にBを回ってできる合成ループは、AとBが同じ閉路を通らない限りBのあとAを回ってできる合成ループに変形できないことをプリースマンが証明した。AとBが同じ閉路を通るという例外が、いわゆる「自明な」ケースである。

私はプリースマンの定理をより一般的な状況、すなわち曲率が負と曲率が0の空間を含む曲率が〝非正の（正ではない）〟空間に拡張した。曲率が0の場合を証明するには群論を導入する必要があった。この場合の群の定義はかなり単純で、ある演算（たとえば掛け算）を行うことができ、さまざまな法則が当てはまる、単位元（たとえば1）と逆元（たとえば各xに対する$1/x$）の両方を含む元の集合である。

この場合、私は当時あまりわかっていなかった（今でもそう言える）無限の元を含む群に取り組まなければならなかったが、このときもミルナーがそのテーマについて書いていた重要な論文から学んでいた。また、崇基書院でのお茶の時間にロナルド・フランシス・ターナー＝スミス教授と交わした会話を思い出した。ロンドン大学では何を研究したのか聞くと、無限位数の群について話してくれたのだった。ターナー＝スミスが話したことの多くは思い出せないが、現在の問題に関係がありそうなイサイ・シューアとリヒャルト・ブラウアーの以前の論文のことは確かに言っていた。一日中図書室にいて古い数学誌をくまなく探した結果、ちょうど必要としていたシューアとブラウアーの論文を見つけた。ターナー＝スミスが話したとき、私は群論には興味がなかったのだが、その話をしていなかったら決して探さなかっただろうし、その論文は本当に私を救ってくれた。

思うにこの話の教訓は、何気ない会話が人が気づく以上に重要な意味を持ちうるということだ。そしてときどき、講義だろうと会議だろうと、はたまたお茶の時間だろうと、誰かが言ったちょっとした話を思い出したほうがいい。この場合、何気ない発言がどういうわけか頭の片隅に宿っていて、なんらかの意味を持って私の最初の証明に導いてくれたということだ。

私が得た結果は驚天動地のものではなかったものの、この証明でいちばん気に入っているのは、プリースマンの証明で私がおもしろいと思ったことと同じだったということで、どちらも空間のトポロジー（言い換えればその一般的な形）がその空間の幾何学（つまりその厳格な形）にいかに影響を与え、制約するかを示した点にある。これは私が追求し続けてきたことであり、幾何学とトポロジーのほかのことと同様に実り多いものになっている。

自分の証明をできる限り何度も見直して各段階をチェックして再度チェックした結果、論理に問題がないと思われた。学校の休みが終わったとき、私の結果を幾何学講座の教員だったローソンに見せた。彼も私の研究が良さそうだと言ったので、私の定理とプリースマンの定理に大まかな関係がありそうなほかの証明に二人で取り組んだ。ローソンと私は、曲率が0の空間が二つの異なる空間の「積」または組み合わせになりうるかどうかの問題に、トポロジーで答えられることを証明した。

ローソンがしきりに二編の論文を提出したがったので、アメリカで最高の数学誌と一部で考えられている『Annals of Mathematics（アナルズ・オブ・マセマティクス）』誌に送った。最初の証明は、ほかの人がいないクリスマス休暇中に行ったことだったので、私が単独で証明したことがじつは、バークレー校の数学者で、陳の元教え子で休暇中だったジョー・ウルフが最初に提起した予想だったことを知らなかった。ウルフに会ったことはなかったが、彼の本『Spaces of Constant Curvature（定曲率の空間）』を読んで敬服していたので、彼のことを知っていた。

偶然の一致がさらにあって、ローソンと私が証明したことをウルフと彼の同僚デトレフ・グロモールが別個に証明していたが、まだ発表していなかった。私たちがウルフに会ったとき、彼は私たちが同様の研究をしていたことに感動はしていなかった。ローソンと私は、この比較的目立たない点を証明したのが私たちだけではなかったことがわかって落胆もしていた。また一方で、私たちがこの証明に着手したとき、ウルフとグロモールの研究を知るすべがなかったのだ。

しかし陳は、バークレー校への入学を助けた人間（つまり私）が大学院の初年度前期に注目すべきことを成し遂げたことを聞いて安堵していた。数学科がした私への投資は引き合うだろうということだ。そして私も、小さい貢献とはいえ数学に新しいものをもたらしたことをうれしく思った。その『Annals（アナルズ）』誌は私の単独の論文は受け入れたがローソンとの共著論文は却下した。そのことでローソンは動揺した。二年前に博士号を取得したばかりで、新米博士が名声が確立した数学者たちとの競争に勝って一流誌に割って入るのは難しいことだと思ったからだった。一方、良いニュースがあり、ローソンと私が次に『Journal of Differential Geometry（微分幾何学ジャーナル）』誌に投稿して受理された。陳が私たちの共同研究を後押ししてくれたのではないかと思う。だとしたら、まちがいなく力になっただろう。

一九七〇年は私にとって忘れられない年になった。投稿という経験を初めて味わい、論文が採用されたときの高揚感、却下されたときの落胆、そして先行権とクレジットの問題をめぐって発生しかねない軋轢を経験したのだ。

その年の春期は平穏とはほど遠かった。アメリカがカンボジアを秘密裏に爆撃したことが明るみに出て、学生による反戦運動がさらに盛んになった。バークレー校の講義は再び全学のボイコットで中断された。ローソンは公然とボイコットに反対するのを避けて幾何学の授業を自宅で行うことにしたが、その講義はわずか数週間しか続かなかった。自宅が口論好きな学生たちに乗っ取られ、いわゆる「家庭内戦争」の場になることにローソン夫人が異議を唱えたのではないかと思われる。夫人にとってはときに、戦争が自分の家の中で起きているると思われたかもしれない。

カラビ予想を知る

私は冬と春の間ずっと、ローソンとの共同研究を続けた。彼は当時、講師だったから研究室はかなり混んでいる仮の一角の共用で、私たちの講義に最適の場所ではなかった。そのため、彼が家にいるとき頻繁に電話で話し合った。その会話は長く、一~二時間続くことも、もっと長いこともあった。ローソンは数年後に離婚した。そして私は、あの長電話が不仲の一因だったのではないかと心配した。しかし後に彼の元妻が、ほかのことのほうが重大で、離婚は私にはなんの関係もないと言って安心させてくれた。

一九七〇年の同じ頃、当時数学の講師だったアーサー・フィッシャーの一般相対性理論についての講義を傍聴した。フィッシャーとはすでに一度会ったことがあった。『Annals』誌に送る原稿のコピーを取っていたとき、彼が見せてくれと言ったのだ。私はすぐにはそれを渡さなかった。というのは自分の研究を知らない人、とくに野性的なヒッピーのように見えた人物に見せるのに気後れしたからだ。フィッシャーは原稿を私からつかみ取ってざっと目を通し、「幾何学をトポロジーに関連づけるのは、物理学にとっても重要なはずだ」ときっぱり言った。私はすでにミルナーの幾何学、または曲率をトポロジーに関連づけることの有用性についてのミルナーの研究に感銘を受けていたが、そのときは物理学についてあまり知らず、物理学とどう結びつくのかわからなかった。しかし、曲率とトポロジーのつながりは物理学にも関係があるとフィッシャーがためらいなく言ったことに、私は興奮した。すでにそのつながりに夢中になっていたからだ。フィッシャーが言ったことが本当であるのを望んだが、彼が正しかったと知ったのは「正質量予想」と呼ばれたものを私が証明したあとのことで、それまで何年もかかった。

その「野性的なヒッピー」は私に驚くほど大きな影響を与えることになった。最初に彼の講義に出席したのは何かを期待してというわけではなく、単に好奇心によってだったのだが。私はそれまで、一般相対性理論——アルベルト・アインシュタインが一世紀前に考えついた、重力の理解を要約した理論——を勉強したことがなかった。アインシュタインの理論は六十年前にベルンハルト・リーマンが研究した幾何学に基づいて構築されたものだった。「一般相対性理論」という言葉は何を意味するのかあまり知らないまま、言葉だけは数え切れないほど聞いていたので、それについて何かしら学ぶ価値はあるだろうと考えていた。このテーマがまもなく私にとって、また私のキャリアにとってどれほど重要になるか、このときは知る由もなかった。

アインシュタインの重力は実のところ(ニュートンの法則による)二つ以上の物体間の引力ではなく、物体の存在による空間の歪みであった。この考えによって、惑星が太陽を回る運動だけでなく従来のニュートン的重力観で説明できなかった微妙な作用も説明できた。プリンストン大学の物理学者ジョン・ホイーラーの説を言い換えると、質量が空間に曲がり方を教え、空間が質量に動き方を教える。アインシュタイン方程式のキーとなる語、リッチ曲率テンソルが、宇宙における物質分布による空間の曲率への影響を決定する。

あるときフィッシャーの講義のさなかに、あらゆる種類のアイデアが私の頭にあふれだした。その頃には、私はますます幾何学に関心を持つようになっていた。日常の体験では容易に（またはまったく）認識できないさまざまな種類の曲率を含む曲率を幾何学は扱う。物理学者がときに説明するように、質量が空間に曲がり方を教えた結果が重力なら、物質がまったくない空間、つまり真空と呼ばれる空間ではどうなるのだろう。言い換えれば、物質のない空間にも曲率が非ゼロでかつ重力はあるのだろうか。

幾何学者エウジェニオ・カラビが一九五四年にほぼ同じ疑問を呈していたことを知らずに、この疑問に戻り続けた。カラビは自身の「予想」を複雑な数学で表現していたが、それをここで定義しようとは思わない。それは、第一チャーン類が0の複雑なリッチ平坦多様体とケーラー幾何学の、重力に何の関係もないと思われる用語である。カラビは、最初にこの予想を提起したとき物理学についでは考えていなかったと認めている。その予想は特殊な幾何学、ケーラー多様体に当てはまるもので、それが今度はときに「超対称性」と呼ばれる特殊な対称性を意味する。

カラビは、空間の特性を示すケーラー空間内のさまざまな道の長さがその空間の密度にどう関係するのかという予想を非専門用語で述べた。密度は次に、空間の体積を特定するのに使うことができる「体積要素」という特性に関連している。カラビは逆に、ケーラー空間のどんな体積要素(または密度)が同じ空間内の道の長さ——距離の概念——に関係しているのかという疑問も呈した。

たとえば、球面上のいくつかの点の間の距離を測ることによって球面の性質を知ることは想像できる。だがたとえば六次元またはそれ以上の高次元空間の距離と体積を測るには、どうすればいいだろう。

カラビが数学だけに集中し、ほかのものに関心を持たなかったのは、彼が予想を策定したときには珍しいことではなかった。数学者フィッシャーによる物理学の講義を私が最後まで受けた一九七〇年になっても、数学は物理学からかなりかけ離れたものだった。多くの数学者は自分の専門を「純粋」と考えて、物理学など「応用」気味のものをすべて敬遠していた。

この種の区別が全歴史を通してつねにあったわけではない。たとえば古代ギリシャの科学者は数学と物理学を別々の学問とはみなしていなかった。またオイラー、ガウス、ポアンカレなどの偉大な数学者は天文学など他の分野の研究をすることをためらわなかった。私は、数学界では新人で実際の結果を出さなければならない立場だったが、それでも数学、とくに私が興味を持っていた範囲の数学の研究は深い部分で物理学とつながる可能性があると感じていた。もっとも、私の物理学の理解はまだきわめて乏しかったのだが。しかし、こうした考えがどこかに通じると感じ、それが興味深いどこかであることを望んでいた。

長年の間に私はしばしば数学と物理学の境界線のあたりをうろうろして、わくわくする有益な場所であることを知った。しかし数学が私のホームベースだった。それは主として数学と物理学の二つの分野のなかで数学がより深く、より基本的なものという印象を与えていたからで、その理由は、物理学の理論はどれも実験によって実証される必要があり、物理学の結果はつねに、新たな経験的証拠を踏まえた変化にさらされるからである。一方、数学の定理が証明されると、計算が正しく論理に隙がないことを前提として、それはつねに正しい。永遠の真実を手に入れるのは科学においても、また、いかなる生活圏においても難しく、私が数学に引きつけられるのには、そういうことが大いに関係していると思う。

しかしカラビが予想を発表した一九五四年にさかのぼると私はわずか五歳の、香港でお腹をすかせていた子どもだった。十六年後、バークレー校の講堂に座っていた私は別の意味でハングリーだった。数学をむさぼり食って、いずれ数学が提供する難問の一つを引き受けられるほど学びたいと渇望していた。

バークレー校の図書室で読みあさっていたとき、リッチ曲率についてできる限りすべての論文を掘り起こし始めた。最初はエウジェニオ・カラビの名に遭遇しておらず、彼の研究についても何一つ知らなかった。しかしリッチ曲率の文献を読んでいてまもなく、参照文献のなかに彼の名を見つけた。そして、彼の予想が含まれていた一九五四年の会議の議事録を見つけるのに長くはかからなかった。

その論文は私の心の琴線に触れた。カラビ予想がリッチ曲率を理解する鍵であり、それが幾何学に関係していると確信した。その予想が真であろうとなかろうと、いずれにしてもその答えがリッチ曲率の謎めいた構造を明らかにすると信じた。さらに一般的に、この問題が解ければ曲率関連の幾何学の多くの問題も解けないだろうと考えた。

というのは高次元空間においては異なる種類の曲率が関与するが、そのなかでリッチ曲率がおそらく最も不可解である。半世紀以上前にアインシュタインが考えた理論ではリッチ曲率が重要な役割を果たしていたにもかかわらず、カラビ予想の時点ではこの種の曲率についてほとんど知られていなかった。

私がカラビ予想に引かれたのは、リッチ曲率に関心があったからで、リッチ曲率そのものにも、それと一般相対性理論との関係にも関心があった。そして私は、プリースマンの定理に関連する研究でできたように、問題にアプローチする最良の方法を見つけだせれば、さらにボールを運んでいけるかもしれないと感じた。しかし一つのことは最初から明らかだった。それは、これが学校の休暇中に急いで片づけられるしろものではなく、長期のプロジェクトになるだろうということだった。私にこの予想を証明するチャンスがあるとしても、辛抱強く下準備をして体系的に進めなければならないだろう。

その間にも、大学院一年生としてどうしても対処しなければならない差し迫ったことがらがいくつかあった。最優先の仕事が博士課程資格試験で、それを一九七〇年の初めに受けた。幾何学とトポロジー、解析と微分方程式、代数と数論の三つの部分に分かれた口述試験だった。トポロジーの試験はエメリー・トーマスとアラン・ワインシュタインの二人の教授が行った。トーマスはまずトポロジーについてのかなり簡単な問題から始め、私は難なく答えられた。次に非常に専門的なひっかけ問題を出した。一部についてはどう答えたらいいかわからないと認めるべきだったが、失態を演じた。

ワインシュタインもトーマスと同様に幾何学の基礎的問題から始めた。その部分は順調にいった。しかし続いて彼はさまざまな定理の例外的な例についていくつか尋ね、私はうまくさばけなかった。全体の成績はBプラスだった。取り立てて言うことではないが、たぶん適切な評価だろう。

解析と微分方程式の部はモリーとハスケル・ローゼンタールが担当した。この部分は比較的良くできて、Aを取った。最後は代数と数論で、それまであまり勉強していない分野だった。どういうわけか、マヌエル・ブラム、レスター・デュビンズ、アブラハム・サイデンバーグの教授連が私にいたく感心してくれて、Aプラスをもらった。試験の成績が自己評価点と正反対だったのは、なんとも皮肉だ。それでも、どうにか資格試験に合格して大きなハードルを一つ片づけられたのは良いニュースだった。

同じ頃、数学科が私の奨学金をもう一年継続することに同意した。前にも述べたように、同科で得られる最も気前の良い奨学金だった。半分を欠かさず国の母に送っていたから、私は大いに安堵した。また私はグリーンカード（永住ビザ）を持っていなかったので、アメリカ国立科学財団の援助を受けることができなかった。そのためこの奨学金に頼りきっていたから、更新されてずいぶんありがたかった。

陳を指導教官に選ぶ

次の課題として、学位論文について考え始め、学位論文指導教官を選ぶ必要があった。私はモリーとの関係をずっと続けていて、春学期の終わり頃に彼の博士課程の学生にならないかと尋ねられた。その申し出についてじっくり真剣に考えたが、私は陳とも、一九七〇年六月頃、彼がサバティカル休暇（長期研究休暇）から戻ったときに話をしていた。結局私は、数学の分野の中で幾何学がいちばん好きだから、世界的幾何学者の指導の下で研究すべきだと霧が晴れたようにひらめいて、陳の教えを受けることに決めた。

そうこうしているうちに、モリーの健康が悲劇的に悪化した。一年もたたないうちにパーキンソン病の兆候を見せ始め、急速に悪化した。この偉大な数学者が衰えていくのを見るのはひどくつらいことだった。

陳を指導教官に選んだことで、数学科内の支配者に与したことがたちまち明らかになった。陳は現存する中国系の最も偉大な数学者とも広く考えられていたのだ。彼は数学に多くの貢献をしてきたが、最も有名なのはチャーン（陳）類という概念を生み出したことだった。チャーン類によって

「多様体」すなわち地球の表面のように、面上のすべての点の間近では平らに見える位相空間の分類が簡単になる。陳はシカゴ大学の教員として十一年間過ごしたあと一九六〇年にバークレー校にやってきた。その後、バークレー校のトポロジーと幾何学の課程を強化することによって、この科を世界的リーダーに変貌させた。

陳は偉大な数学者だっただけでなく、人付き合いの達人でもあった。おもてなしを好み、絶えず人を自宅のディナーに招いた。夫人がまた中国料理の達人だった。陳の指導を受けることになって、私はこの世界の仲間入りをした。

彼はバークレーの真北のエルサリート市の丘に美しい家を持っていた。遠くにサンフランシスコ湾とゴールデンゲートブリッジの壮大な景色が見えた。じつに魅力的な造園のために庭師まで雇っていた。私はほかの学生や教員たちとともに何度もディナーとパーティに参加した。ともに三十歳代初めの、幾何学とトポロジーの若い教授、ウー＝イー・シアンとハン＝シー・ブの二人がそうした集まりの常連だった。代数学者のT・Y・ラム（林節玄）もときどき現れた。

陳の豪華な住まいを訪ねると少し良い気分になったが、いつも現実の世界――バークレーの都会的な地区にあるみすぼらしい一画と、夏が近づいてルームメイトがまもなく出て行くだろうという現実に引き戻された。しかし運良くキャンパスの通りのほぼ向かいにあるユークリッド・ストリートのワンルームのアパートを見つけた。家賃はちょうど九〇ドルだった。もう一つ運のいいことに香港中文大学時代の友人でクラスメートのシウ・ユエン・チェンがその夏バークレー校に来て数学科の大学院に入ったから、彼も住むところが必要だった。チェンは六月に到着し、私たちはワンルームで同居した。二人に十分な広さとは言い難かったが、どうにかやりくりした。場所はとびきり便利だった。唯一の欠点は私たちの住まいがバーの真上にあって、とくに金曜日と土曜日の夜はとてつもなくうるさいことだったが、私たちは若さでやりすごした。

騒音に対処した一つの方法は、遅くまで、しばしば午前四時まで起きていて話したり読んだり、数学の勉強をしたりしたことだった。その年の早い時期に決めたものよりスケジュールが遅れたが、この頃はひっきりなしに授業を取ってはいなかったので、問題はなかった。私はもう数学の勉強にすべてを捧げてはいなかったので、孔子が見たら失望したかもしれない。数学について考え、多様な可能性のなかでどこへ行こうかと考える時間も取ってあった。そうすることによって、次には新たな視点に導かれることもあった。

振り返ってみると、初年度は論文を二編出版できて好調なスタートだったと思うが、幾何学のアイデアを群論に適用する、またその逆をどこまで行うことができるかという点については限界もあった。幾何学はもっと大きな広がりを持つべきだと私は感じていた。見込みのある方向は複素座標――すなわち実数部と虚数部（マイナス1の平方根iの倍数からなる）をともに持つ数――でしか表せない空間すなわち多様体に関する複素幾何学だろうという結論に達した。私は小林昭七が指導する複素幾何学のゼミに出席し始めた。小林はドイツの数学者フリードリッヒ・ヒルツェブルフの本、『Topological Methods in Algebraic Geometry（代数幾何における位相的方法）』を読むよう勧めた。

これは結局、私にとって非常に重要な本であることがわかった。私はこれを一人で読み、テーマ全体を吸収し始めた。興味深いことに、指導教官である陳自身よりヒルツェブルフの本からチャーン類を学んだ。

ヒルツェブルフの本と関連論文を読めば読むほど、このテーマには多くの階層があって、そのおかげでどんどん深く掘り下げていくことができるのを知った。また、このテーマは数学の多くの分野と基本的につながっていて、きわめて広範囲であることも発見した。そのため、私が強く望んでいたように枝を広げて研究する余地ができると思われた。私は取り組む問題を積極的に探し始めた。また、関数解析ではなく複素幾何学に集中するという決心を陳に伝えた。それは、バークレー校に初めて入ったときに面白い分野だと思ったものだった。

陳ははっきりした意見は何も言わなかったが、私の計画を承認したようだった。しかし一九七〇年八月にニュージャージー州プリンストンへの旅から帰ったあと、陳はかなり突飛なコース修正を示唆した。プリンストン高等研究所の著名な数学者、アンドレ・ヴェイユと交わしたばかりの会話で興奮していたからだ。数論の古典的問題であるリーマン予想の証明が手の届きそうなところまで数学は進歩したと、ヴェイユは陳に言ったのだ。リーマンは一八五九年に、はっきりしたパターンがない素数の分布について考えられる説明として、仮説を提示した。それから一世紀以上たって、その考えが正しいのか正しくないのか誰も証明できず、偉大なリーマン本人でさえ三九歳で死去して証明できなかった。

いまや陳は、私がそれに挑戦することを望んでいた。私は学位論文に取り組む必要があったが、陳はすぐにこの問題に取りかかるよう促した。その問題が非常にやりがいがあること、おそらくありすぎることを私は疑わなかった。しかしどういうわけか、心を動かされなかった。私は解析的数論より幾何学の問題にわくわくしていて、それは行き着くところ、個人の好みの問題であった。人が解くのに何年もかかる大問題に取り組む、または少なくとも手を着ける場合、そのわくわく感が必要で、それがなければ続かないだろう。この場合は、私の本能が役立ってくれたのかもしれない。なぜなら、リーマン予想は今日まで解かれていないからだ。

そのうえ、その頃にはすでに私はカラビ予想に心を捕らえられていた。それがなぜなのか正確に言うのは難しいが、私は当時二一歳の男で美しい女性は何人も見かけたが、本当に心を動かしたのは只一人、八か月前にバークレー校の数学図書室で見定めたあの女性だけだったという事実と、それほど違わないだろう。それと同じようにカラビ予想に本能的なレベルで反応した。その予想もまた、私の胸に響いたのだ。それは博士号の研究として挑むには大きすぎる、長期のプロジェクトになるだろうということはわかっていたから、もっと手早く扱える論文のテーマが必要だった。

幸運なことにそれから一か月足らずで『Annals』に掲載されたプリースマンの研究に関する論文について、陳が話を聞きたいと言った。話はうまく進んで、あとになって陳が私の論文が実のところどの程度良いのかを聞いて回っていたことを知った。話し合いの末に、陳はそのテーマが博士論文に良いと決定した。彼がその論文をつぶさに読んだとは思わない。彼の分野ではなく、群論についてはあまり知らなかったのだから。実際、群論について知っていた幾何学者はほとんどいなかった。もっともジョー・ウルフは例外で、彼は私の学位論文委員会の一員になった。ローソンも、また陳の依頼で工学者のユージーン・ウォンも委員会に入った。数学科の外部の人物が参加するという要件を満たすためだった。

陳が研究室のタイプライターを使わせてくれたので、一九七一年の初めに博士論文をタイプして仕上げた。それに付随して良かったことが、陳が世界的な数学者であるため、世界中の幾何学者が論文のプレプリントを彼に送ってくることだった。彼は私にそれらを読ませてくれ、興味深いことを見つけたら自分のためにコピーを取ることができた。とくに興味深い論文の一部については陳のセミナーで話をした。それらの論文の多くを今でも取ってあって、なかには今でも興味深いと思うものがある。

博士論文のタイプ打ちが終わって必要なコピーを取ると、かなりの仕事が片づいた。私の研究は委員会に出席したり質問に答えたりすることなく承認された。博士号の資格を得るのは日常的なことではないのだから、大喜びの瞬間のはずだった。しかし、いくつかのことが喜びを湿らせていた。陳と私の間に軋轢があると思われていたからだ。というのは、博士号取得については陳は本当の意味で指導していなかったから、私が彼を指導教官とみなしていないと陳が考えたのだ。ローソンが私を教え子だと主張していたが、彼もこの件については教えていなかった。私は自分で学んだのであって、ローソンに指導教官になってくれと頼んだことも一切なかった。博士論文に関する限り、私が最も学んだのはジョン・ミルナーの本と論文からだった。もっとも私がミルナー本人に会うのは数年後のことになる。

また、私の大学院教育が非常に早く、たった二年間学んだだけで終わってしまうのにも、いささか失望していた。まだ学びたいことがたくさんあった。しかしポストの準備が整っていると上司に言われたら、あまり強硬に反対して今のままがいいと主張しないのが賢明だ。ほかに良い方法もなかったし、またできるだけ早く家族をもっとしっかり支えたいと望んでいたので、すべてに従うことにした。

少し時間を戻そう。一九七〇年の秋に、計画外のことに関わって、それが翌年しばらく続いていたことを述べていなかった。私が参加したのは魚釣島（中国名：釣魚島《でぃあおゆたい》）運動という抗議行動をしていた海外中国人学生グループだった。問題としていたのは全長一～二マイルに満たない八つの小さい島からなる群島で、最初は中国のものだった。日本が一八九四年に中国に侵略したあといわゆる尖閣諸島（中国名：釣魚群島）を奪取したが、第二次世界大戦後、この群島は台湾に近いことから中国の支配下に入った。それが変わったのは一九六八年のことで、付近で海底油田が発見されたあとアメリカの支持を得て、再び日本がこの群島の領有権を主張したのである。

中国の弱体化を狙った攻撃的行為に怒ったバークレーなどアメリカの都市の学生たちが非難の声を上げた。私たちが怒ったのは日本の軍国主義的なやり方に加えてアメリカによる支持に対してだった。私たちの怒りは台湾にも向けられた。中国に対する帝国主義的動きを前にして立ち上がろうとしなかったことと、釣魚島運動を積極的に鎮圧しようとしたことに対してである。学生たちは沈静して自分たち自身の仕事に注意を向けるべきだと台湾の官報が書いたが、そのせいで私たちはさらに怒り、声も大きくなった。

私も含めて当時アメリカにいた中国人学生の多くは、以前はデモに一切関わっていなかった。しかし私たちは、ベトナム戦争に積極的に抗議するアメリカの学生たちを手本にした。香港ではその種のことを何らしたことがなかったし、おそらくやらずに済ませただろう。だがバークレーでは雰囲気が大違いで、この種の運動に参加することが容認されるようだった。私たちが中国のために立ち上がり、中国が自らのために立ち上がったら、私たちは故国をもっと重んじ、ほかの国々ももっと敬意を払うだろうと強く感じた。

一九七一年四月九日、私たちはサンフランシスコのチャイナタウンの中心部にある小さな公園、ポーツマス広場にデモのために集まって、そこから日本と台湾の領事館に行進する計画だった。友人の多くも来ていた。このようなとき私はいつも本を一冊持っていた。ふつうは、ただ立って待っている時間が長かったからだ。このときはモリーの微分方程式についての本を持っていたが、読む機会はあまりなかった。台湾政府が刺客の一団を雇って抗議運動を離散させようとした。私の友人で学生仲間のユが小競り合いで倒され、ほかに大勢が傷を負った。私たちは計画どおり行進を続けたが、日本の領事館も台湾の領事館も私たちの抗議状を受け取らなかった。彼らは私たちを無視したので、組織化の意欲がますます高まった。学生の一部は専業の活動家になった。私はそうはしなかったが、数学にかける時間は前年より減った。

この頃、陳が病気になって約一か月間、入院した。私は中国人学生仲間と一緒にお見舞いに行って、彼の言葉に唖然とした。陳はC・N・楊（ヤン）ほかの要人とともに、『ニューヨーク・タイムズ』誌に掲載された、反対運動をしている学生たちと多くの点で同じ主旨の書状に署名していたにもかかわらず、私たちの政治的行動を喜んでいなかった。そうした活動を直ちにやめるよう彼は忠告した。「人生の目的は名声を得るか金を得るかだ。学生運動はどっちももたらさない」と陳は言うのだった。

これは数学における目標と私が考えたものとあまりにも違っていた。私が考える目標は、選んだ学問分野の隠れた真実と美を探し求め、願わくば発見することであって、子どもの間ずっと父がそれとなくでもはっきりと、私に植え付けたことだった。陳とのやりとりで、私が十歳くらいのときに父が覚えるように言った中国の古典的随筆を思い出した。五本の柳の木に囲まれた、日ざしと雨風を防げるだけの家具のない掘っ立て小屋に住んでいたことから「五本柳の男」と呼ばれた人の話で、ぼろにくるまり、これ以上ないほど質素な暮らしをしていながら、満足していた。読書が大好きなあまり、ときどき食事も忘れて読んだ。自分の損得は気にせず、思考と大志を書き出すことから満足を得た。この人物は、陳が言ったように名声やお金を追い求めることによってではなく勉学の内にある喜びに支えられていたのだ。

その瞬間に私は、陳と私が必ずしも同じ価値観を持っていないとはいえ、彼から学べることはたくさんあると悟った。彼の助言には、――また誰の助言にでも――従わざるを得ないだろう。陳はつねに心底私のためを思ってくれたと思う。とはいえ究極的には、私は自身の心の命令に従う必要があるのだろうけれど。

職を探す

だが私はまだ大学院生だった。指導教官である陳はすでに私のために多くのことをしてくれ、大変良くしてくれた。私は求められることをしようとした。一つには感謝の気持ちからだが、彼が数学者の表も裏も知っていたからでもあった。その学期の後日、射影幾何学の授業を教えなさいと陳が私に言った。大学院を卒業する前に、教育の経験を積んでおくのが私のためになるだろうと思ってのことだった。

教室には約三〇人の学生がいて、行儀が良さそうに思われた。T・Y・ラムが講義ノートを何冊かくれたので、授業を始めるのに役立った。問題は、私の訛りがひどすぎて学生たちが話を理解できないことだった。一人の学生がそのことについて学科長と学部長に苦情を言った。陳が不安になってハン＝シー・ブにどんな具合か見てくるように頼んだ。ブは教え方は結構だが、たしかに訛りはひどいと言った。幸いなことに、時間がたつにつれて学生たちが私の訛りに慣れてきた。学科長と学部長に苦情を言った学生でさえ、のちには私が良い先生だと彼らに報告した。そしてそれ以後、問題なく進んだ。

職探しを始めなければならなくなると、陳はニューヨーク州ロングアイランドにあるストーニーブルック大学を訪ねるよう勧めた。一時期、別の大学で過ごすのが私のためになると思ってのことだった。陳はストーニーブルック大学数学科のジェームズ・サイモンズに旅費を出させた。ストーニーブルック大学が雇おうとしていたローソンも行く予定だった。

一九七一年三月にストーニーブルックに到着。ローソンが自分の長椅子で私を眠らせてくれた。しかしそれは彼の家族にとってはあまり芳しくなかったので、私はすぐに寮に移った。寮では多くの学生たちに会ったが、彼らは台湾での政治情勢に大きな不満を持っていた。その頃私はコロンビア大学も訪問した。そこでは魚釣島運動として始まったものが、普通の中国人学生にも政治問題として発展していた。バークレー校の学生リーダーから、ニューヨークの同種の組織にも会ってほしいと頼まれたのがコロンビア大学訪問の理由だったが、驚いたことに、コロンビア大学の中国人学生グループは、自分たちの活動を始める前に相談しなかったバークレー校を怒っていると聞いた。その態度があまりにばかげていると思い、言葉に窮した。

バークレー校に戻ると、ニューヨークに本拠を持つ活動家たちの助言が得られないまま学生運動が続いていた。しかし奨学金の期間が残り少なくなっていた私にとっては、仕事を見つけることがずっと優先順位が高くなっていた。私はプリンストン高等研究所（ＩＡＳ）、ハーバード、ＭＩＴ、プリンストン、ストーニーブルック、イエールの六つの大学に志願し、幸いなことにすべての大学から採用の申し出を受けた。ハーバード大学のオファーが助教の地位で年額一万四千五百ドルといちばん高給で、当時としてはまずまずの額だった。ほかの大学のオファーは年額約一万四千ドルだったが、高等研究所だけは六千四百ドルの一年間の奨学金だけだった。

陳に相談すると、「誰でもキャリアのなかで少なくとも一度は高等研究所に行くべきだ。君もだよ」と言われた。陳はこの研究所で数え切れないほど何度も過ごして、最高の研究の一部を一九四三年から一九四五年の間に完成させた。私はそれ以上質問することなく彼の助言を受け入れた。高等研究所が提示した報酬が比較的少なく、ほかの大学の半分未満だったことを陳には言わなかった。お金は関心事ではあるが、五本柳の男が教えてくれたようにそれがすべてではないことを知っていた。だから私は長い目で見ることにした。今年度はプリンストンに行ってそれを最大限に生かし、そのあと報酬がもっと良い職に就ければいいと。

しかし私には、バークレーを離れる前に手がけるべき差し迫った用事が一つあった。一年半前に図書室で強烈な印象を受けた女性に会う決心をしていたのだ。物理学棟のセミナーで彼女を見かけていたが、まだ一言も言葉を交わしていなかった。香港から来た物理学部の友人と話をして、やっと彼女の名前がユーユンだと知った。その名前は美しく私の耳に響いた。たぶん、映画『ウェストサイド物語』で初めてマリアの名前を聞いたときにトニーが感じたことに似た反応だったと思う。幸い私は、やにわに歌い出したりはしなかったが。

友人と私は物理学と数学の大学院生の夕食会を設定した。彼女を必ず参加させるのが彼の仕事だったが、彼は気が進まないようだった。彼も彼女が好きだったからだと思うが、私のためにうまくやってくれた。数学科の学生三〜四人と同数の物理学科の学生がその晩の参加者で、全員同じテーブルに着くことができた。とうとう「正式に」ユーユンに紹介された。ということは、彼女が受け入れればデートができるということだ。私たちが卒業して別々の道を行く前に知り合う時間が六週間しかなかった。私はその期間を最大限に利用したかったが、行く手にはいくつかの障害が転がっていた。

陳が気に入っていたバークレー校の若い教授ウー゠イー・シアンが自宅の豪華なディナーに招いてくれた。最初、私は、シアンが私と彼の妻の親戚を引き合わせるためのお膳立てだったのを知らなかった。何が起きているのかわかったとき、さりげなくシアンに、ほかの女性に関心があると言った。シアンはがっかりしたが、この場合それが自然な反応だったと思う。

シアンの思惑は好意から出たものだったが、この種の好意がつねに無害とは限らない。数年後、日本の数学者数人と日本人初のフィールズ賞受賞者小平邦彦の話をしていた。彼らの話によると、小平が彼らの友人の一人で小平の有望な若い教え子に、娘と結婚してくれと頼んだという。教え子は同意して小平の義理の息子になった。そうしなければ偉大な先生に対して無礼だと思ったからだという。

東海岸に移ってまもなく、ウー゠イーの兄ウー゠チャン・シアンにもディナーに招かれた。彼はイエール大学、その後プリンストン大学の教授だった。このディナーの席でシアン夫妻は私を彼の親戚の一人と引き合わせようとした。そして私にはすでに決めた女性がいると話すとウー＝イーと同じようにがっかりした。一方で、ロマンスの口火を切るのを期待して引き合わせたいと思う人物と思われていたのは、確かにうれしい。そうは言っても、これらの試みがうまくいかなかったことでシアン兄弟との関係が悪くなって、先々のトラブルのもとをつくったかもしれなかった。

一九七一年六月に戻ると、私は数学の博士号を取り、ユーユンは物理学の博士号を取った。その頃、陳が香港中文大学の経営陣に手紙を書いて、私は学士号を得ていないがバークレー校から博士号を取ったのだから、香港中文大学から名誉学位を与えられてしかるべきだと述べた。香港中文大学の役員たちは陳の要望に応じた。もっとも決定には時間がかかった。というのも私が名誉学位を得たのは十年近くもあとの一九八〇年だったのだから。それまでに多くのことが起きて、陳の手紙のことはほとんど忘れていた。

一九七一年の夏の間、ユーユンと私は卒業前後の時期と同じように、できるだけ一緒に過ごした。あいにく私たちはまもなく、地理的には反対の方向に向かうことになった。ユーユンは博士研究員の職が決まっているサンディエゴに向かって、彼女の母親とともに車を走らせた。私は特別研究員の仕事を始めるために三千マイル離れた高等研究所に向かっていた。連絡を取り合うことを約束したものの、将来どうなるのかはわからなかった。先が見えない私たち――知り合う時間が少ししかなく、国の反対側で職業に就こうとしていた当時の二人にとっては、それが関の山だったに違いない。

第4章
カラビ山の山麓で

一九七一年に二三歳でバークレーを離れたとき、私の状況が突然、大きく変わった。五歳で学校に通い始めた一九五四年以来久しぶりに、私は学生という身分ではなくなった。言い換えれば、単に学校や先生方や両親の期待を満足させるのではなく、自分で世界を歩み、自分で決定するときがきたのだ。

私がそれを始める場所、プリンストンにあるプリンストン高等研究所はこの時期に経由する場所としてはうってつけで、そこへ行くように勧めてくれた陳に経済的損失はあったものの感謝した。高等研究所は、アルベルト・アインシュタインが晩年の二二年間を過ごした、世界でも有名な研究所で、世界の諸研究所の頂点かその近くに位置する。そこは学者たちが自由に目標を設定し、かなり好きなように行動し、実用的な応用を気にせずそれだけのために知識を追求できるように、一九三〇年に設立された。一九三九年に『ハーパーズ・マガジン』に掲載された文には、同研究所の創立ディレクターであるエイブラハム・フレクスナーがこう書いていた。一見「役に立たない達成感」の追求が思いがけず「夢にも思わなかった実用性が生まれる源泉」になることがある、と。

その哲学は非常に魅力的だった。というのは私はすでに、表面上は実用性がほとんど、あるいは全然ないと思われる目標を心に持っていたからである。けれども私は、この研究が最終的には、私だけでなくほかの人たちにとっても何らかの長期的な恩恵をもたらすかもしれないと感じていた。また、一見したところ役に立たないと思われるものを、フレクスナーの言葉を借りれば結果的には役に立つものに変えるチャンスを得る前に、知識をもっとたくさん得る必要があることも知っていた。

カリフォルニアの多くは山地で、カリフォルニア・パシフィック・コースト山脈の一部がバークレー校のキャンパスの端きっかりまで走っているが、プリンストンは明らかに平らである。しかしそこにおいてさえ、丘も土塁すらも見えないニュージャージー州の、肥沃なインナー・コースタルプレーン近くに隠れている山の存在を感じることができ、いつか登りたいと思ったものだった。私はこの山をカラビ山と呼び、初登頂は困難が伴うであろうことを知っていた。登攀可能なルートを特定し、次に岩だらけの地面を登るのに必要な道具を用意するのにしばらくかかるだろう。私が考えていた技法には幾何学と非線形偏微分方程式を混合した新しい方法、現在は幾何解析と呼ばれているアプローチが含まれていた。道具一式の一部として、以前に解かれたことのない一連の非線形方程式の解を見つける必要があるだろう。それは時間と努力とかなりの運を要する仕事だろう。重要な要素がきちんと揃うまで、カラビの最も危険な傾斜には取りかからないことにした。とはいえその間にも、この山を忘れたことはなかった。その山は私にとっていつもそこにあり、心の奥底に浮かんでいて決して遠ざかることがなかった。

高等研究所のすごいところの一つは大集団の私たちがほぼ毎晩、ともに夕食をとることだった。ということは、数学について、またほかの話題が出ればそれらについても、話すことができる面白い人たちがいつも周りにいるということだ。仕事の話をしてはいけないというルールもなく、数学のことがときどき話題にのぼった。

多くの人が私と同じく一年間だけ、ほかの学者たちとこのように交歓し、とくに興味のあるアイデアを自力で探求するという明確な目的で来ていた。話をして最も楽しかった一人が、私より二〜三歳だけ年上の幾何学者ナイジェル・ヒッチンだった。ヒッチンは世界的に畏敬されていた数学者マイケル・アティヤの助手をしていたオックスフォード大学で、博士号を取得していた。

私たちの間ではカラビ予想がよく話題になった。カラビは、私たちがまだ一例も見たことのない特殊な幾何学的特性を有する多様体を体系的にたくさん構築する方法を提案していた。新しい惑星が発見されたとしよう。そこに一人の科学者がそこで金を採掘する詳細な計画――どこで金鉱石が見つかってどれだけの金を抽出できるかを詳しく説明したもの――を、その元素の一原子もこの世で見つけられていないときに、持って現れたらどうだろう。疑いを持つのが妥当な反応だろう。それが、ヒッチンと私がほかの大勢とともにカラビ予想は「眉唾物だ」と考えた理由だった。

それでも、カラビ予想について考え、それが呼び起こした摩訶不思議な空間をあれこれ考え、同時にそれが間違っていることを示す強気の計画を考えることは楽しかった。私が追求し始めた攻略の道筋はこうだ。カラビ予想が正しいとすると、必然的な帰結のいくつか——予想の論理的および避けられない結果——も正しくなければならない。私がやるべきことは、それら必然的帰結の一つが正しくないことを証明することによって「反例」を挙げることだった。それから拡張して、予想そのものが間違いであることを証明する。おそらく言うは易く行うは難しだろう。しかし少なくとも、それが最も単純で直接的な方法と思われた。この方法は「背理法」と呼ばれる。ある主張が正しいと仮定したうえで、その仮定が必然的に間違いであることにつながる——言い換えれば矛盾する——ことを証明する。

その年、すぐれた研究者が大勢高等研究所を訪れたが、そのなかに過去数十年間カリフォルニア大学ロサンゼルス校にいた幾何学者のデイビット・ギイゼッカーもいた。ギイゼッカーは私より六歳年上なだけだったが、中国の文化では年長者を尊敬するよう教育されていたこともあって、私は彼の幾何学についての考え方を傾聴した。私たちが当時した話をよく覚えている。何年かたっても彼のアイデアが引き続き私の研究に影響を与えていた。あとになってわかったことだが、このように何気ない会話が高等研究所のようなところに行く大きな理由であって、ほかの人びとも同じ経験をしたのではないかと思う。

新谷卓郎との交流

遠く離れた土地から来た人たちとの交流は格別だった。たとえば、アパートが私の真上だった日本の数学者新谷卓郎とは特に親しく、大いに楽しんだ。私は新谷から数論を学んだが、彼は後に新谷のゼータ関数――有名なリーマン予想の中心にあるリーマンゼータ関数の一般化――で知られた。ちなみにそれは、陳が私の博士論文のテーマにさせようとしたものだった。

新谷はプリンストンにいる間に車の運転を習うことにしたが、それはうまくいかず、運転免許試験に三回落ちた。あいにく私も運転は上手ではなかったので役に立つことはできなかった。もっとも、してはいけないことを教えることはできたかもしれない。九年後、新谷が三七歳という若さで、非常に有望なキャリアのさなかに自ら命を絶っていたという知らせに打ちひしがれた。連絡を取り合っていなかったので、何が彼をそんな自暴自棄の悲劇的行為に走らせたのかわからない。だがこれだけは言える。新谷がプリンストンに到着した一九七一年、彼は元気ないきいきした人物で、おまけにそばにいて心地よかった。

イエール大学で博士号を取得した数学者ピン＝フン・ラムとも友だちになった。彼は高等研究所の著名人マーストン・モースの研究助手をしていた。モースは一九三〇年代に確立した「モース理論」で有名だった。これは物体の形が劇的に変化するいわゆる臨界点に注目することによって位相的に分類する新しい方法を提示していた。私はこのアイデアについてジョン・ミルナーの本『Morse Theory（モース理論）』から多くを学んだが、驚いたことにモースはその本と書名をひどく嫌っていて、「臨界点理論」と呼ばれたがっていた。聞いたところによると、モースがミルナーの本を受け取ったとき、ビリビリ裂いてゴミ入れに投げ込んだという。その種の本を書く資格があるのは自分だけだと思ったからだという。その反応は少し度が過ぎていると思ったが、私個人としてはモースに対して何の不満もなかった。彼も夫人も私にとても親切にしてくれた。私がミルナーの本をどれだけ楽しんだか、またその本からどれだけ幾何学を学んだかについては、私たちの良い関係を壊さないように黙っていた。

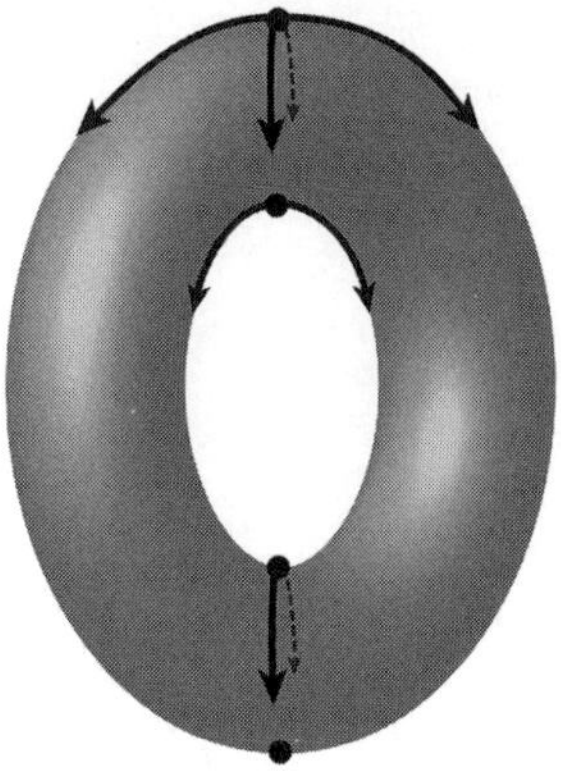

立体のトーラスすなわちドーナツ形はモース理論を多様体の分類に使える単純な例である。その理論によれば、ドーナツ形には4つの臨界点がある。最上部の点、すなわち「最大値」は頂点から2つの「独立した」（そして垂直な）下降があるので（矢印参照）指数2である。次に高い点、上の方の鞍部は独立した下降が1つだけある（垂直方向に表面上を下降するのは不可能）ので指数は1、次の臨界点（下降している）は下の方の鞍部。これも、独立した下降は1つだけなので指数はやはり1。最も低い臨界点、「最小値」は指数0。これはすでに底に位置しているので下降はない。トーラスは臨界点の指数、2、1、1、0でトポロジー的に定義できる

研究の遂行、さまざまなテーマのゼミへの出席、背景がそれぞれ違うほかの学者たちとの話し合いなど、高等研究所での通常の活動のほかに、中国とのつながりがあるグループとも会っていた。彼らは尖閣諸島をめぐる紛争で口火を切ったが、以後もっと拡散した運動になっている学生運動を続けたがっていた。私たちの多くはもう学生ではなかったが、それでも連絡と活動の火を消さずにおきたいと思っていた。

高等研究所を訪れていた物理学者のピン・シェンが話し合いの仲間に加わり、パデュー大学から高等研究所に来ていた数学者T・T・モーも加わった。また、私と同じ頃に高等研究所に来た前述のウー゠チャン・シアンも加わった。シアンには必ずしもそうしようと思わずに人を怒らせる、ずばぬけた才能があるようだった。私はときどき、彼のおそらく故意ではないワザを受けたが、決して怒らないようにしていた。シアンの妻はとても好い人で、いつも彼をその手の失敗から救い出そうとしていたが、私の見たところ、あまり成功していないようだった。

彼らと会うのを好んだのには、標準中国語で会話をする機会を定期的に与えてくれたという事情があった。会話の時間の多くは『毛沢東語録』(別名『リトル・レッド・ブック』)の話に費やされたが、それがじつはかなりビッグな赤い本であることがわかった。これを機会に毛と彼の有名な著作について学ぼうとしたが、詳しく勉強する機会は全然なかった。だがそのうち、この種の会話にだんだん飽きてきた。主因は、私たちの会話を主導していた胡悲樂という物理学の大学院生(かつて香港で私の高等学校の生徒でもあった)が毛の語録を聖書であるかのように扱っていたことだった。

胡の舵取りの下、私たちは本について質問することも意味のある探りを入れることもほとんどできず、ちゃんとした中国料理店がどこにあるかということ以外に実質的な話はできなかった。プリンストンにそういう店はなさそうだったが、スーパーマーケットの中にある料理店が、中国出身のノーベル物理学賞受賞者二人、李政道とC・N・楊がちょくちょく食事していると自慢しているとのことだった。店側は自慢していたが、私の口には合わなかった。

私たちはときどきニューヨーク市のレストランで運試しをした。大都市圏の数千とは言わないまでも数百軒の中国料理店のなかでも素晴らしい店はなかなか見つからなかったが、少なくともその週に関しては、私たち全員の食欲を満足させる店が数軒あった。

一九七一年七月、リチャード・ニクソン大統領が一九七二年二月に中国を訪問すると発表された。アメリカ合衆国大統領が中国を訪れるのは、一九四九年(私が生まれた年)に共産党支配が始まって以来初めてのことだった。中華人民共和国での動きが活発になっているようで、シェンとモーは中国に帰還する話を始めた。出産間近なシェン夫妻には帰国しないよう多くの人が強く言った。中国本土では必要な物品、あるいはアメリカで使い慣れていた物を手に入れるのは困難だと考えてのことだった。夫妻は冗談半分で、中国で慣れる必要があるスクワットスタイル(和式)のトイレについても警告を受けた。

理由はともかく、シェン夫妻はアメリカに留まることにした。ただし、約二十年後に香港に移った。しかしモーは、友人や同僚たちが留まるよう説得したにもかかわらず一九七二年に中国に渡った。彼はパデュー大学での仕事を辞め、ほとんどの物を残して行った。車は安く売ろうとしたが買い手がつかなかった。ところが中国に六か月いただけで、アメリカに戻って職を探すことになった。おそらく、ほかの多くの人と同じように、中国の貧しい生活水準と微々たる俸給にたちまち幻滅したのだろう。あいにく、アメリカに戻っても雇用状況は良くなかった。ウー＝チャン・シアンの話では、彼がパデュー大学でモーの指導教官だったシュリーラム・アビヤンカールに電話して、モーの再就職を手伝ったという。モーは運良く車も残して行った場所で見つけ取り戻した。聞くところによると、車内から物を盗んだりガソリンを抜き取ったり、ホイールキャップを盗んだりした者はいなかったという。

極小曲面の研究

私はいつでもいくつかのプロジェクトを同時進行させるのを好むので、高等研究所でカラビ予想のことだけを考えて過ごしているわけではなかった。そこにいた間に「極小曲面」というものの研究を始めた。大ざっぱに言うと、小さい閉曲線で囲まれた、面積が最小の曲面である。円形の針金を石けん水を満たした容器に浸すと、できる泡が最小の、すなわち最小の面積を持つ(平均)曲率が0の曲面のことである。

このテーマには大きな可能性があると感じた。とくに、これが幾何解析の新たな方法が大きな成

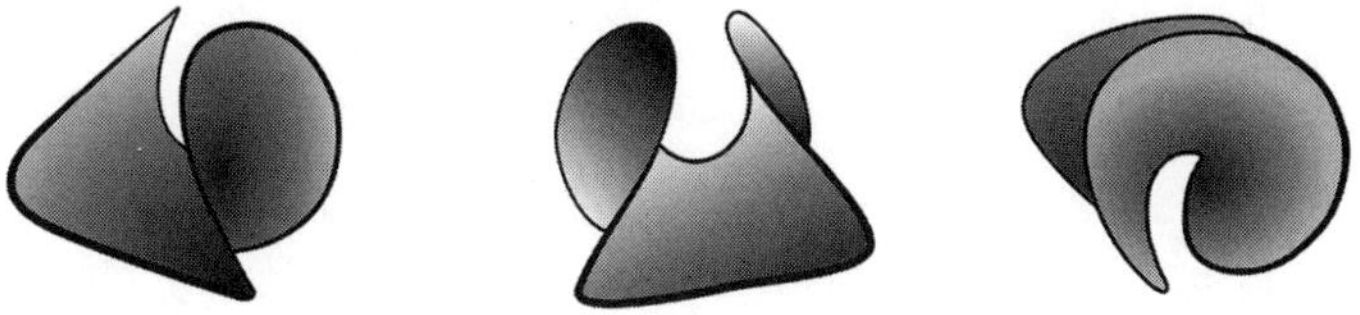

単純な閉曲線について、その曲線に囲まれる「極小曲面」——言い換えれば面積最小の曲面——を見つけることができるとジョセフ・プラトーが予想した。これら3つの図において曲線にかかる極小曲面を「エネパー曲面」という。ドイツの数学者アルフレッド・エネパーに因んで名づけられた（元の図はグラナダ大学のFrancisco Martinによる）

果をもたらし得る分野だと思った。当時、ほとんどの人が極小曲面の問題に解析の立場から取り組んでいた。一方で幾何学者は主としてこの種の問題の幾何学的側面に注目していた。まるで、二つのグループが巨大な山の反対側に立って、まったく違う景色を見ているようだった。私は二つの見方を一つにしたかった。それは以前にも限定的、散発的に試みたことがあったが、今度は大規模で体系的な統合を計画した。

極小曲面の分野は少なくとも一七〇〇年代のイタリアの数学者ジョゼフ＝ルイ・ラグランジュと、一八〇〇年代のベルギーの物理学者ジョセフ・プラトーの研究にさかのぼる。石鹸の泡でさんざん実験したあと、プラトーはどの単純な閉曲線についても、その曲線に囲まれた極小曲面が見られると仮定した。よく知られた予想だったが一九三〇年まで証明されなかった。

しかし、この分野には解かれるべき興味深い問題がたくさんある。所定の面上の二点間の最短距離を割り出すのに微積分学が役立つのとちょうど同じように、極小曲面は所定の閉曲線上に伸びることができる面積最小の曲面を求めることができる。そういう理由で、極小曲面の問題は幾何解析にうってつけの、素晴らしい対象だと感じた。そういうわけで、高等研究所にいる間にこのテーマに関する論文を数編書いた。

ストーニーブルック大学へ

高等研究所での年度は短くて四月に終わるため、すばやく過ぎさる。奨学金をもらい始めてわずか数か月の一九七一年十二月には、もう次年度の職を考え始めなければならなかった。高等研究所は私の在籍の一年延長を申し出てくれた。それは例外的なことで光栄に思ったが、ビザの状態が心配だったので辞退した。私が持っていたのは学生向けの一時渡航者用F1(非移民用)ビザだった。アメリカに恒久的に住んで働くためにはグリーンカードが必要で、それがないとアメリカから追い出されて香港に送還される恐れがあった。アメリカに比べて香港では数学がほとんど進んでいなかったから、私の研究を考えれば、それは大きな後退を意味した。だからこそ、二年前にバークレー校に行くチャンスに飛びついたのだ。

一方で、グリーンカードを手に入れたら徴兵の対象になるだろう。ベトナム戦争はまだ続いていた。数学の博士号を取るためにバークレー校にいた友人のポール・ヤングは、私の生年月日から見て徴兵されそうだと言った。自分が何を話しているか彼がわかっていたかどうかは定かでないが、その見通しに私は肝をつぶした。ベトナム戦争にはかかわりたくなかったし、私には関係のないことで何の意味もなかった。バークレー校で幾度となく聞いた学生たちのシュプレヒコール「絶対反対、戦争には行かない」が絶え間なく頭に浮かんだ。そういう学生たちとともに行進することはなかったが、その気持ちは確かに受け入れていた。

まだストーニーブルック大学で数学の課程を担当していたジェームズ・サイモンズが、私のビザの問題に対処すると約束してくれたので、一九七二年にストーニーブルックで助教としてスタートすることにした。あとでわかったことだが、この問題は自然に解決したかもしれなかった。アメリカが一九七二年末にベトナム戦争のための徴兵を終了したからだ。しかし私はストーニーブルック大学と契約してしまっていたから、少し回り道はしたけれどストーニーブルックに行った。

高等研究所での契約が四月に終わると、荷造りをしてフェロー用に用意してある保管場所に荷物を詰めて、まだカリフォルニア大学サンディエゴ校（UCSD）のポスドク（博士研究員）だったユーユンと過ごすためにカリフォルニアに飛んだ。当時は宿泊料が安かったので、近くのホテルの一室を借りた。ユーユンの研究があまり忙しくないときは一緒に出歩いて楽しく過ごした。彼女はいろいろなことを教えてくれたが、その一つは私の運転がひどいということだった。彼女が同乗して私の運転技術の改善を図ったが、その滞在中に大きく進歩することはなかった。彼女が研究で手が離せないときは、サンディエゴ校の数学科に行って微分幾何学者のテッド・フランケルやレオン・グリーンなどと話をした。サンディエゴで約一か月を過ごしたあと再びユーユンに別れを告げた。次にバークリー校の陳とシウ・ユエン・チェンを訪ねてからプリンストンに戻って荷物を取り出し、ニューヨークに向かった。

ピン＝フン・ラムが高等研究所からストーニーブルックまで車で送ると言ってくれた。ストーニーブルックはロングアイランドの北岸沿いにニューヨーク市から約五五マイル（約九〇キロメートル）東にある。私は彼の車につないだUホール社の小さいトレーラーに荷物を詰め込んだ。私たちのルートはマンハッタンを通り抜けるものだったが、チャイナタウンに寄らずにこの地区を通り抜ける法はあり得ないとラムが言った。地元の人で混雑した通りをトレーラー付きで通り抜け、駐車する場所を見つけ、狭い空間に止めるのは容易ではなかった。しかし、それは面白く、結果的に私にとって楽しいドライブになった。

まだストーニーブルックにいた数学者のトニー・フィリップスが、私の車を見つけるのを手伝ってくれた。学校が人里離れた場所にあったので車は必要だと思ったのだ。私たちはストーニーブルック大学の数学者デニス・サリバン（当時、MITからの客員教授だった）を伴ってかなりの距離を走り、中古のフォルクスワーゲン・スクウェアバックを見つけた。金額は八百ドルだった。車の状態は良いように見えたが、それは長くは続かなかった。なぜなら、翌日、私が駐車場でバックしていて支柱にぶつけ、車の後端を壊したからだ。そのとき、ユーユンは正しかったと確信した。もっと運転が上手になる必要があった。

行く価値のある場所がストーニーブルックにたくさんあったというわけではなかった。ちょっとした観光地にはなっていたものの、当時は文化が完全に欠如した都市だった。ショッピングモールといくつかの店とレストランがあったが、ほかには大してなかった。おかげで近隣に気を散らすものがほとんどなく、私はいつもどおり数学に集中した。

キャンパスからさほど遠くないところに寝室が一つのアパートを見つけた。節約のために半分を香港から来た学部生に貸した。彼は長椅子で寝た。私たちは一緒に料理を始めたが、バークリー校のときと同じでその「実験」は長くは続かなかった。私の料理は過去数年であまり上達していなかったのだ。実際、あまりにひどいためルームメートが料理を引き受けてくれたのだが、おそらく彼はそれを生き残り策と見たのだろう。

私が料理できるものは米で、ただそれだけのための炊飯器を持っていた。私はいつも決まって夕食用に米を炊いた。それが、当時の節約の一手段だった。のちにヘッジファンドで何十億ドルも稼いだサイモンズは、すでに株式市場でうまくやっていた。彼はときどき私の倹約をからかったが、いつも悪気はないのだった。「ヤウが行くよ、米を食べに家へ」と、ときどき独り言を言ったものだ。

ニューヨーク大学のクーラント数理科学研究所でサバティカル休暇中だった陳が一九七二年の遅い時期に、友人のC・N・楊を訪ねてストーニーブルックにやって来た。ノーベル賞受賞者の楊はストーニーブルックに来た最初の大物として、アインシュタイン教授職に就いていた。一九六七年に着任したあと、新設の理論物理学研究所の最初の所長になった。幼い頃からずっと彼の名前は知っていたが、会ったのはストーニーブルックに行った一九七二年が初めてだった。

陳はサイモンズに会いに街にも来た。二人はかつて、量子物理学にも関係があるトポロジーの有力なチャーン‐サイモンズ理論で共同研究をしていた。私は陳の運転手をすることになっていて、ありがたいことに運転技術は彼が到着する頃にはいくらか上達していた。

毎週金曜日の午後四時に楊が基礎物理学の一連の公開講義を行った。私は数学者のハワード・ガーランドとともに毎回出席した。ガーランドはストーニーブルックの教授で、私より数年前にバークレー校で、陳の指導で博士号を取得していた。楊の話に刺激を受けたガーランドは物理学に熱を上げ、陳に分野を変えてもいいかどうか尋ねた。陳の返事は、もう遅い、良くも悪くもガーランドは数学にはまり込んでいる、というものだった。ガーランドは陳の忠告どおり良い数学者になり、数学と物理学の間の分野で研究してなんの不満も持たなかった。

ストーニーブルックで私が最初に担当した授業は初等微分積分学だった。そして、バークレー校の大学院生だったときに経験したのと同じ困難に遭遇した。訛りがまだひどく、多くの学生が話を理解できなかったのだ。講義への登録が最初の週の授業のあと激減し、脱落した学生もいれば他の微積分学講座に乗り換えた学生もいた。結局、一ダース超いたうち残ったのはたった四人だった。にもかかわらず、残った四人は期末試験の成績が抜群で、喜びのあまり祝いのディナーに私を招いてくれた。ひどい脱落があったものの、私の授業は一応成功したと言える。

その年にストーニーブルックでゼミを行った若い数学者ラインハルト・シュルツは、アメリカ数学会誌で論文を発表したばかりだった。その論文に、十次元の「エキゾチックな」球面は一種の「連続的な」対称性を持たなければならないと書いてあった。エキゾチックな球面とは位相的には同じ次元の良く知られたユークリッド球面と同じものだが、「微分同相写像」という、より厳密な等価基準を欠いている。「連続的な対称性」というのはたぶん、円を考えるといちばんわかりやすいだろう。円を中心の周りに任意の角度――五度でも三七度でも四八九度でも――回転させても同じに見える。それが連続的対称性という意味で、シュルツがエキゾチックな球面で構成した対称性である。それに対して正方形は「離散対称性」で、九〇度またはその倍数だけ回転させたときだけ同じに見える。たとえば正方形を四五度回転した場合には、同じには見えず、一つの角でつま先立って野球のダイヤモンドの形になっている。

ふつうならシュルツの論文にあまり注意を払わなかったかもしれないが、ウー゠チャン・シアンが高等研究所で前年に、円の対称性を欠いた十次元エキゾチック球面の例を発見したと話していた。シアンの論文は発表されていなかったが、その業績を重視して、歴史的価値のある業績だからその年はもう何もしなくてもいいと豪語していた。その後シュルツがこのテーマについての論文を二編発表したことで、円対称性の存在が確立した。彼の論は明快で、私には正しそうに見えた。シアンは私が知る限り自分の論文を発表しようとしなかったから、私と同じ意見だったのではないかと思う。

この出来事で、このテーマに対する私の関心に火が点いた。ヒッチンが博士号を取ってから最初に発表した論文も、十次元エキゾチック球面に関するものだったのを思い出した。私はヒッチンの結果をシアンが研究した問題に当てはめてみて、この種の球は連続的円対称性は持つが連続的球対称性は持たないことを発見した。この結果を、当時ストーニーブルックにいたローソンに話したところ、彼が重要な提言をした。私たちは二人のアイデアを合わせて共著論文を提出した。この論文は、微分トポロジー、とくに曲率を使った初めての経験だったので、私にとって意義深いものだった。のちに幾何学的概念であるカラビ予想を使ってトポロジーの証明をしたが、このローソンとの共著論文はシアンの広範な主張に刺激されたこともあったが、私がこの分野で初めて仕事したことになる。

ストーニーブルックにいる間も学生たちに教えるかたわら、ほかの研究プロジェクト、とくに極小曲面の分野と折り合いをつけて、カラビ予想を熱心に研究していた。たとえば、私と同じ一九七二年から七三年までストーニーブルックを訪れていたフランス人数学者ジャン＝ピエール・ブルギニョンとチームを組んでいた。私たちは、カラビ予想に対する反例の確立につながりそうなさまざまな方法を試した。反論できない反例をただ一つ発見するだけで、その予想が間違っていることを証明することになるのだ。

その仕事はうまくいっているように思われた。ニューヨークの陳を訪ねたとき、もうすぐ反例を発見できそうだと言ったが、彼は私が何を言っているのかわからないようだった。もっと説明しても、この進展、あるいは進展しそうなことに高揚した様子はまったくうかがえなかった。この温度差にショックを受けた。バークレー校の数学の図書室で文書を読みあさっていて初めてカラビ予想に出くわした私は、畏敬の念に打たれたものだった。その問題が私を圧倒し、これは私が解かなければならないというあふれる思いにかられた。それが正しいか間違っているかにかかわらず、その証明に背を向けることができなかった。陳が同じように感じていないのは明らかだった。彼には自分の関心事(好み)があり、この提案はどういう理由にしろ彼の興味をそそらなかった。

しかし私はカラビの問題に取り組むのにモリーから学んだ解析手法が非常に有益であるという確信に導かれて、この研究を行っていた。前年の高等研究所とこの年のストーニーブルックにおける最大の関心事は、高度に非線形の偏微分方程式、つまりカラビ予想が書かれている方程式の解の評価を行うことだった。これらの方程式の解は個々の数ではなく関数、すなわち所与のインプットが単一のアウトプットを生み出す関係だから、一筋縄ではいかない。このように完全に非線形の方程式を含む場合、方程式の厳密解、たとえば完全無欠かつ詳細に記述できる式を見出すことは期待できない。せいぜい望めるのは、近似解を見出し、その近似解をさらに精緻化する手順を計画し、それが最終的に実際の解に近づく見込みを示すことである。

私は非常に重要な線形微分方程式の近似解を出すのにある程度成功し始めており、これが私のキャリアのちょっとしたターニングポイントになった。それ以来、この一般的方法にほとんど頼っている。とくにある一つの近似解を誇りに思っていたので、その年のうちにクーラント数理科学研究所の偏微分方程式の第一人者、ルイス・ニーレンバーグに見せた。ニーレンバーグがこの近似解をよく知らなかったので、私は気をよくした。彼がこのテーマに詳しいことを考えれば、私が何か新しいことをしたと思えたからだ。その近似解は特定の問題を解くうえで私の役に立ったが、もっと広い目的、つまりその後も追い続けてきたこの新しい方向に背中を押したことでも役立った。

スタンフォード大学で過ごす

同じ年にストーニーブルックで、前にも述べたように極小曲面の研究も熱心にやっていた。それに関する二部からなる論文が『American Journal of Mathematics（アメリカン・ジャーナル・オブ・マセマティクス）』誌に受理されたばかりだった。この論文がそれほど注目に値するとは私は思わなかったが、ある程度の注目を集めた。とくに、極小曲面の理論に重要な貢献をしたスタンフォード大学の数学者、ロバート・オッサーマンの注意を引いた。オッサーマンはその論文と、関連する私の論文数編に感心して、翌年度の一九七三〜一九七四年をスタンフォード大学で過ごすよう招いてくれた。

それは私にとって願ってもないことだった。スタンフォード大学が偉大な大学だった（今もそうだ）だけでなく、まだ意中の人だったユーユンが一九七三年の秋から、スタンフォード大学の博士研究員になることが決まったばかりだったからだ。私たちは二年間、彼女はサンディエゴ、私はニユージャージーとニューヨークと、国の反対側で過ごしていた。それがついに、同じ西海岸のしかも同じ大学のキャンパスにいるチャンスに恵まれたのだ。それを思うとわくわくしたが、私たちの関係が試されるときでもあるのを知っていた。

スタンフォード大学への任命のタイミングは別の理由でも私にとって好都合だった。一九七三年の七月三〇日から八月一七日の間にスタンフォードで開催される、微分幾何学の大きな会議に出席することをすでに計画していた。世界中から大物の研究者が多く参加することが見込まれ、その機会を逃したくなかった。

ビーチボーイズのヒット作品「リトル・デュース・クーペ」「アイ・ゲット・アラウンド」、「イン・マイ・カー」が証明したように、車はカリフォルニア文化の重要な部分だ。そこでは車を持ったほうがいいと思ったが、そうすると私のVWスクエアバックを運転して東から西に横断しなければならないわけで、私のあやしい運転実績を考えると気が滅入る案だった。幸い、ジェームズ・サイモンズの大学院生で微分幾何学に関心があったウェン゠チャオ・シアンが同じ会議への参加を望んでいて、運転の協力を申し出てくれた。長距離運転の経験がなかったので、私はアメリカ自動車協会(AAA)に行って地図と自動車保険とトラベラーズチェックを手に入れた。トラベラーズチェックは数日のうちにすべてなくしたが、ありがたいことにAAAが再発行してくれた(そもそものためにトラベラーズチェックを買うのだ)。シアンと私は途中、イエローストーンなどの観光名所を通るルートを計画した。そこで、観光のための時間をたっぷり取ってカリフォルニアまで二週間近くをかける予定を立てた。

　私たちは五月のある日、ダイナ・ショアが歌ったシボレーのコマーシャルソングよろしく「アメリカを見てまわる」旅に出た。私にとってこの旅は、アメリカの自然の美しさを堪能できる初めての機会だった。また、三千マイル（約五千キロメートル）のドライブでアメリカの大きさを実感もした。私たちは、タイヤのパンクを除けば大した問題もなく無事に旅を終えた。タイヤはシアンの助けを借りて辺鄙な場所で交換した。

　スタンフォードに着く前にバークレーに寄ってシウ・ユエン・チェンを訪ねた。彼は、ユークリッド・ストリートで私たちがルームメートだったときにとなりに住んでいた若い女性と結婚したばかりだった。翌朝、数学科のハン＝シー・ブに会いに行く途中で、ウー＝イー・シアンが是非自分の研究室に寄っておしゃべりして行ってくれと強く勧めた。彼の得意分野だったことから、シアンに幾何学の偏微分方程式を使ってトポロジーの問題を解いた最近の論文の話をした。シアンはその論文はつまらないと言ってはねつけ、自分なら同じものをトポロジーだけで解けると言い張った。そして彼は以前と同じ偏見を露呈した。それは、バークレー校で私が陳の要望で行った、トポロジーの問題を微分幾何学で解くゼミで浮上したものだった。トポロジー研究者は、トポロジーの問題を解くのに幾何学者の助けを必要としないという意見を表明したあと、シアンが陳ほか大勢の前で怒って部屋から飛び出したのだった。

　今回は彼の研究室でシアンが黒板に自分の方法の概略を書いた。目前のトポロジーの問題に幾何学を適用する必要がない理由を示すつもりらしかった。しかし約一時間たっても、彼は自分の主張で私を説得しきれなかった。シアンはトイレに行くといって突然部屋を出て行った。私はしばらく待っていたが、ブと昼食に出かけた。その後、そのことについてシアンの話を聞くことはなかった。

会議が始まる一か月前の六月にスタンフォードに着いた。ユニバーシティ・アベニューのアパートを借りたのだが、そこは大邸宅の使用人たちが住む地区で、ただ一つ欠陥があった。キッチンがないのだ。その後、陳夫妻が少しだけ立ち寄ったとき、米を調理するホットプレートがトイレのすぐそばにあると陳夫人にからかわれた。「食べたものがすぐここから出るのね」と夫人はトイレを指さして笑った。

それでも私は（その欠点を重々認めつつも）このアパートが気に入っていた。そしてすぐにとなりの部屋に住んでいた、娘と息子がいる中国人夫妻と友だちになった。偶然にも娘はのちに、私の友人のロニー・チャンと結婚した。彼は香港の実業家で、後年ハーバード大学と私がかかわった、アジアでのさまざまな数学研究に惜しみない寄付をしてくれた。

オッサーマンは数学棟二階の研究室を提供してくれた。小さい部屋だったが場所が良く、オーストラリアの数学者でまもなく私の素晴らしい同僚で友人になったレオン・サイモンのすぐとなりだった。サイモンはアデレード大学で二年前に博士号を取ったばかりだった。スタンフォード大学の学科長デイビット・ギルバーグが遠方の、すこぶる有名というわけではない大学の出身者であるサイモンを雇ったのは卓見だったと思う。サイモンと私は、新入りの大学院生で私より一歳だけ年下のリック・シェーンの共同指導教官になった。私はちょうど良いときにちょうど良い場所にいたと思う。というのも、ともに真に独創的な数学者であるサイモンとシェーンとつながりができたことを、大いに重要視したからである。私たちの共同研究は互いに学び、互いの強みを引き立たせて、順調に進んだ。この中核グループが数年間、これほど近くにいられたことで一種のクリティカルマス（臨界質量）が発生し、それが、私が一人でもてあそんでいたただの漠然とした考えを、幾何解析という実際の分野の確立にまで引き上げたのだと確信している。

私がスタンフォードでの会議を楽しみにしていたのは、それが真の国際会議になりそうで、微分幾何学で業績を挙げたほぼ全員が参加する予定だったからだ。陳とオッサーマンが私に発表を二回行うよう依頼した。両方とも、私が高等研究所とストーニーブルックで行った極小曲面の研究に関するものだった。ローソンも、エキゾチック球面についての私たちの共同プロジェクトについて話をする予定だった。そういうわけで私は自分の発表の準備をしたり、ローソンが私たちの共同研究について何を話すかを思い巡らせたりで、会議が始まる前に考えることがたくさんあった。

聴講した講演では、シカゴ大学の物理学者ロバート・ジェロックのものに強い影響を受けた。ジェロックの話は一般相対性理論でいかなる独立系も（宇宙そのものも含む）、エネルギーの全質量は正に違いないとする正質量予想に関するものだった。物理学者は概してこの予想が正しいと信じていたが、それを立証することができずにいた。ジェロックは、それを証明するのには幾何学者が適していているのではないかと考えていた。当時ほとんどの幾何学者は物理学にそれほど関心を持っていなかったが、私は興味をそそられていた。その予想を厳密に幾何学的用語で言い換えることができれば、ジェロックの提言がとっぴすぎることはないと確信した。言い換えはこうなる。独立した物理系の物質密度が正なら、その物理系の重力による全質量もまた正でなければならない。正の物質密度は正の平均曲率を意味し、曲率は幾何学者が多くの時間をかけて考えたものだった。私もこのテーマには引き続き関心があって、すぐに極小曲面理論の手法をどうしたらこの状況に関連づけられるかを考え始めた。この問題をずっと心に留めていたところ、数年後にシェーンと私がそれを追求するチャンスに恵まれた。

しかしその会議では、まもなく私の生活を占領することになるほかの事態が発生した。エウジェニオ・カラビ、ロバート・グリーン（UCLA）、ルイス・ニーレンバーグ、ハン＝シー・ブなど多くの人たちと微分幾何学の話をしていて、カラビ予想を攻撃するのに役立ちそうなアイデアを口にした。その際、強力な反例と思われるものを一つか二つ考えついたと話した。その言葉が広まって、ある晩のディナーのあとにそのテーマについて非公式なプレゼンテーションをするよう頼まれた。三〇人ほどの人がやってきたなかに、カラビと彼のペンシルベニア大学の同僚数人もいた。部屋には期待が満ちあふれ、おかげで私は少し緊張したかもしれないが、それでも内容には自信があった。約一時間の話はすべて順調に進んだ。私の論拠の問題点を指摘した人も主張に異議を申し立てた人もいなかった。そして私に投げかけられた質問には気持ちよく回答できた。

カラビ予想の間違いを証明？

この会が終わる頃には、ほとんどの人が、私がカラビの間違いを証明したと感じて部屋を出た。カラビも陳も、良い反例だったと思うと告げた。カラビはこの結果に気を悪くしているようには見えず、むしろ不確かな二十年近くを経て問題がついに解決したことにほっとしたようだった。一方、陳は、私のプレゼンテーションが会議全体のクライマックスだったと言ってくれた。いつ聞いてもうれしい言葉だった。

会議は八月なかばに終わり、秋学期が始まるまでにスタンフォードに落ち着く準備をするための数週間ができた。引き続きサイモン、シェーンとの研究を続ける一方で、数学科のほかのメンバーとも知り合いになった。代数幾何学者ブルース・ベネットはフィールズ賞を受賞した日本の広中平祐の教え子で、彼自身も優れた数学者だった。大柄で筋肉隆々とした男ベネットは、かつて公衆トイレのドアを壊したことがあった。破壊衝動からではなく、急いでいたからだった。私と同じ若手教員のガロキレミジアンはやはり私と同じ複素多様体の研究をしていて、彼とは有意義な話し合いをたくさんした。

上海生まれの確率論のエキスパート、カイ゠レイ・チョンとも多くの時間を過ごした。私より約三十歳年長のチョンはパロアルトの公園を散歩するのを好んだ。私は何度も散策に同行したが、その際、彼は有名な競争が起きた年長の数学者、陳と華などの話や逸話を好んで話した。私は聞き上手だったから、良い組み合わせだったと思う。

そうしたなかで、チョンは中国で一緒に研究していた華のことはつねに誉めていたが、陳については決して良いことを言わなかった。これらの話とその後に集めた情報から、陳と華がうまくいかなかった理由をいくつか知った。それは中国の数学界全体にも私個人にも、悪影響を及ぼした事情だった。

チョンが物語ったところによると、華は天才と考えられていた。というのも彼は貧しい家庭に育ったにもかかわらず数学の大きな問題をいくつか解いたが、教育はほとんど受けられず独学で成功しなければならなかった。陳は最終的にはるかに大きな貢献を数学にしたが、それは少しあとのことだった。華の父は小売店主だったが少しも儲からなかったのに対して、陳の父は裁判官だったので、陳には華と同じような貧乏経験はなかった。一九四一年に中国政府は華に、最初の国家科学賞を授与した。それは、アメリカが数十年後に授与し始めたアメリカ国家科学賞に似た名誉ある賞だった。これが、当時たまたま華と一緒に住んでいた陳にとってショックだったのだと想像する。陳の恨みは年月を経て増大したかもしれない。なぜなら、この話を私にした、偉大さにおいて陳の比ではないチョンでさえのちに銀メダルを取ったのに、陳は華と同じ栄誉を受けなかったのだから。

陳と華の亀裂は、このほんのわずかと思われることで始まったかもしれないが、年月がたつにつれてだんだん大きくなった。確執は始まるのは簡単だが終わらせるのはなかなか難しいのだろう。

ときには主役たちが世を去って、闘う人がいなくなるまで終わらないこともある。

チョンは同僚とうまくいかない変わり者だった。同じく確率の研究をしていたサミュエル・カーリンとは、口もきかなかった。私は教員だったが、しばしば授業を傍聴した。傍聴したチョンの確率論のクラスでは、ブラウン運動が説明されていた。それは原子の絶えざる運動から生じる現象で、アインシュタインが最初に数学的に説明したものである。

期末試験後の学期の最後に、チョンは追加単位用のとびきり難しい特別問題を配った。何人かの学生がそれを解くのに懸命に努力した。その問題に取り組みながら、学生たちは正しいに違いないと思うトポロジーの論文を参照する必要があった。当時スタンフォードを訪れていたハーバード大学の数学者アンドリュー・グレアソンがカジミエシュ・クラトフスキの論文のことを教えると、それは彼らがちょうど探していたものだった。それからまもなく、学生たちは自分たちの考えをチョンに提示した。学生たちがクラトフスキの結果を適用するところまでくると、チョンは彼らを止めた。一人の学生が、グレアソンから知らされたのだと言うと、「思ったとおりだ」とチョンは言った。あるいは、そんな意味の言葉だったかもしれない。それから彼は、学生たちが発表の最中だというのにさっさと部屋から出て行ってしまった。

私は一部始終を目の当たりにして愕然とした。チョンが自分の学生たちをこれほど無情に扱うとは信じられなかった（スタンフォードにいた間、彼は私にはとても親切だったのだ）。当時スタンフォード大学の数学科の大学院生だったモーリー・ブラムソンは、チョンがスタンフォードを離れてコーネル大学で博士号を取得する決心をしたのは、彼の人当たりの悪さが主因だったと言った。

私はちょくちょく、ブラムソンや数学科の若い男たちと一緒に食事にでかけた（私は教員ではあっても「若い男」だったと思う。そのため、数学科のほとんどの教授より大学院生と付き合う時間のほうが長かった）。好みの店はムーンパレスだったが、土曜日には食べ放題のランチがある北京楼（という名前だったと思う）に行くことが多かった。そんな外出のある日、ブラムソンがたっぷり五皿を平らげ、その後二日間何も食べなかったと記憶している（ところがブラムソンは「食べずに丸一日過ごすことはできなかった」と回想している）。

レストランのオーナーは、自分の料理をそれほど気に入った客がいたことをとても喜んで、料金を請求しなかった。

あるとき私が研究室にいると、誰かが外で完璧な広東語を話しているのが聞こえた。ちょうどスタンフォードを訪れていたシウ・ユエン・チェンだと思ったが、デビッド・ベイリーという大学院生だったことがわかった。彼はブリガムヤング大学で学士号を取得したばかりのモルモン教徒だった。ベイリーが外国語の単位を取るために試験勉強をしていたとき、私は難しい翻訳用の文書を与えてからかおうとした。それは繁体字の中国語ではなく「簡略化された」字（簡体字）で書かれていた。しかしこの場合、簡体字はじつは標準的文書よりかなり難しかった。翻訳に苦労するだろうと思っていたが、見事にやってのけたのだった。

またあるとき、ベイリーが年長の大学院生と私の研究室の外のソファで話しているのを小耳に挟んだ。ベイリーは数学のある問題に取り組んでいて、査読付き学術誌に掲載されるまでのプロセスを、そのコツを知っている人から知りたがっていた。「数学をやるのはちょうど女の子を××するのと同じだよ」と年長でワケ知りの学生が言った。「最初のときは多少難しいかもしれないが、次のときはもっとスムーズにいくもんだよ」。いや、私ならそう言わなかっただろうが、その助言は効いたかもしれない。なにしろベイリーは数学で立派なキャリアを積んでからコンピューターサイエンスに転向し、そこでも同じように成功したからだ。

私はと言えば、スタンフォードでの生活はうまくいっていた。ユーユンとは、二人とも新しい職に就いたばかりで忙しかったができるだけ会った。そういう状況で、一緒にいるときは多くはなかった。私たちはつねに比較的独立した生活をしていて、それは結婚後四十日たったあとでも同じだった。しかしその当時、私たちの状況は少し不安定に思われた。二人の立ち位置がもっとはっきりするまで、私たちの関係を数学の世界から切り離しているのが最良だと私は考えていた。そのため、当時の同僚でユーユンのこと、または彼女に対する私の気持ちを知っていた者はほとんどいなかった。たぶん私は、数学の方程式を書くほど簡単には自分の気持ちを表せなかったので、それが私たちの関係に目鼻が付くまで長い年月がかかった理由かもしれない。それは、数学者にありがちな弱点だったかもしれない。その職業に引きつけられる人間、つまり私のように言葉より数のほうが一般に得意な人間はそうである可能性が高い。

一方、スタンフォードの数学科の人たちのほとんどは歓迎の意を表してくれていると感じた。そして生まれて初めて私に秘書がついた。フランセス・マクという感じのいい中国女性で、私の論文をタイプで仕上げてくれたので、本当に生産性が上がった。私は依然としてほとんどの時間を数学に費やしていたが、好ましい休憩の取り方はいろいろあった。キャンパス内のきれいに芝生を刈り込んだ地面を歩くのはつねに心地よい気分転換だった。ほとんどの方向にヤシの木と丘が見え、化粧しっくいの外壁と赤い屋根瓦を持つスペインのコロニアル式の建物群には、感動せずにいられなかった。ときにはグループでフリスビーを投げ合ったり、研究室近くの台でピンポンをしたりした。一緒に中国料理を食べに行く相手を見つけるのに苦労したこともなく、食事の選択肢はプリンストンにいたときより多かった。

全体として、私はスタンフォードにいてハッピーだったし、スタンフォードも私がいてハッピーそうだった。スタンフォードに数か月いて秋も深まったころ、オッサーマンと学科長のラルフ・フィリップスに会った。学科長は私にスタンフォードに留まるよう勧めてくれた。彼らは私に終身地位の保証がない准教授職を提示し、加えて一年後に終身地位の保証を付与する旨の保証書を書くことに同意した。

同じ頃、ジョンズ・ホプキンス大学とコーネル大学から准教授職の申し出があった。私のことをどうやって知ったのかわからないが、陳が一枚かんでいると想像した。ジョンズ・ホプキンス大学の教授職にある上海出身の重要な数学者ウェイ゠リアン・チョウと陳は良い友だちだったから。ジョンズ・ホプキンス大学の申し出はそれほど魅力的ではなかった。一つには、そこで准教授に任命された場合、ふつうは終身地位にはつながらないと聞いていたからだ。陳はかつて、北京出身でそのときはコーネル大学で教えていた王憲鍾の指導教官でもあった。コーネル大学の大きな魅力と彼らが考えたのは、王が中国の女性を結婚相手として見つけてくれることだった。しかしそれは私にとって大きな魅力ではなかった。すでにその任に当たるべき人を心に決めていたからだ（正直にいって、どこまで進展していたかは定かではなかったのだが）。

スタンフォードに数か月いただけだったが、私の立場は安定していると思われた。いつくかの魅力的な職の申し出から選ばなければならないことを除けば、その時点で大きなプレッシャーはなかった。それでもスタンフォードで仕事を始めたばかりで、早くも異動するのは、あまり気分がよくなかった。居るところから動かないほうが望ましく、カリフォルニアの生活様式を楽しんでもおり、少しリラックスさえしていたかもしれない。「リラックス」という言葉は私の辞書にはまずないが、ストレスレベルはたぶん私史上最低だったと思う。

同じ頃、一九七三年の秋もたけなわになって、カラビから短いが丁寧な手紙を受け取った。彼は八月の私のプレゼンテーションについて考えていて、いくつか不可解なところを発見したという。そして私の論旨をよりよく理解できるように、概略を書いてほしいとのこと。それをする時間がまだとれずにいたが、カラビの言うとおり、次のレベルに進む必要があった。別の言い方をすれば、あの「山」に戻る必要があった。というのは、私の反例がほんとうに正しいとすれば、二十年近くもいじくりまわされてきたこの予想が暗礁に乗り上げることになる。私が次のステップに進まなかったのは、この予想が好きで、それの死亡記事を書きたくなかったからかもしれない。

私にとってカラビの手紙はモーニングコールだった。それから二週間というもの、私はほかのことをすべて脇に置き、寝食も忘れてほぼ休みなしでこの問題に取り組んだ。私の最強の反例と思われるものを取り上げて理論を構築し始めたものの、厳しく精査すると持ちこたえられなかった。最後の仕上げをしようとした瞬間、論旨が突然崩壊するのだった。考えてきたほかの反例を一つずつ検討しても、やはり破綻した。もどかしいやら腹立たしいやらで興奮状態に陥り、休むのもほかのことを考えるのも難しくなった。結果として無我夢中で追い立てられるように考え続け、どうにも止まれなくなった。しかし続ければ続けるほど、私の戦略が失敗する運命にあるのを悟った。

二週間、ほとんど死にそうになってカラビ予想が間違いであることを証明しようとした。そしてヒッチンと私、それに多くの同僚が「話がうますぎる」と思ったこの予想が、結局は正しいかもしれないことに向き合わざるを得なくなった。時がたつにつれて、実際にそれが正しいに違いないと確信するようになった。そこで方向を一八〇度変えて、カラビは最初からずっと正しかったことを証明することに力を注がないわけにいかなくなった。どうやってそれをするのかは正確にはわからなかったが、最初からはっきりしているのは、簡単ではないだろうということだった。

第5章
頂上を目指す

一七四六年にガスパール・モンジュがフランスのボーヌという都市に生まれた。そこはブルゴーニュワインの産地の中心にあるディジョンに近い。行商人の息子モンジュは若いときに建築製図の才能を表した。まだティーンエイジャーのうちに大規模な、信じられないほどに詳細な地元の町の図を描いた。それを目に留めた軍将校が、モンジュが北フランスの陸軍士官学校に入学できるよう取りはからってくれた。庶民の出だったモンジュは貴族階級だけが入れる正式な学校には受け入れてもらえず、施設内の別の場所で製図と測量の勉強をすることが許された。モンジュは自分の才能をもっと本格的に用いることができる立場を強く望んでいたため、この扱いは完全に満足できるものではなかった。

約一年後にモンジュにチャンスが来た。提案された要塞で、中の人びとが敵の砲火から守られる最良の銃置き場を決めるよう要請されたのだ。彼は自分で開発した幾何手法を使って問題を解き、任務をあまりに早く完遂したため、一部で疑念を招いたほどだった。とはいえ彼の数学的能力は否定すべくもなく、モンジュはついにその能力を育てる機会を与えられた。

一七六八年に物理学と数学を教え始め、偏微分方程式の研究とともに微積分学の幾何学への応用も研究した。一七八〇年代にパリで数学の職を得たあと、モンジュは特殊な非線形偏微分方程式の研究を始めた。それは数十年後に、おそらくフランス人科学者アンドレ＝マリ・アンペールによる修正を反映してモンジュ‐アンペール方程式と呼ばれる（「おそらく」と書いたのは、アンペールがこのテーマに果たした実際の貢献を知らないから。貢献したのかもしれないが。一方、ときに明白な理由もなく、ある名前が方程式に付いていることもある）。アンペールは電磁気学への貢献が最も有名で、その名にちなんで電流の単位アンペアがつくられた。

モンジュ‐アンペール方程式

モンジュの話は第一に、数学のキャリアが間接的に予想外に始まることがあるのを物語っている。もっとも、数学の根本的能力はいつでも有用なのだが。ただ、私がこの逸話を持ち出した主な動機は、カラビ予想がモンジュ‐アンペール方程式で表せることにある。前にも述べたようにこの種の方程式は非線形で、少なくとも独立変数が二つあり、また複素数を用いるという意味で複素方程式である。私にとっての難題は、最も簡単な一次元のものを除いて、複素モンジュ‐アンペール方程式をまだ誰も解いたことがないということだった。しかしカラビ予想を取り扱うには、それまで解決不可能とされてきた高次元のこの種の方程式も解かなければならず、それが大きな障害であり、カラビが初めて提示してから二十年間、この問題がほとんど進展しない理由だった。

このテーマについてモンジュがアイデアを定式化し始めてから約二世紀後の一九七三〜七四年度にスタンフォードで、私はモンジュ‐アンペール方程式の研究を始めた。しかし私は幸いにして、おそらくモンジュが想像もできなかった数学的ツールを、自分で考案したものも含めていくつか好きなように使えた。最初にモンジュ‐アンペール方程式を曲面の曲率に関連する、実数で規定される部分から見た。実数方程式のほうが複素方程式より扱いやすいし、バークレー校からちょくちょく訪ねて来ていた友人シウ・ユエン・チェンの助けが得られた。私たちの計画は、実数方程式をある程度マスターしてから、もっと厄介な複素方程式に取りかかるというものだった。

幸い、チェンと私はある程度の成功をみた。有名なミンコフスキー問題に現れたモンジュ‐アンペール型の方程式が解けたのだ。その問題は、著しく単純化すれば、特殊な曲率を持つ多様体が存在しうるかどうかを示すものだった。四年前に初めてモリーの講座を取って以来ずっと、幾何学と偏微分方程式のつながりに興味をそそられていた私のことだから、この問題に心惹かれた理由はご理解いただけると思う。これは実際、幾何解析の新興分野における主眼であって、チェン、シェーン、サイモンら同僚にも加わるように促しながら、その進展に私が心血を注いでいたものだった。

前章でも述べたが、この種の方程式を解く戦略は一般に、一連の近似解を考え出し、その範囲を徐々に狭めて、その過程で最終的に実際の解に収束することを示すことである。私の願いは、いずれはカラビ予想を包含する複素モンジュ‐アンペール方程式について同じことをすることだった。この方程式の解が存在すると証明することは、カラビが仮定した特殊な幾何学的空間――すなわち特殊な対称性と曲率を持ちながらアインシュタイン方程式をも満たす空間――の存在を証明するのと同じことである。

一九七四年の春に、バークレー校での講演を陳から要請された。そのときロシア生まれの数学者ミハイル・グロモフが初めてバークレー校を訪れていて、世界的に偉大な幾何学者の一人という評判のため王族のような扱いを受けていた。私は約六か月前にグロモフに会っていて、あまり芳しくない思いをしていた。というのは、私が幾何解析を使って、ある特定の空間には無限大の体積があることを証明したのに対して、グロモフは私の証明は間違いに違いないと主張した。私が用いた方法を彼がほんとうに理解していたとは思えなかったのだが。結局、この結果が正しいことが証明されている。

バークレー校では私は別のテーマについて話をした。それは幾何学的空間の「スペクトル」に関するもので、空間を変形させたときに発生する共振性の固有振動数に関するものであった。それは原理的に、太鼓を叩いたときにその表面が変形することで生ずる固有振動数の類似といえる。グロモフは再び異を唱えて、私の取り組み方が根本的に信用できないと思うと話しに割り込んで発言した。私がそのとき話していた証明は、以前に論争した証明と同様に非線形偏微分方程式に大きく関わるもので、グロモフの専門分野ではなかった。彼が私の証明を理解していないだけだった可能性がある。しかし内容を説明してほしいと私に頼むのではなく、私が話の内容を理解していないと頑固に主張したのだ。

それが彼のやり口らしく、まるで私が宿題をちゃんとやらなかった悪い生徒であるかのように振る舞った。彼はセミナーで私に割り当てられた時間の多くを使って私の研究に対する疑念を表明した。察するところ、行き着く先は彼が幾何解析に研究の価値があると思っていないことだった。幾何学の定理は幾何学的手段で証明しなければならない、と彼は言い張った。私の意見はもちろん違っていて、幾何解析の大前提がその確信の強さと信頼性にかかっていた。

セミナーは大成功ではなかったし、グロモフが大声で何度も邪魔をしたのだから成功するはずもなかった。しかしその後、私は何時間もかけて新しい結果と以前の無限大体積の証明を説明し、疑惑の質問には次々に答えた。そしてついに私の解析的技法を厳密に幾何学的な表現に変換する方法を示すと、そこに至って彼も折れて、私の結果を暗黙のうちに認めた。

その後、同じような、しかしはるかに心のこもったやりとりをバークレー校での大学院生仲間だったビル・サーストンともした。彼自身その後、幾何学とトポロジーで名を上げている。サーストンの幾何学へのアプローチは幾何的空間、あるいは多様体をレゴのブロックのような小さい要素で組み立てるのとやや似て、それによって内部構造の輪郭を描いていた。私の方法はほとんど逆で、微分方程式を使って物体の基本構造と全体的な位相の両方を把握するものだった。これら二つの根本原理はまったく異なるものであるが、どちらも最終的に成功することが判明するのである。サーストンはほんとうに深く考えるし独創的だったと強調したい。論旨の一部で必ずしも細部にわたって突き詰めていないところはあるが、彼が築いたアイデアは数学に深く継続的な影響を及ぼしてきた。

グロモフとサーストンとの意見交換やほかの人との同様の会話から、貴重な教訓を得た。幾何解析という手段が広く受け入れられるまでに、本流の幾何学者とトポロジー研究者の誰彼からの多くの抵抗を克服しなければならないだろう。しかし、すべての新技術、とりわけ劇的に異なる技術が前面に押し出されるときは、そういうものだろうと思う。そうした防御反応は良き用心にはなりうるが、分野の進歩を妨げる可能性もある。

懐疑論によってこの系統の研究への私の熱意がそがれることはなく、十分に進んでいると思われた。とはいえ、一九七四年六月には個人的な逆風が吹いた。スタンフォードのポスドクだったユーユンに、プリンストン・プラズマ・フィジックス・ラボラトリー（プリンストン大学のキャンパス内にあるアメリカ合衆国エネルギー省の研究所）での新たなポスドク職が決まったのだ。これは彼女にとっては素晴らしい任命で、ふつうなら私もわくわくすべきところだった。しかしそれは、私たちがまもなく再び国の反対側に離れることを意味した。彼女はまもなく、母親とともにプリンストンへと車で旅立った。

古い友人タッツ・チュイとそのガールフレンドが香港から不意に訪れて、良い気晴らしになった。まもなく香港に戻る予定の彼女は、彼と別れようとしていたことがわかった。私たちはとっさの思いつきでヨセミテ国立公園に行くことにして、その晩、私の車で出発し、夜遅く山に着いた。この短い外出が結果的に、私たち全員にとってうってつけのものになった。高い山頂からの息をのむような眺めが魔法のように自分の頭の中から外に連れ出して、世界を新たな広い視点で見るように仕向けたのだ。この旅があまりに楽しかったので、タッツと彼女は結婚する決心をした。

彼らのことは良かったと思ったが、私は——少なくとも当分の間は——一人だった。そして、そういうときにいつもすることをした。つまり研究に没頭したのだ。私はしばしば長時間研究した。夜遅くまで続け、机で寝込むこともあった。認めざるを得ないことだが、このライフスタイルは人間関係を築くには理想的ではない。しかし現に一人のとき、時間と思考を注ぐべき数学のプロジェクトに不足はなく、とりわけカラビ予想に深く回復不可能なほどに没入した。

カラビ予想の中心にある複素モンジュ - アンペール方程式に取りかかる前に、チェンと私はさらなる予備研究が必要だと感じていた。一九七四年に私たちはドイツの数学者ペーター・グスタフ・ルジューヌ・ディリクレにちなんで名づけられた、いわゆるディリクレ問題の研究を始めた。エウジェニオ・カラビとルイス・ニーレンバーグが同時期に同じ研究をしていることは知らなかった。「境界値」問題と分類されるこの基本的考えは、要約すると次のようになる。簡単な方程式の解が、たとえば円や放物線を定めることがあるように、より複雑な微分方程式の解が曲面全体を定めるこ

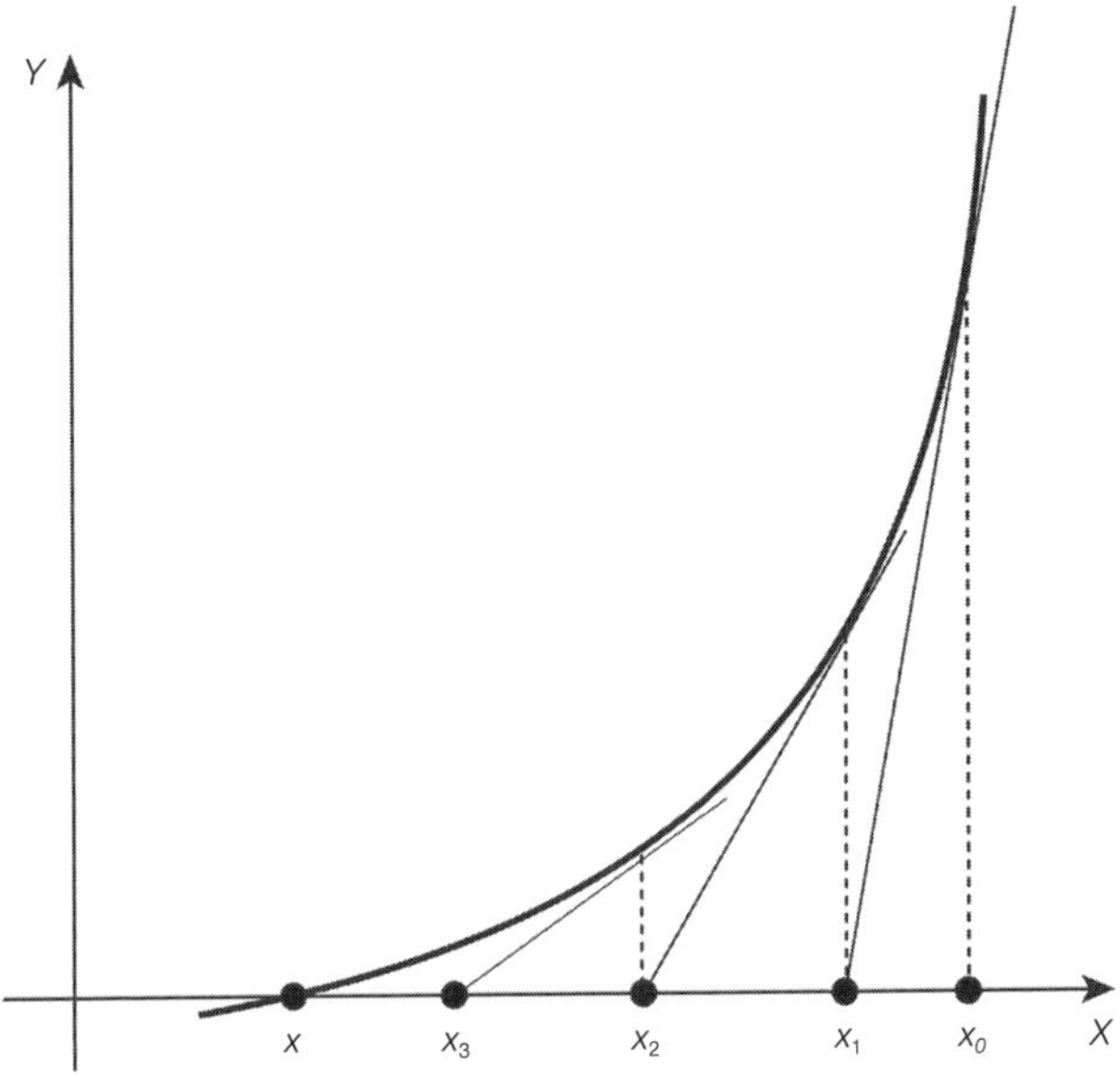

ディリクレ問題とカラビ予想を解くのに用いる近似法は、ここで紹介するには複雑すぎるが、代わりに「ニュートン法」というきわめて簡単な近似法の一例を示すことはできる。実数に値をとる関数の根すなわち零点、あるいは曲線がX軸と交わる箇所を発見するには、ある点から垂線を降ろし、X軸と交わった点をx_0とする。次にx_0における曲線の接線をとり、その接線がX軸と交わるところの点をx_1とする。最初の予測が大きく外れていないと仮定してこの操作を続けると、真の答え、点xにどんどん近づく（もとの図はシアンフェン（デービッド）クーとシャオティアン（ティム）インによる）

とがある。わかっているのがその面の境界だけである場合、その知識を用いてその面を構成するすべての内点を見つけ、同時に目下の方程式の解とすることができるか、というのがディリクレ問題である。標準的手順は先の問題と同様に、一連の近似解を設定して、全体として特定の偏微分方程式を解く関数を突きとめることである。

ニーレンバーグは一九七四年八月にバンクーバーで開催される国際数学者会議で総会講演を行う予定だった。その講演では彼とカラビが行った研究に基づいてディリクレ問題の解を発表する意向だった。しかし陳の話では、カラビとニーレンバーグがその後、配布したプリントに間違いを発見したため彼らの解が無効になり、その問題が宙に浮いているとのことだった。

私は陳に、チェンと私がこの問題を解く自信があると言った。ニーレンバーグが一九七四年の春にバークレー校に来る予定だったため、四人でサンフランシスコのゴールデンゲートブリッジから遠くない海辺にあるルイス・レストランで昼食をとるよう陳が手配してくれた。ニーレンバーグは偏微分方程式の第一人者で恥をかきたくなかったので、チェンと私は前夜、何も問題がないように私たちの証明を入念に見直した。論旨に間違いを発見したが、さらに考えて、午前二時には解決できたと思った。昼食前に私たちの解をニーレンバーグに説明すると、彼は悪くなさそうだと言った。チェンと私は喜んだが、その夜再度証明を検討したところほかの間違いが見つかった。間違いは不愉快だったが、おかげでこの種の方程式を扱う方法を学ぶことができた。六か月後、私たちは問題を解決する方法を証明し、ついに弱い形のディリクレ問題を解いた。ニーレンバーグたちは約十年後にこの問題の強い形に関して解を得ている。

ニーレンバーグとのサンフランシスコでの会合は別の面で私にとって役に立った。その年の早い時期にロバート・オッサーマンが私をスローン・フェローに推薦してくれていた。好きなところで一年間過ごすことができ、スローン財団が給与の全額を払ってくれるという、若い助教にとって名誉なことだった。最初はその奨学金でプリンストン大学に行こうと思った。そこではユーユンに会うチャンスがあるから、彼女との関係を再開し、あるいはもっと…、と思ったのだ。

イエール大学からプリンストンに移っていたウー＝チャン・シアンに手紙を書いて、奨学金をもらえる年の少なくとも半分をプリンストンで過ごせるかどうか尋ねた。数日後、数学科には研究所のスペースに空きがないという返事が来た。私はいまやこの手のことに多少は通じていたので、シアンたち数学科のメンバーが私にプリンストンにいてほしいと思えば、スペースはなんとかなるのではないかと思った。遅まきながら、学科長に手紙を書いたほうがうまくいったかもしれないと気づいたが、実際には知人に連絡した。その知人がそれほど私を好きでなかったらしく、間違いだったようだ（皮肉なことに、数年後に状況が逆転した。プリンストンの数学科長がシアンに、私を教授として招くよう言ったのだ。そのとき私は辞退した。腹いせに断ったわけでは決してなく、そのときは単にプリンストンに移れる状況ではなかったのだ）。

幸い、ニーレンバーグがすかさず、一九七五年の秋をニューヨーク大学のクーラント数理科学研究所で過ごすよう言ってくれた。そこはプリンストンからあまり遠くなかった。ニーレンバーグは私がマンハッタンに行くことを強く勧め、昼食が終わる頃にはほとんど決まった話になっていた。

クーラント研究所へ行く

弱い形のディリクレ問題が片づいて、私の関心はカラビ予想に向かった。方針はかなり単純で、実係数のモンジュ‐アンペール方程式の研究から学んだことすべてをできる限り、複素数の例に移行する計画だった。複素幾何学にほとんど専門知識のないチェンはこの時点で手を引いて、もっと自分の関心と専門に近いプロジェクトに取り組むことにした。偶然、彼もクーラント研究所に行くことになっていたので、そこで友だちづきあいができ、また幾何解析の基礎を築く共同研究が続けられそうだった。

一九七五年八月のニューヨーク行きは別の理由でも好都合だった。スローン奨学金のおかげで教える必要がなく、時間とエネルギーが許す限り自由にカラビ予想やほかの数学問題を研究することができた。

私はその機会をフルに活用するつもりだったが、真っ先にやらなければならない仕事は、住居費がきわめて高いマンハッタンで住むところを見つけることだった。ワンルームアパートは月二百ドル以上で、私の希望より高かった。幸い、クーラント研究所の前所長で陳の友人であるユルゲン・モーゼーから吉報が届いた。彼はニューヨーク大学に近いスプリングストリートに沿った友人の、家賃の上限が設定されたアパートを使っていたのだ。たった月五〇ドルと、とびきり好条件だった。そのアパートは彼の名前で借りたものではなかったのでモーゼーは又貸ししてはいけないことになっており、たまたま中国人だった大家と話をしないよう私は言われた。彼は英語ができず、私が非常に良く知っている広東語を話したが、彼が言うことが一言もわからないふりをしなければならなかった。そしてアパートの件で何かまずいことになったらモーゼーに話して、彼が自分で問題に対処することになっていた。モーゼーがほとんど見ず知らずの私のためにそこまでしてくれたのはかなりすごいことで、信じられないくらい親切だった。

クーラント研究所は私にとって素晴らしい職場だったが、奨学金の使い道として選べたはずのほかの地ではなくそこに行った主な目的は、ユーユンの近くにいることだった。彼女が十五か月近く前にスタンフォードを離れて以来、私たちはほとんど連絡を取っていなかった。だがもし彼女をデートに誘ってキャンパスの外に連れ出そうと思えば、車が必要だろう。あいにく、そのとき私はクレジットカードを持っていなかったので、ニューヨーク市でレンタカーを借りることができなかった。スタンフォードに、私が同大学の教員で一時的にクーラントに来ていることを説明する手紙を書いてもらったが、レンタカー取扱店には何の効果もなかった。

車がなければ、ユーユンと過ごすという私の計画は深刻な打撃を受ける。第一、そのために東海岸に来たのだ。そう思うと私はパニックになりかけた。そんなとき幸運なことに、高校のときの友人でニューヨークの旅行代理店で働いていた人物にばったり会った。彼が言うには、低価格の「レンタポンコツ」的な業者が、高額な補償金を積めば車を貸してくれるだろうとのこと。私が借りた車はどうにか走行できる状態で見た目も芳しくなかったが、選択肢が少ないのだから仕方がなかった。

見かけはみすぼらしくてもその車はプリンストン大学に行くには十分で、時間があればユーユンを訪ねた。彼女が自分の研究にかかりきりだったように私もカラビ予想の研究に没頭していたが、カラビ予想に関しては着実に進んでいるように思われた。登頂する準備はまだ全然できていなかったとはいえ、頂上まで昇れるルートは見えてきているようだった。

私が構築した証明は、複素モンジュ‐アンペール方程式の独立した四つの近似解、いわゆるゼロ次、一次、二次、および三次の近似解に基づくものだった。前に述べたようにモンジュ‐アンペール方程式の解は関数で、この問題の核心は、大きくなりすぎず（正の方向に）また小さくなりすぎない（負の方向に）ことを示す関数の上限下限の存在を示すこと、言い換えれば、関数が無限に至らないことを示すことである。ゼロ次近似は関数が取り得る最大値を示す。一次近似値は関数の一次導関数の最大値を示す。もっと具体的にいうと、一次導関数が大きくなりすぎない、つまり関数があまりに急速に変化しないことを証明するのである。同様に二次近似値は関数の二次導関数の最大値を示す。この場合も、この近似解に上限下限がある、つまり一次導関数があまりに荒々しく変化しないことを示さなければならない。三次近似以上にも同じことがいえる。これら高次の近似は関数がどのように変化するか——その変化がどれくらい大きいか、また変化はどの程度急速に起こるかを知らせる。

一九七五年の夏、ニューヨークに行く直前に二次の近似解の特定に成功した。クーラントで過ごした数か月の間に、私は発想の大転換をした。この時点で、必要なのはゼロ次の近似解だけだということがわかったのだ。なぜならゼロ次と二次の近似解があれば、一次と三次の近似解も導き出せるからだ。つまり、証明全体がいまや、ただ一つの近似解、すなわちゼロ次の近似解の決定にかかっていた。そしてその近似解は、その関数が大きくなりすぎることはない——すなわちその最大値は決してある一定値を超えない——ことを私が示すことにかかっている。そうなると、当時、限られた数の数学者しか理解しなかったこの恐ろしく込み入った予想の解が単純なもののように見えた。しかし、その近似解を得ることは文字どおりにも比喩的にも関数に強い制約を課すことになって、思ったほど簡単ではなかった。

ニューヨークにいる間にこの最後の障害を乗り越えることはできなかったが、チェンと私は別の分野で成功した。その年の早い時期に私たちが少し手を付けていた高次元のミンコフスキー方程式の解を発見したのだ。クーラント研究所にいる間に私たちがこの研究を仕上げたことにモーゼーは舞い上がり、クーラントの全員も、意義のある研究が同研究所で成し遂げられたことに熱狂しているように思われた。モーゼーはチェンと私にその解をセミナーで発表するよう要請し、それはうまくいった。

その後、ソビエトの幾何学者アレクセイ・ポゴレロフが別個に、まったく違う方法でこの問題を解いていたことを知った。彼の論文は私たちのより先に発表されていたが、広く知られていない雑誌でロシア語だけで発表されたので、私たちの耳に入っていなかった。私たちの論文は最初ではなかったが、達成し得た結果は別としても私たちが考案した方法はそれ自体が重要で、後に数学のほかの問題を解くのにも使われたから、余計なものでもなかった。

結婚を申し込む

しばらく数学以外の話をする(できるだけそうするように努めている)と、ニューヨークでの三〜四か月はとても楽しかった。クーラントでは、数学の博士号をミシガン大学で取得したばかりのエリック・ベッドフォードとちょっとした友だちづきあいが始まった。彼は地下鉄網の使い方を教えてくれた。町を歩き回りながら、私たちは複素モンジュ‐アンペール方程式の話をした。私がやっていた幾何学的なアプローチとは違ったが、彼もそれを研究していた。

私は毎日ソーホーのアパートからグリニッジ・ヴィレッジを通ってクーラントまで歩くのを楽しんだ。そこではつねに、興味深く思いがけないものが見られた。たとえば、数日にわたってスプリングストリートに停まっている同じ車を通り越した。最初、その車は完全に無傷だった。しかし一日後、タイヤが盗まれていた。続く二日の間に車体がだんだん分解されていった。最後に車の残りがなくなって、新品同様に見える別の車が置いてあったが、それがいつまでそこにあるかは誰にもわからなかった。

アパートの近くにリトルイタリーがあって、多くの祭りが開かれるのが楽しみだった。時間がある限りチェンとその妻、男の子の赤ちゃんビングと一緒に過ごした。チャイナタウンや町のほかの地域を一緒に散策するとき、私はしばしばビングを抱っこした（彼は後にハーバード大学で私の大学院生になって二〇〇四年に数学の博士号を取った）。チャイナタウンのすぐ近くにいるというのは素晴らしいことだった。食事処が数え切れないほどあるだけでなく、私は書店で立ち読みするのも好きだったからだ。そして週末にはプリンストンにユーユンに会いに行った。そんなこんなで、私のニューヨーク滞在は非常に愉快だった。

しかし十二月遅くにはカリフォルニアに戻らなければならなかった。ロサンゼルスに飛ぶとき、TRWの面接を受けるユーユンも一緒だった。TRWは航空機メーカーで、その後ノースロップ・グラマンに吸収されている。面接はうまくいって、同社はまもなく彼女に職を提示した。

ユーユンはその後プリンストンに戻り、私はスタンフォードに戻った。そこでの私の最大の研究対象は、驚くほどのことではないが、まだカラビ予想だった。私はこの問題の解決に近づいていると感じていた。頂上は間近に迫っていて、最後の一つの障害を乗り越えるだけだった。押し続ければ、そのうちそれを乗り越える道が見つかると感じていた。

しかし、もう一つのことが私の心に重くのしかかっていた。スタンフォードの春期が終わったあとの一九七六年五月、私は特定の目的を持ってプリンストンのユーユンを訪ねた。彼女に結婚を申し込んだのだ。バークレー校の数学の図書館で彼女から忘れられない印象を受けてから五年半がたっていた。それは長い年月で、私たち二人には確かに浮き沈みがあった。しかし喜ばしいことに彼女がイエスと言ってくれた。私たちは正式に婚約した。兄のスティーブンがストーニーブルックからプリンストンに来て私たちとディナーをともにして、この吉報を祝った。

ユーユンは私のプロポーズを受けただけでなくTRWの入社要請も受諾していた。彼女の仕事は一九七六年の秋に始まることになっていたから、近いうちにロサンゼルスに引っ越す必要があった。近くにいたいと思って、UCLAにいる友人の微分幾何学者ロバート・グリーンに連絡してその年を同地で過ごしたいと話した。スローン奨学金で秋学期の給与は賄えるが、授業を持つことで冬学期と春学期の給与もUCLAに出してもらいたかった。グリーンはお安いご用だと言ってくれ、こうして私は私たちの未来、つまりユーユンと私が一緒に住んでロサンゼルス地域で働く生活の最初の土台を築いた。当時、教職を得るのは大変難しかったので、これほど早く段取りできたことに感動していた。そして、たいそう快適な職場環境を用意してくれたグリーンに今でも感謝している。

ユーユンが引っ越す七月の初めまで、私はプリンストンにいた。それから私たちは彼女の荷造りをして車でのアメリカ横断に出発した。彼女の両親も一緒だった。最初にワシントン市に立ち寄って、アメリカの建国二百年を祝う七月四日の独立記念日の花火を見た。ほかにも大勢の人がいて、興奮し羽目を外して強い愛国心を表明している人も多いなか、ナショナル・モールの上空に花火が打ち上げられた。空に色とりどりの閃光が上がっては消える背景にワシントン記念塔と国会議事堂が見えて、情景をますます壮麗にした。

次にボストンへ、夫を亡くしたばかりのユーユンのいとこに会いに行った。ボストンに行ったのは初めてで、とても気に入った。遠からずそこが私たちの住まいになって、今まで三十年超も住むことになるとは夢にも思わなかった。

ニューヨークのイサカにも立ち寄ってユーユンの別のいとこにも会った。そこから、本格的にアメリカ横断の旅が始まった。それは彼女の両親にとって大観光旅行になった。イエローストーン国立公園に行き、そこからロッキー山脈を南下してグランド・キャニオンに行った。そのあとアリゾナ州フラッグスタッフから州間高速道路四〇号線に入ってはるばるカリフォルニア州バーストーまで走り、そこでロサンゼルスに向かう一五号線に乗り換えた。途中の眺めは気絶するほど美しかった。私は恋をしており、結婚生活が来るのをひたすら楽しみにしていたのだからなおさらだった。

とはいえ旅のほとんどの間、私の心はひそかに横道にそれて数学に向かっていた。運転中、とくにトポロジーの古典的問題であり、そしてまだ誰もそれに取り組む良い方法を考え出していなかった、ポアンカレ予想について考えた。トポロジーにおける球面の厳密な定義に関するポアンカレのもともとの問題は、当時誰にも解かれていなかった。予想は具体的に、「コンパクトな」――境界を含み範囲が有限な――三次元曲面（もしくは多様体）は、その（三次元）曲面にかけられるすべてのループが、裂けもせず曲面を引き裂きもせずにある点まで縮められるのであれば、トポロジー的に（三次元）球面と同等であると主張している。私たちはこのような曲面を「単連結」と称しているが、ドーナツ形と違って穴を持たないことの別の言い方である。その用語を使って、例の予想を次のように言い換えることができる。コンパクトな単連結三次元球面は、トポロジー的に言って球面と同じか？　この問題はそれほど手ごわそうな感じはしないが、一九〇四年に初めて提示されて以来、ほとんど進展していなかった。

　カラビ予想に専念したほうがよかったと人は思うかもしれない。カラビ予想は何年間もそうであったように、当時も私の最大の関心事で、その問題にはるかに多くの関心を向けてきた。一つにはそれが一般性が高く、私たちが知らなかった大きなクラスの多様体に導くのではないかと感じていたからだ。しかし私はつねに、いくつかの問題を考えていたい人間だ。一つの問題に行き詰まったら、ほかのものに目を向けることができる。そして、それらの問題が似た性質のものだったら、一方を考えているときに得たアイデアをもう一方にも当てはめられることもある。

　さらに、当時私が問題全体の要と考えていたカラビ予想のゼロ次近似値には、紙と鉛筆を使う入念な計算が必要なことを知っていた。それは車のハンドルを握りながらでは安全に、また上手にはできない相談だった。そういうわけで脳の数学部分だけを使う概念的問題を取り上げた。それにはポアンカレ予想がぴったりだった。その問題に取り組む具体的方法はまだ考えついていなかった。そしてたぶん、その段階ですべき最良のことは夢見ることだった。私はそうした――同時に少なくとも注意の一部分は道路に向けようと努めながらではあったが。

　プリンストンから南カリフォルニアまでの遠回りの旅は全部で六千キロメートル超になった。そしてその旅行中、多くの時間、私の思考は否応なくポアンカレの問題に向いた（それについては第11章で詳しく述べる）。残念なことに大発見はなかったが、いずれ幾何解析が入口を提供してくれるだろうという私の推測は正しかった。

七月半ばにロサンゼルスに着くと、家を探すあいだ、ロングビーチで寝室が三つのアパートを借りた。結婚式を九月の初めと決めていたのであまり時間がなく、記念すべき日の前に落ち着きたかった。そしてまもなくサンフェルナンド・バレーの、以前は農業地帯だったセプルベダで家を見つけた。そこは海からはやや遠く、UCLAまでも車で少しかかるが、道が混んでいなければ約半時間で行くことができた。しかし「道が混んでいない」と「ロサンゼルス」は、めったに両立できない言葉だ。一時間以上かかることもしばしばで、ユーユンはレドンドビーチにあるTRWまではもっと長くかかった。もっと便利な場所で住居が見つかればよかったのだが、その家――私が初めて買った家――は私たちが見つけた、どうにか手が届く一方で探していた快適さもある唯一の家だった。

それから私たちは、家を整え結婚式の準備をするために一か月と少々、八面六臂の活躍をした。私は街中を車で回って中古家具やその他の必需品を探し、ユーユンはウェディングドレスとさまざまな結婚式関連の事柄を手配した。彼女の両親、そして私の母と兄スティーブンが結婚式の約十日前に到着した。母は香港から、スティーブンはハーバードから来た。兄は数か月前にストーニーブルックで数学の博士号を取得したあと、ハーバード大学でベンジャミン・パース傘下の講師になったばかりだった。

結婚式は一九七六年九月四日に執り行われ、続いて家族と友人のための昼食会があった。陳には結婚のことを話したが、とても地味なイベントになる予定だったので彼は来ないと思っていた。ところがありがたいことに夫人同伴で来てくれた。友人のロバート・グリーンとブルース・ベネット、カリフォルニアに住んでいた母のいとことその夫も出席した。

ユーユンと私は新婚旅行でカタリナ島に行くことにしていたが、土壇場でキャンセルせざるを得なかった。ロサンゼルスの道路の混雑を甘く見ていてフェリーに乗り遅れたのだ。そこで代わりにサンディエゴに行って素晴らしい時を過ごしたが、二日後には仕事に戻らなければならなかったので束の間のことだった。

カラビ予想に向かう

研究に戻るのはうれしかった。それはいつものことだが、このときはおそらくそれ以上だったろう。というのは、家にはユーユンと私、彼女の両親、私の母の全員が一つ屋根の下に住んでいるという騒ぎだったのだ。私は自分の書斎にできるだけ長く潜伏して、エネルギーのすべてをカラビ予想に注いだ。一～二週間のうちにゼロ次の近似値が完了し、続いて問題全体も完了した。私はほっとしてうれしかったが、同時にいささか驚いてもいた。最後の数段階が予想したより早く落ち着くべきところに落ち着いたからだ。

六年以上の間、断続的に考えた結果、その予想を証明したのはどんな気分かと人に聞かれた。何か不思議な理由で――たぶん父の精神の影響だと思うが――私は約五十年前に亡くなっていた中国の学者、王国維が書いた随筆を思い出した。国維は宗朝（九六〇～一二七九年）時代の古代中国の詩を引用して、人が通常、重大な探求で成功するまでに通る三段階を書き記している。最初に、語り手が高い塔に登り、土地の全方向を見える限り見渡す。彼は次に、自らが求めている賞品はその犠牲に十分に値すると確信しながらも、孤独な探求の間にいかに弱って痩せたかを書きとめる。最後に、群衆の間を千回以上も探すうちに、かすかな消えゆく光のなかに「彼女」――追求の対象――を一瞬、垣間見る。

これらの文章は比較的簡潔に、そして詩的に、カラビ予想の証明にあたって私が通った段階をまとめていた。最初に、問題の全体像を把握するための見晴らしの利く地点が必要だった。私はときには疲れ果てるまで、食べ物や休憩も満足にとらず目前の獲物を追って長時間懸命に仕事をした。そして後に、ほんの一瞬の洞察で自分の道を最後まで見ることができた。

国維の随筆を思い出したせいか、カラビの証明が終わってから、私の心を捕らえていた宗朝のもう一つの有名な詩のことを考え始めた。その詩は昔の晩春の庭の情景を描いたもので、花びらがそっと地に落ち、空には二羽のつばめが動きを合わせて舞っている。この数学の問題を解くことが不思議なことに、自然の新たな理解と深い認識をもたらしてくれたことから、その映像が心に響いた。この研究のおかげで、私は自然との一体感を持った。二羽のつばめが一体になって飛んでいるイメージに込められた感覚だった。

それは私が感情面で経験したもので、知性の面ではまだこれを勝利と呼ぶ気にはなれなかった。私は以前にカラビ予想で一度やけどをしていた。三年前に証明したと誤って思い込み、それが間違いだったと知ったのだ。今回は安全第一でいきたかった。私は証明を何度も何度も綿密に見直し、四回、四種類の方法で検討し、今回も間違えたら数学を完全にあきらめて何か別のこと（アヒルの飼育でもいい）に手を染めようと自分に言い聞かせていた。また、外部の検証も求めた。証明のコピーをカラビに郵送し、その秋の後日、ペンシルベニア大学を訪れて話を聞く手はずを整えた。

一方、高等研究所で知り合ったＵＣＬＡの同僚デイビット・ギイゼッカーが、九月の終わり頃にハーバード大学の代数幾何学者デヴィッド・マンフォードが講演をすると教えてくれた。セミナーが開催されるカリフォルニア大学アーバイン校までは二時間以上かかったが、すぐれた数学者の講演なら聞く価値があると常々考えている私だ。マンフォードの話の焦点は特定の「不等式」――一方の項が他の項より小さいか大きいことをいう数学的表現――だった。最初の不等式は約十年前にライデン大学のアントニウス・ファン・ドゥ・フェンが提示したのだが、ロシア人数学者フョードル・ボゴモロフも最近この問題に貢献したとマンフォードは話した。

これらの話のある時点で、私は前に――カラビ予想を反証しようとしていた早い時期に――この不等式に出合っていたことに気づき、それをマンフォードが明示していた言葉そのもので言い表すことができるとほぼ確信した。セミナー終了後、私はマンフォードと話をして、彼が取り上げたまさにその点を証明したと思うと言った。私は若く、**代数幾何学の世界で無名だったので、彼が私の言うことを信じなかったのは間違いない**と思う。しかし家に帰って自分の計算を見直してみて、カラビ予想への反例を見つけようとするなかで、この同じ不等式を使っていたことを発見した。予想が正しいことがわかったから、その結果——かつて私が反例を構築するために反証を試みた——もまた正しいに違いない。ということは、私が確かにマンフォードが話した定式化、つまり、ときにボゴモロフ‐宮岡‐ヤウの不等式と呼ばれるものを証明したことを意味する。この不等式が等式になる特殊なケースではどうなるかという疑問が未解決問題になっていたが、私の証明方法ではそれが起こりうる状況を完全に決定できた。この決定が次に、一九三〇年代の初期にさかのぼる、セベリ予想という有名な問題を解決させてくれた。

翌日マンフォードに手紙を送って私の論を開陳した。彼がハーバード大学の同僚フィリップ・グリフィスにそれを見せ、私の考えが妥当だと二人の意見が一致した。このニュースがたちまち広まった。当初、カラビ予想のほうがずっと重要だと私が言い張ろうと、人びとはカラビの証明より不等式とセベリ予想の証明にはるかに熱狂した。

UCLAでの研究室が私の隣だったロバート・グリーンはカラビ予想の重要性を認め——数学界のほとんども時間がたつうちにそうなった——、私がそれらの結果を彼の大学に在籍した間に出したことをグリーンはとりわけ喜んだ。一部の代数幾何学者は感動しなかった。なぜなら、代数幾何学の有名な問題二つを解くにあたって、私が彼らの分野の標準方法を使わなかったからである。この点で心の広い持ち主であるマンフォードは違っていた。ハーバード大学が二年後に私に職を提示したくれたのも、それが一因だったと思っている。

この研究によって瞬時に私は数学界で有名になった、いや少なくとも私の認知度が高まって、さまざまな申し出と有利な条件が来るようになった。その頃、数学者イサドール・シンガーから、十一月から一か月程度MITで過ごせるかという問い合わせがあった。まだスローン奨学金が残っていたので教える義務はなく、シンガーの申し出を受けることにした。

MITに行く前にフィラデルフィアに立ち寄ってカラビとその同僚たちに会い、証明を段階的に説明した。ペンシルベニア大学の教員である数学者ジェリー・カツダンが私のプレゼン中に詳細なメモを取って、驚いたことに私に断りなくフランス人数学者ティエリー・オービンにそれを見せた。オービンはカラビ予想の特殊なケースを独自に証明していたが、カツダンからもらったメモを使って先に進み、予想全体の証明は自分の功績だと主張した。カツダンは後に親切にも、彼が「一九七六年十二月の説明でヤウの研究を知り」、その後その結果をオービンとの共著論文に書いたと、出版した文書に書くことで事実をはっきりさせた。カツダンはこうして不毛な論争に進展（または悪化）しかねなかったところを回避した。

私とカラビの会合の結果としては、私の証明はすべて良さそうだと彼は言った。彼は当時も今も優れた幾何学者だが、偏微分方程式となると大した専門知識は持っていなかったので、私たちがニーレンバーグも含めて一緒にやったらいいのではないかと感じていた。三人ともほかの仕事の予定がないのはクリスマスの日だけだったので、その日にニューヨークで集まることにした。カラビはニーレンバーグと同じユダヤ人だが、クリスマスの日に職業上の義務を果たすのは生涯で一度だけだという。私はそれまで一度もクリスマスを祝ったことがなかった。三人がクリスマスの日に終日の仕事の会議を組めたのは、それが一因だったかもしれない。

フィラデルフィアに短期の滞在をしたあと、まずニューヘイブンのイエール大学に寄ってからボストンに向かった。私をMITに招いたシンガーはそのときとても忙しく、私の滞在中の多くの時間、私用で街を離れなければならなかった。そのため彼に会えたのはディナーの一度だけで、それはかなり重大な結果を招いた。彼はマイケル・アティヤ、ナイジェル・ヒッチン（私の高等研究所時代の友人）と、素粒子論には根本的に重要な貢献をしたC・N・楊とロバート・ミルズの方程式の特殊な解の研究をしていた。シンガーは物理学と数学の統合に強い関心を持っていて、私も感化された。実際、数年後に私はヤン－ミルズ方程式の解の研究も始めた。そのテーマについてカレン・ウーレンベックとともに書いた数編の論文はなかなか重要だと考えられているから、この方向に私を向けさせてくれたシンガーに感謝しなければならない。

しかし、シンガーとともにした一度の食事のほかは、MITに滞在していた間、当時近くに幾何学者はそれほど多くいなかったので、一人でいる時間がかなり多かった。私は学校から歩ける距離のワンルームアパートに滞在して、ほとんどの時間をカラビの完全証明を書き上げることに費やした。窓の外には雪が美しく降り積もっていた。この論文を書き上げたら、クーラントの出版物

『Communications on Pure and Applied Mathematics』に送るつもりだった。それは、私にとても親切だったモーゼー、ニーレンバーグほかのクーラントの数学者たちへの感謝の気持ちからだった。私はすでに、その証明の、技術的な詳細は省いた簡潔な発表を書き上げ、それは一九七七年に『米国科学アカデミー紀要』に掲載されていた。その原稿の前途が洋々だったのは疑いもなく、それを同誌に最初に送ったのが国立科学アカデミーの尊敬すべき会員である陳だったからだ。

ＭＩＴからわずか一マイル半のハーバード大学から、カラビ証明について連続講義をしてほしいという依頼があった。マンフォード、グリフィス、広中平祐ほか客員数学者のアンドレイ・トドロフなどハーバード大学の人びとのほうが、ＭＩＴで会った人びと（ほかの差し迫った問題に気を取られていたシンガーは別として）よりカラビ予想への関心が強いように思われた。そういうわけでハーバード大学はＭＩＴでの一か月終了後にさらに一か月、私を滞在させてくれたのだった。

今でも、代数幾何学者の広中と交わした興味深い会話を思い出す（もっとも、その会話は少しあとのことだったが）。内容はアジア系の人間がアメリカで数学を研究することについてだった。「アメリカではアジア系アメリカ人が良い大学で終身地位保証を得るほうが、二流の大学で得るよりずっと簡単だ」と、ハーバード大学の教員だった一九七〇年にフィールズ賞を受賞した日本生まれの広中は言った。続けて「なぜなら、研究優先ではない二流の大学では、昇進がゴルフなどほかのことで決まるからだ」とも。人生で一度もゴルフクラブを手にしたことがない私は、その言葉でいくらか慰められた。というのも、私が研究でほんとうに優れていたら、決して私の強みにはなりそうもないゴルフに手を染めなくてもよさそうだからだ。

そんなこんなでハーバード大学で楽しく過ごし、とくに数学科の同僚たちとの付き合いは気に入った。知らないうちにクリスマスが近づいて、カラビとニーレンバーグに会いに、そして私の運命との出合いのためにニューヨークに向かった。雪が降りしきるなか、私たちは終日ニーレンバーグの研究室で証明を検討して過ごした。昼食休憩はチャイナタウンで取った。開いているレストランが見つかったのは、ほぼそこだけだった。その日の終わりに私の論証はまだ持ちこたえていた。なんの欠陥も見つかっていなかった。カラビとニーレンバーグは原稿をさらに見直してみると言ったが、それ以来、彼らもほかの人もなんら問題を発見していない。前述のように私は証明の簡略版を一九七七年に発表し、一年後に拡張版を発表した。証明は今も有効である。

カラビは、ニューヨークで私たちが行った一日がかりの会合の結論によって、証明の正当性がしっかりと合意されたことは、彼が受け取った最高のクリスマスプレゼントだったと断言した。私もまったく同感だった。一九七六年はきわめて気分良く終わろうとしていたが、ただ一つ例外があった。ユーユンと離れて二か月、ひどく彼女が恋しかった。ロサンゼルスに戻って南カリフォルニアの、願わくは暖かく寛大な太陽の下で結婚生活をすべきときだった。

カラビ予想の証明が成し遂げたことを、ほんの少し振り返ってみても良かろうかと思う。一つは、その証明が非線形偏微分方程式と幾何学が結合して良い効果をもたらすことを示したことである。これは、かなりの年数、私の研究の原動力であった前提である。また、数学的にいうと、私の証明は、存在することをカラビが仮定した非常に多くの種類の高次元空間――それまで可能と思われていなかった特別な性質が組み合わされた空間――の存在を示した。また、同時に、この証明によって物質が存在しない場合のアインシュタイン方程式に、一つの解が得られただけでなく、私たちが知っている方程式に最も広い解が得られたのである。

物理学者でコンピューター科学者のアンドリュー・ハンソンが次のように述べた。アインシュタインが一九一五年に一般相対性理論を発表して以来、「私たちは、彼の注文の多い方程式を満たす多様体すなわち「アインシュタイン空間」を発見しようと悪戦苦闘してきた。何年もの間、なんらかの解を発見するのも困難だったが、しかしここに、注目すべきことに、次元にかかわらずアインシュタインの方程式の解を与えることが完全に保証された多様体の長い、ことによると無限のリストを見つける単純な処方箋がある」。

ときには定理が証明されたところで一つの区切りになる。それが一九五二年に起きた。一九〇〇年に偉大な数学者ダフィット・ヒルベルトが提起した「ヒルベルトの第五問題」が、ハーバード大学の数学者アンドリュー・グレアソンの多大な貢献によって、ついに解けたのだ。その場合、解決には偉大な創造力が必要だったが、結果として新たな研究を呼び起こすのではなく数学のその部門における研究の多くをつぶしてしまい、ほかの研究者たちが継続してやることがほとんどなくなったのだ。

私は早くから、カラビ予想は深くて広大な幾何学の領域に入り込むので、そうはならないと感じていた。したがってこの問題の解は、探査の余地が十分にある数学の他の分野に風穴を開けることになるだろう。これは単なる希望的観測ではなく、幾分か、私が問題にアプローチした独特な方法の結果である。ご記憶だろうが、私は最初、反例を出すことによって予想が間違っていることを証明しようとした。予想が正しいとすれば——事実そう証明されたのだが——、試みた反例もすべて、論理的に言って正しくなければならない。言い換えれば、それらはそれら自体で定理であり、カラビ予想を証明したという私の最初の発表で、代数幾何学の分野における五つの関連定理の証明も発表したことになる。そのうち最も重要なのが、前にも述べたが四十年以上も解かれなかったセベリ予想の証明である。それに加えて、代数幾何学のほかの問題(ざっと)六つ——重要性が低いことは認める——もたちどころに解かれた。この件の結論として、「話がうますぎる」とかつては考えられた予想も、最初に思ったより良かったとわかることがある。

しかし話はそれで終わりではなかった。というのは心の底では、カラビ予想とその証明が、私がすでに知っていたアインシュタインの一般相対性理論との関連のほかにも、重要な点で物理学につながるだろうとぼんやりした、しかし頭から離れない感覚を抱いていたからである。そのつながりがどんな形をしているかについてはなんの手がかりもなかったが、それでもそれがそこで——あるいはどこかで——見つかるだろうと思っていた。その後、私が夢見た「カラビ - ヤウ定理」との関係を物理学者が立証するまでに約八年かかったが、待った年月に十分に値する結果だった。

第6章 蕉嶺県《しょうれいけん》への道

若い頃の愛読書は『紅楼夢』だった。そう思うのは私だけではないだろう。なにしろこの作品は中国文学全体のなかで最高の小説と広くみなされている。一七〇〇年代に曹雪芹《そうせっきん》が書いた（そしておそらく、一七六三年に雪芹が他界したあとはほかの人たちが完成させた）『紅楼夢』は賈《か》一族の栄枯盛衰を描いたもので、同家の凋落は清王朝全体の衰退と並行している。これは五巻一二〇章、二千ページからなる壮大な作品で、錯綜した物語の筋が複雑に連なっていた。私がこの小説を読み始めたのは十歳のときで、一八世紀中国の生活と社会の描写に魅了された。

この大河小説の中心にあるラブストーリーに心を動かされたが、階級間の対立を自分のことのように感じた。というのも、私の一家は経済状況が逼迫しても高い価値感を保とうとつねに奮闘していたからだ。当時、気づかなかったのは、この小説の構造が私が数学にアプローチする方法に影響を及ぼすことだった。物語には何百種類もの筋があり、何百人という登場人物がいた。これらさまざまな筋と人物が互いにどう関わり、つながって複雑で多面的な、ただし完全に統合された全体を形づくるかを知るのにも、ある程度の時間と認識するための手段が必要だ。

私は数学、とくに幾何解析の研究を同じような視点で見ている。この観点で一九七七年にいくつかの定理を証明したし、そのうちさらにいくつか証明するだろう。ほとんどのものは互いに独立しているように見えたが、幾何解析のなかにこれら別々の定理の間の関連性を明らかにした統一構造を見た。数学そのものにも同じことがいえる。数学にはさまざまな分枝があって、互いに無関係と思われるかもしれないが、遠く後ろに下がって見ると、それらがどれも同じ大樹であることがわかる。『紅楼夢』の賈一族の血統をたどって描くことができる家系樹に似ていなくもない。私は数学の「樹」全体を熟知しようと努めていた一方で、幾何解析という新たに芽を出している枝に注意を集中してきた。これは微分幾何学の大枝を長く広く伸ばしたものだった。

それに関していえば、カラビ予想証明の最大の功績と思っていることと、ほとんど同時に証明された関連定理について、まだ述べていなかったといって差し支えない。それらは全体として幾何解析の最初の重要な成功であり、またそれによってこの新たな方法の将来性を実証したのである。

一九五〇年代に日本の数学者、小平邦彦が、幾何学の問題を線形微分方程式を使って解く方法に一役買った。ヘルマン・ワイルやウィリアム・ホッジなどの事前の研究に基づいて小平が構築したものだった。マイケル・アティヤとイサドール・シンガーを含む大勢の数学者もその後、重要な貢献をした。一方私は、線形法では攻略できない幾何学問題が解ける可能性を提示して「非線形」微分方程式を唱道していた。

この分野で私が最初に成功したことで、幾何解析全体の地位が向上し、ほかの研究者たちが幾何解析を試したり、少なくとも真面目に考えたりするようになった。私が友人たちのグループと共同研究を始め、ある程度重要な結果を得ると、そこからアイデアがスタートした。

この分野の共同研究の一つが非常にうまくいったのだが、それは私が一九七六年のクリスマスの日にカラビ、ニーレンバーグとニューヨークで会合を持ったあと、戻ったＵＣＬＡの数学科での偶然の出会いから生まれたものだった。そこで思いがけず、バークレー校で親しくしていたビル・ミークスに会ったのだ。少しおしゃべりすると、二人とも極小曲面に関心を持っていることがはっきりしたので、それについて一緒に研究する計画を立てた。

だが私はまず、ミークスが三次元多様体について教えていた講義を調べた。私が見学した授業で彼はデーンの補題について話をしたが、それは私がすでに興味を持っていたものだった。ドイツ人数学者マックス・デーンが一九〇〇年代の初めに、ある円板が「特異点」――しわ、折り目またはそのほかの理由で自己交差する曲面――を持っている場合、それは同じ境界円を持つが特異点を持たない円板で置き換えることができる、と提唱した。デーンの補題は一九五六年にギリシャ人数学者クリストス・パパキリアコプロス（当時、プリンストン大学にいた）が証明した。この功績はジョン・ミルナーが書いた滑稽五行詩で次のようにもてはやされている。

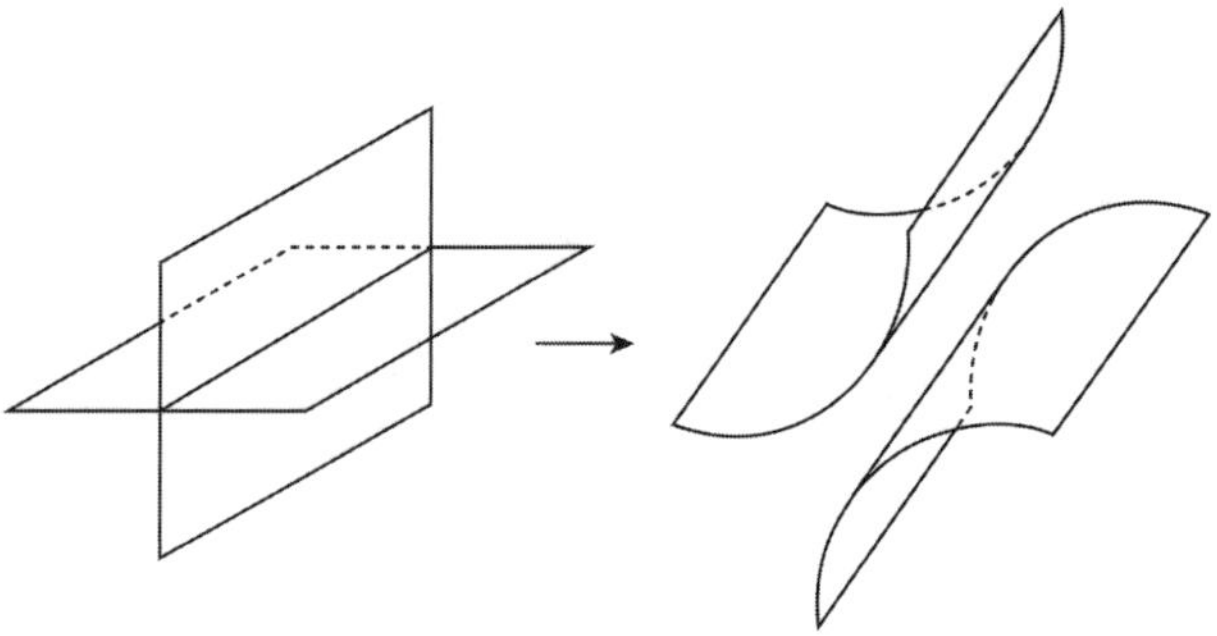

著者とウィリアム・ミークスが証明したデーンの補題は、自分自身と交差する可能性がある曲面を、交差、折り目その他の「特異点」がない曲面に変換することによって、もとの曲面を単純化する数学的手法を与える（もとの図はシアンフェン（デービッド）クーとシャオティアン（ティム）インによる）

デーンの不誠実な補題
多くの善人の
気を触れさせるも
クリストス・パパキリアコプロス
難なくそれを証明せり

ミークスと私はこの補題を強化する方法を発見した。私たちは補題を証明するにあたって、大きいクラスの極小曲面には特異点がないことを示すために考案した手法を用いた。一九三六年に最初のフィールズ賞を共同受賞したジェス・ダグラスの先行研究に基づいて構築したものだった。

私たちが強化したデーンの補題は、やがてほかの問題を証明するための鍵にもなった。ほぼ四十年間も解かれていなかったトポロジーの長年の問題、スミス予想である。一九三九年にアメリカ人トポロジー研究者ポール・スミスが提起したこの予想は、(三次元)球面のような三次元空間の、(居間や図書館に置いてある地球儀にあるような)直線状の軸ではなく、結び目のある線を軸とする回転に関するものである。このような回転は不可能であるというスミスの予想は、直観的に自明と思われた。球を結び目のある軸の周りで回せるわけがないと。しかし、私たちの結果をキャメロン・ゴードン、ビル・サーストンなどほかの数学者の結果と結びつけると、この予想が三次元で正しいことが証明できた。私が知る限り、これは極小曲面の議論がトポロジーの問題にうまく適用された最初の例だった。これによって私もほかの人たちも、さらにこのアプローチを適用しようとする勇気が持てた。

私がミークスとの共同研究を楽しんだのは、一つには彼が数学から多くの楽しみを引き出したからだ。一流の研究をしたにもかかわらず、受けて当然の尊敬や評価を数学界の多くの人から受けていなかったのは、自由奔放なライフスタイルから彼が真面目な学者ではないと思われたからだった。バークレー校の数学科が幾何学者と限定して適任者を雇おうとしていたときでさえ、私の推薦にもかかわらずミークスを終身教授にすることを断ったのも、それが原因かもしれない。しかしミークスは他人の考えを気にせず、彼の自信が揺らぐことは決してなかった。ある日、私にこう言った。「本当に数学の問題を解きたかったら、解くまでだ。今までのところ、その姿勢で失望したことはない」。

一九七七年の前半はUCLAで共同研究をしていたが、ミークスは教育義務を果たしたあとリオデジャネイロに客員教授として移った。ブラジルではビジネス（とロマンス）の可能性も探った。ビジネスベンチャーはうまくいかなかったが、ロマンスのほうはかなりうまく運んだ。ブラジルで二人の女性と付き合って、そのうち一人と結婚したのだ。

しかしミークスは数学も愛した。そして私はほかのアメリカ人たちにも同じ情熱を見た。彼らは純粋な楽しみのために数学を研究し、ほかのことをするのは想像できない。私は数学を良い職業選択とみる中国人を大勢知っている。彼らにとって数学は、それ自体が目的というより目的を達成するための手段だった。彼らが数学について同じように胸を躍らすことはめったにない。彼らにとって数学は情熱というより職業なのだ。

しかしミークスは幾何解析に私と同じように熱中した。彼は私たちのこの分野への早期の投資を「大きな賭け」と呼んだが、その賭けは当然期待できた利益よりはるかに大きい利益を生んだ。そして、カラビ予想の証明やほかの出版のおかげで、私への仕事のオファーがかなり多くなり始めているのも事実だ。カラビの先生だったサロモン・ボホナーは私をライス大学に呼び寄せようとしたが、私はぜひヒューストンに行きたいとは思わなかった。前述のようにウー＝チャン・シアンが電話してきてプリンストンが私を雇いたがっていると言ったが、彼とオフィススペースのこと（つまりそれがないこと）を話していたことを考えると、興味深い展開だった。とはいえ、それは結構なオファーだった。もっとも私は結局、断った。妻がウエストコーストで雇われて喜んでいたのが一因だった。

ＵＣＬＡも私を雇いたがったが、そのオファーには私がそこで教えた初年度に学生からひどい評価を受けたという難点があった。そのとき私のクラスには経済と人文科学を専攻する大勢の学生がいて、彼らは数学にはなんの興味もなく、好きなときにおしゃべりできると思っていた。私は彼らに、予告なしにいつ試験をするかわからないと警告した。しかしその脅しは効果がないながら彼らの注目を集め、この学生集団の間でとんでもなく不人気になった。講座が終わる頃には彼らは教材を驚くほどよく学んでいた（かつてサミュエル・ジョンソンが言ったように、「絞首刑の見込みは精神をすばらしく集中させる」）。しかし学生たちは私を好まず、彼らの評価はまったく否定的だった。スタンフォードの一部の大学院生がＵＣＬＡの数学科に、「ヤウ先生は意外に教えることができます」と証言しなければならないほどだった。

私はまだスタンフォード大学で終身在職権のある教員で、カリフォルニア大学系のどこかで教えるとしたら、それはたぶん、私が以前在籍したバークレー校だろうと思っていた。ＭＩＴからバークレー校に来ていたシンガーと陳が二人ともロサンゼルスに来て、北へ誘い出そうとした。陳が熱心だったのは、私に「ステップ６」の地位を授ける用意をしていたからだった。この地位は二十代半ばから終盤の人間にとって、学問界のきわめて高いはしご段だった。一教授がそのランクに昇格するには、ふつうは強力な推薦状が何通も必要だった。バークレー校の数学科のほかの人たちのなかには長年そこで教えていながらステップ６に指名されない人たちもいて、比較的新顔の私がそのオファーを受けたのを快く思わなかった。

妻はまだロサンゼルスのＴＲＷで仕事をしていて（サンフランシスコの）湾岸地帯で決まっている仕事はなかったので、私はその時点では大きな転職をせずスタンフォードに籍を置いたままで、一年間だけバークレー校に客員教授として行くことにした。母が一九七七～七八年度の間バークレーで私と一緒に暮らし、妻は両親とともにロサンゼルスに残った。その年、シウ・ユエン・チェンがスローン奨学金を使ってバークレー校に来た。また、スタンフォードで博士号を取得したばかりのリック・シェーンが講師としてバークレー校に来た。そういうわけで、運良く最も親しい共同研究者の何人かが近くにいることになった。

その後、陳の大学院生の一人で香港の裕福な一家の出であるピーター・リと共同研究を始めた。リは高級車アルファ・ロメオを持っていて、必要に応じていつでも私を乗せてくれるように陳が頼んでいた。そしてミークスまでがブラジルから二～三週間、私と一緒に研究するつもりで来た。シェーンと同様に彼も、毎回食事のために私のアパートに立ち寄った。料理の分野では私は依然として上達していなかったので、母がおいしいものをつくってくれていたのだ。

友人で共同研究者のビル・ミークス。カリフォルニア大学バークレー校にて（1981年）（撮影はジョージ・M・バーグマン。出典：Archives of the Mathematisches Forschungsinstitut Oberwolfach.）

ある晩、ディナーパーティで、十年前に高次元のポアンカレ予想の証明でフィールズ賞を受賞していたバークレー校のスティーブン・スメイル、まだ同校数学科に留まっていたシンガーなどの大御所と一緒になった。シェーンも来たし、ミークスも会ったばかりの裸足の女を連れて現れた。ミークスは少しも気後れせず、まったく平気で予告なしの客を連れてきた。それが、カリフォルニアの人びとと東海岸の人びとの違いを示していると思う。ハーバード大学のいささか堅苦しい、洗練された風土では、この種のことはおそらく決して起こらなかっただろう。母はしばしば私の客たちの行儀の悪さにとまどっていたが、冷静に受け止めて料理の質に影響を及ぼしたことは一度もなかった。

物理とのつながり

一九七七年の晩秋のある晩、シェーンと私はバークレー校の私の研究室からアパートに夕食をとりに向かっていた。その途中で正質量予想――一九七三年のスタンフォードの会議で前述のロバート・ジェロックの講演中に紹介された問題――についてあるアイデアを思いついた。その予想は、孤立した物理系の総質量またはエネルギーは正でなければならず、宇宙そのものも例外ではない、というものだった。ジェロックを含む多くの物理学者はこの予想が正しいに違いないと考え、ジェロックはこの積年の問題を一般相対性理論のなかで証明するよう幾何学者をけしかけた。

一方、一部の幾何学者は、その予想は完全な普遍概念として正しいはずがないと、きわめて強く主張した。私はそういう懐疑的な意見を簡単に受け入れたくはなかったので、放っておいたが、その主張はさらに検討するのがいいと思われ、その進め方についてぼんやりしたアイデアがあった。

時空のあらゆる点（もしくは、大ざっぱにいうと宇宙のあらゆる点）での曲率に関する一般相対性理論はそれ自体、前述のように高度に非線形の理論である。私たちが証明したいことは、煎じ詰めれば、時空の各点における平均曲率は正でなければならない、ということになる。シェーンと私は、幾何解析の非線形のツール、具体的には極小曲面の手法で進めることができるのではないかと感じた。それまでこの問題に極小曲面法が適用されたことはなかったのだ。正質量予想と極小曲面の間に明らかなつながりはなかったから、その手法が使われていなかったのは無理もなかった。私たちにはただ、極小曲面がこの問題に取り組む有用な解析ツールになるのではないかという勘が働いたのだ。

最初はいくつか困難があったが、やがて二段階の方法を思いついた。第一段階で、時空の平均曲率がどこでも正なら、総質量もまた正であることを証明した。第二段階では我々の宇宙と同じ質量で正の平均曲率を持つ時空を構築した。二つの部分を一緒にすると、新たに構築した時空の総質量が正であることは明らかで、それは我々の宇宙の質量もまた正でなければならないことを意味した。

これが、シェーンと私が一九七八年の春に、ジェロックが提示した問題であるこの予想の特殊なケース、すなわちいわゆる時間対称のケースを解くために用いた攻略過程だった。私たちが用いた方法すなわち背理法は、カラビ予想が間違いであることを証明しようとして失敗したときに試したのと同じ方法だった。私たちは手始めに、所定の孤立した空間の質量が正ではないと仮定した。次に、特殊な曲率――実際は平均曲率がゼロ――を持つその空間の範囲内で面積を最小にした曲面を描けることを示した。物質密度が負ではない我々の宇宙では絶対に不可能なのだが。そしてこのような面が我々の住む宇宙に存在し得ないのであれば、私たちの最初の前提が間違いだったに違いなく、反対の結論、つまり孤立した空間または物理系の質量は正でなければならないということになる。また、一般相対性理論ではエネルギーと質量は同じだから、孤立した空間のエネルギーも正でなければならないといえ、それがまさに私たちが示したことである。

しかし多くの物理学者は、私たちは時間対称のケースの枠を超えられないと考えた。ブランダイス大学のスタンリー・デザーと、当時ハーバード大学にいたラリー・スマールが、一般的な場合も解かないかぎり正質量予想をほんとうに証明したことにはならないと私に言った。それをシェーンと私はバークレー校での一年間を終えてスタンフォードに帰っていた一九七八年の夏に取り組んだ。チュンという名の韓国の物理学者が研究していた非線形方程式が、私たちが取り組んでいた極小曲面方程式に似ていることに気づいて、それを借りた。この方程式を使ってシェーンと私は、問題の予想の一般的な場合を私たちが証明済みの特殊な場合に単純化できることを示した。

このこと、つまりより一般的な証明を達成したことの意味は、これ以上ないほどに大きかった。宇宙の総エネルギーが正なら、それには下限があって、つねにゼロより大きい値がどこかにあるだろう。一方、宇宙の総エネルギーが負なら、下限はないことになる。何も止めるものがなければ、それはどんどん無限に落ち続けられる。すると、それによって宇宙が不安定になり、やがて一つになっていることができなくなる——これは控えめに言っても当惑させる内容である。私たちの証明によってシェーンと私が宇宙を救ったといっては言い過ぎだろうが、私たちの研究が宇宙の救済に向けていくらか安心感を与えたとはいえる。また、幾何解析の二つめの大成功として、私たちの証明はこの分野が数学における実りの多い手段になりうることを再確認した。さらに、この問題を解く過程で私たちが開発したツールの多くが、今現在もまだ使われており、それらのツールが解そのものより重要だと思っている人たちもいるかもしれない。

にもかかわらず、一九七九年に出版された私たちの論文は当初は物理学者の支持をあまり得られなかった。それはおそらく、非線形計算が彼らにとって難しくてついて行けなかったからだと思われ、多くの数学者も同様だった。香港で私と同じ高校で学び、後に毛首席に関する勉強会を率いたメリーランド大学の物理学者で、私が高等研究所にいたときに一緒だった胡悲樂も、私たちの証明を信じなかった、おそらく相当な数の研究者の一人だった。胡は、世界随一の一般相対性理論専門家の一人である物理学者、ジョン・ホイーラーの指導の下に博士号を取得した人物で、「どうして一数学者がこんなことを証明できるのだ?」と単刀直入に私に聞いた。だがこの証明はこれまで四十年間ずっと説得力を持っている。私たちの信頼性が一気に高まったのは、スティーブン・ホーキングがケンブリッジ大学で一九七八年八月末に、この証明について話し合うために招いてくれたときだった。

ホーキングに会う

私は喜んで受け、ケンブリッジに行く前にヨーロッパの数か所に寄る計画を立てた。パリ、ローマ、フィンランドにも招かれていて、ヘルシンキでは国際数学者会議で講演をすることになっていた。しかしこの旅行は困難だった。というのはイギリスの領事館が少し前に、私がアメリカのグリーンカード（永住ビザ）を持っていることから、香港の在留カードを保持できないと取り上げたからだ。そういうわけで私は無国籍になった。アメリカの合法的居住者ではあっても、私はもうどこの国民でもなかった。一九九〇年にアメリカ国民になるまでのこの期間、私は二つの国と二つの文化の板挟みになった、文字どおり国のない人間だった。その結果、外国旅行にはとんだ苦労がついてまわった。アメリカを離れるには事前に「ホワイトカード」を使って申請する必要があり、その適切な段階を踏まないと、帰国できなくなるのだった。

イタリアに入国するビザが取れなかったため、そのときはリストからローマを消さざるを得なかった。なんとかすると言った（そしてなんともしなかった）イタリアの領事に追加の「手数料」を払ったにもかかわらずである。次にイタリアに招かれたときも同じことが起こった。またしても領事に追加手数料を払ったが、ビザはもらえなかった。また別のとき、ウェールズで開かれるロンドン数学会で講演するようマイケル・アティヤから招待された。ロンドンの入国管理でホワイトカードを見せると、難儀が始まった。「イギリスに来た目的はなんですか?」と聞かれ、観光と答えた。すると「どこへ行く予定ですか?」と聞かれ、ウェールズ、と答えた。「なぜウェールズに行くんですか。観光に適したところでないのは疑いないんですけどね」と係官はしつこかった。オックスフォード大学の高名な教授で良き友のナイジェル・ヒッチンと一緒にウェールズに行くのだと説明すると、やっと質問が止まった。このときはこれでうまくいったが、ホワイトカードで旅をすると頭痛の種には事欠かない。

一九七八年八月のこの旅で、フランス、ドイツ、フィンランドに入国することができ、最後にイングランドに入ってホーキングとその同僚たちに会った。最初に立ち寄ったパリでは、ジャン＝ピエール・ブルギニョン、ニコラス・クーパーのほか多くのフランス人数学者にフランス高等科学研究所(IHES)で会った。

また、ストーニーブルックからIHESの客員になっていたブレイン・ローソンにも会った。彼に、シェーンと最近行った正質量定理の追加研究を説明した。その定理は正の(スカラー)曲率の多様体に関するもので、シェーンと私はその種の多様体の構造をさらに掘り下げていた。彼に話したのはとくに、幾何学的に類似している多数の三次元多様体を「手術」によって作る手順だった。この方法はもともとミルナーたちが開発したもので、どこか人間の臓器移植に似ていた。その基本的な考え方はこうだ。多様体、たとえば球の内部の部分を取り出して、ほかのもの——または別の場所の、場合によっては別の次元に埋まっている別の球——で置き換える。その際、多様体の正スカラー曲率は維持する。一般相対性理論ではスカラー曲率が物質密度に関連しているため、この最後の点が重要である。シェーンと私が証明したように物質密度は正でなければならないから、我々が住む宇宙のスカラー曲率も正でなければならない。

正スカラー曲率の（三次元）多様体二つ——たとえば二つの宇宙——をトンネルか橋でつなぐと、やはりスカラー曲率が正の、新たな三次元多様体（または宇宙）になることも私たちは示していた。私はこの方法をローソンに事細かに話し、前に彼と話したより一般的なプロセスと関連していることを説明した。

シェーンと私が書いた論文は一年後の一九七九年に比較的目立たない雑誌『Manuscripta Mathematica（マニュスクリプタ・マセマティカ）』で発表されたが、そこで概略説明した「手術」的アプローチが正スカラー曲率の多様体の研究における重要なツールになっている。そうした「手術」的技術がひとたび明らかにされると、多くのトポロジー的結果が続くことはよく知られている。私たちの論文ではそれらを研究しなかった。というのは、正質量予想と一般相対性理論全般における意味のほうに関心があったからだ。

一方、ローソンはストーニーブルックからＩＨＥＳを訪れていたグロモフと組んで、この種の「手術」的手法のトポロジー的結果について話し合い、私たちの論文の直後に『Annals of Mathematics（アナルズ・オブ・マスマティクス）』で論文を発表した。

当時、ＩＨＥＳの所長だった幾何学者クーパーが、彼と、前年に重要な発見をしていたコーネル大学の数学者ロバート・コネリーとの昼食に私を招いてくれた。コネリーは、「閉じた空間図形は引き裂かない限り変化しない」といった偉大なレオンハルト・オイラーが、一七六六年に提起した問題に取り組んでいた。そこで問題になるのは、三次元空間内にある閉曲面が「柔軟的」でありうるかどうか、言い換えれば、このような曲面がその内部構造を変えずに、したがってその形状を変えずに連続的に変形することができるか、だった。答えがイエスなら、その空間は柔軟的と分類されることになる。

この考えを説明するには簡単な例が役立つだろう。平らな紙を、円筒状になるまで徐々に巻いていくと、その過程の間じゅう面は変化する。しかし紙の幾何学は同じままである。なぜなら、紙が平らか巻かれているかにかかわらず、紙の幾何学はひとえに、紙上の点の間の距離と、面上に沿った二点間の最短距離が同じであるかどうかにかかっているからである。したがって、この例の紙は柔軟的ということになる。

一八一三年にフランス人数学者オーギュスタン＝ルイ・コーシーが、三次元の凸多面体の表面――すべての点が外側に膨らみ(完全に膨らませたサッカーボールのように)端で合わさる多角形の面でできている表面――は柔軟的ではなく「剛性的」であると指摘した。しかし、凹多面体(たとえば空気が抜けてぺしゃんこになったサッカーボール)は原則として柔軟的でありうる。

一九七七年にコネリーが、それ自体は固くて曲がらない三角形一八個からなる真に柔軟的な多面体の最初の例を発表した。二つの三角形が交わる多面体のへりはヒンジのように内側や外側に曲がることができる。前述の紙の例の場合と同様に、多面体の表面に沿った二点間の最短距離は、三角形の面の位置にかかわらず変化しない。こうしてコネリーの多面体は、二世紀以上前のオイラーの有名な問題提示以来、数学者を遠ざけてきた柔軟性の性質を満たす。コネリーはイズハド・サビトフ、アンケ・ワルツとともに後に、表面が変形しても多面体の体積がつねに一定であることを証明した。

彼は一九七八年にパリに、コネリー球という多面体のモデルを持って来た。クーパーはその物体にいたく興味を持って、ピエール・ドリーニュ(当時IHESにいた)とともに、後にそれを修正して一八面の折り曲げ可能多面体を作成した。

私たちの滞在中にクーパーはコネリーと私、それにアメリカ人数学者ケン・リベットをパリのアーティストたちとの会合に招いてくれた。私たちはコネリーのモデルを持っていった。仰天したことに、そのアーティストたちも折り曲げ可能な多面体をつくっていて、それらを彫刻作品に取り入れていた。正式に幾何の教育を受けたわけではないにもかかわらず、彼らの作品は幾何学への大いなる洞察を示していた。アーティストと数学者の動機はまったくといえるほど異なっているが、両者が各自の方法で美の追求に携わっていたのだ。美しいものを生み出そう、あるいは自然のなかの美を発見しようとする意欲は、職業や住んでいる国にかかわらず全人類に共通なのではないかと思う。

パリへの小旅行は私にとって貴重な体験だったから、IHESからは約二〇マイルも離れていた

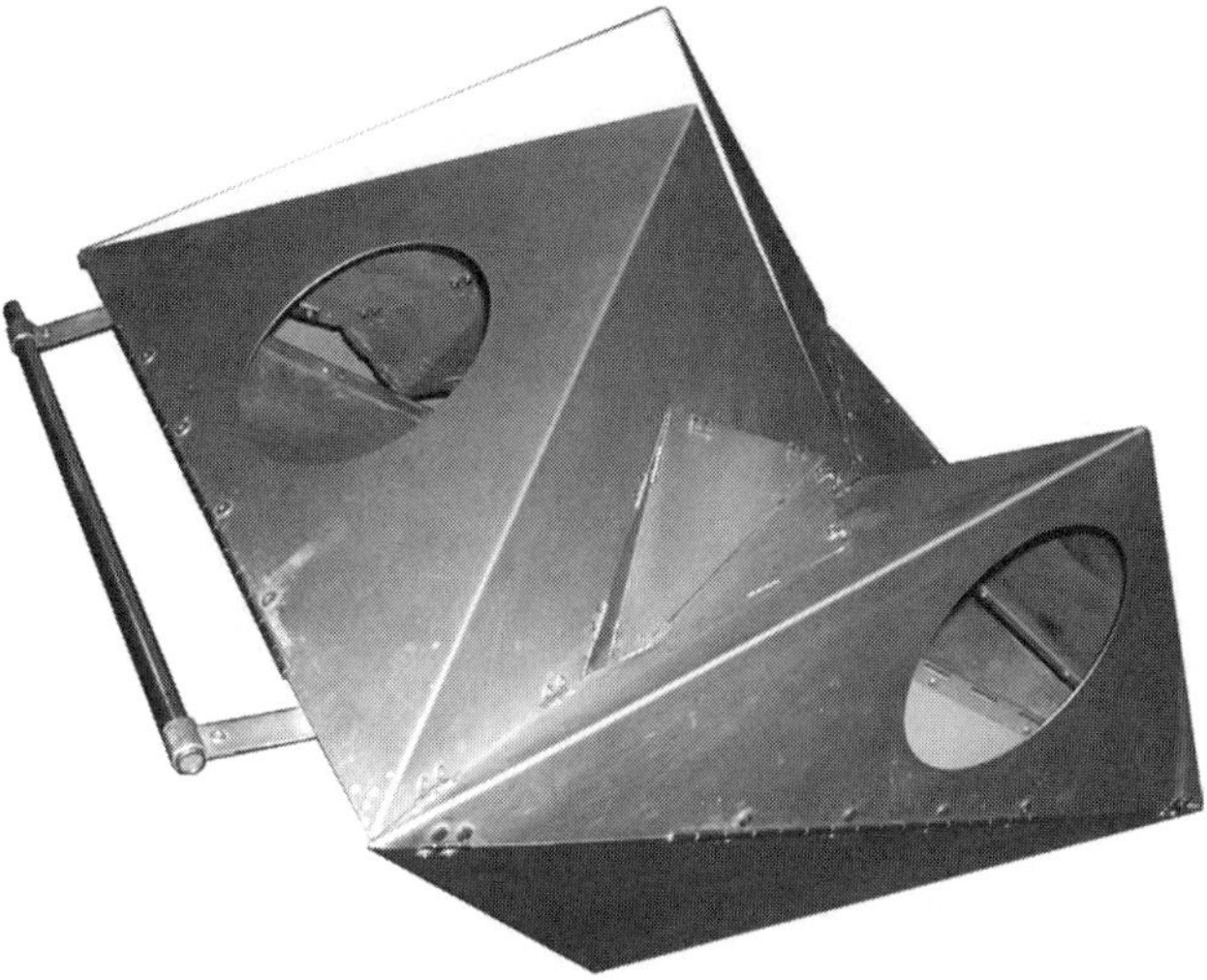

多面体はすべて剛性的であるという1760年代のオイラー予想に対して、1970年代半ばにロバート・コネリーが反例——折り曲げ可能多面体——を生み出した。この種の多面体は必然的に凹型であり、特有の幾何学的特徴を持っていなければならない。「コネリー曲面」のこのモデルはIHESで制作されたもので、コネリーの早期の研究に基づいている。その後、折り曲げ可能多面体のはるかに単純な例が発見された（この画像はジャン＝ピエール・ブルギニョンとIHESの厚意によりロバート・コネリーおよびサイモン・ゲストの近刊書『Frameworks, Tensegrities and Symmetry: Understanding Stable Structures』より転載）

ができるだけ多くパリへ行こうとした。ある晩、やはりＩＨＥＳにいたスタンフォードの大学院生と一緒にパリを散策していた。『ヒットラー』という映画を観るつもりだったが、フランス人数学者ベルナール・サン＝ドナにばったり会ったら、一緒にオペラに行こうと言う。ところが大学院生が、どうしても映画を観ると言うものだから、パリの素晴らしい芸能プログラムより映画（しかも狂気の悪人で残忍な暴君の）を選ぶような育ちの悪いアメリカ人二人にサン＝ドナはあきれ果てた。自己弁護のために言っておくが、私はその後パリの多くの優れた美術館に行ったし、パリにいるときはいつもそうしようとしている。

次に立ち寄ったボンでは、偉大な代数幾何学者フリードリッヒ・ヒルツェブルフから講演を頼まれた。私はヒルツェブルフの研究に敬服しているし、初めてチャーン類の理論を学んだのが彼の著書『Topological Methods in Algebraic Geometry（代数幾何における位相的方法）』からだったから、彼と過ごす機会ができてうれしかった。ボンにいる間にステファン・ヒルデブラントとウィルヘルム・クリンゲンベルクにも会って、二人と友だちになった。彼らは後に優れた学生を何人か私のところに送ってくれた。ドイツで、数学の歴史に満ちたほかの都市を訪れる機会も得た。カール・フリードリヒ・ガウス、ベルンハルト・リーマン、ダフィット・ヒルベルトほか数学界の巨人たちが生まれ育ったドイツの旅から、豊かな数学の伝統に感銘を受けて帰ってきた。

国際数学者会議（ＩＣＭ）のあるヘルシンキ行きの飛行機にフランクフルトから乗るつもりでボンから向かっていた列車で、やはりその会議に出席する予定だった日本の数学者、塩田徹治と隣り合わせた。話をする時間がたっぷりあって、漢字の話題になった。タイプライターを使えないことを論拠の一つとして、塩田は漢字が使い物にならないと言い張った。私が反対論を述べ、会話はときに白熱したが、つねにお互いの礼儀は忘れなかった。塩田に三五年後に東京で会ったとき、彼の考えが変わっていて、結局のところ漢字になんらかの価値があることを認めると言うのを聞いて、喜んだ。

一九七八年のその旅で初めてフィンランドを訪れた。そこで、国際数学者会議の本会議講演を行う予定だった。ラース・アールフォルス、ロバート・ラングランズ、ロジャー・ペンローズ、アンドレ・ヴェイユなど著名な人たちも同種の講演を行なう予定だったが、二九歳の私はおそらくそのなかで最も若年だっただろう。

会議が始まって数日後に、スタンフォードで恐ろしいことが起きたと聞いた。精神に異常を来した大学院生テオドール・ストレルスキーが数学者カレル・デレーウの研究室に入り、ハンマーで彼を殺したのだ。デレーウは好人物で三人の子の父であり、彼の研究室は私の部屋の隣の隣だった。彼が殺されたのは悲しく恐ろしいことで、会議に出席していた全員がその知らせにひどく動揺した。会議はもちろん計画どおりに続いたが、議事も悲しみに覆われた。

私の話は幾何解析というテーマの導入になるべきもので、当時、幾何解析の骨子は広く知られてはいなかった。このアプローチの背後にある哲学を論じて、その進展を図示し、非線形微分方程式が幾何学で果たすことができる重要な役割を強調するつもりだった。しかし、講堂がたいへんに広いのを知って、私の準備では不十分なことがわかった。黒板を使って教室向けのような話をすることを考えていたが、講堂の広さを見れば、黒板を使った話が問題外なのは明らかだった。私はスタンフォード大学に働きかけて、香港の私の出身中学高校の伝説的な生徒だった友人のユム゠トン・シウを就職させていたが、彼も講演を行うために国際数学者会議に来ていた。プリンストンの大学院生のときシウは、ジョン・ミルナーの特異点についての本に図を提供していたし、私の講演に親切にも絵を描いてくれていた。

また、数十年前にカナダに定住したアメリカ生まれの数論学者ビル・キャセルマンの世話にもなった。講演中に時間の経過を見て割り当てられた時間をオーバーしないように、時計を貸してくれたのだ。私のプレゼンテーションが終わると、キャセルマンがすぐに壇上に跳び上がってきた。講演にあまりにも興奮して、お祝いを言うか質問をするのが待ちきれなかったのかと思ったら、ただ時計を取り返したかったのだった。

何年かたって、この会議についての彼の鮮やかな思い出は、私の講演や彼自身の招待講演（「Jacquet Modules for Real Reductive Groups［実簡約群のためのジャック加群］」）とはなんの関係もなく、毎日私たちに朝食を出してくれた身長六フィート超のブロンドのフィンランド人女性だったことが判明した。

黒板を使った講演ではあったが、私の所見は出席者の一部を感心させたようだった。国際数学者会議終了後、ホーキングに会うためにヘルシンキからロンドンに飛んだ。飛行機のとなりの席には陣がいて、そのとなりにはコロンビア大学の有名な数学者リップマン・バースがいた。バースは、私の話は「会議全体で二番目に良かった」と、皮肉なお世辞を言った。いちばん良かったのはサーストンの「Geometry and Topology in Three Dimensions（三次元の幾何学とトポロジー）」だったという。ある一点において私はバースと同感だった。バークレー校で私のクラスメートだったサーストンの研究は、たしかに非常に重要だった。私が発表した研究についても同じ感想だったが、順位についてバースにとやかく言うことはしなかった。

私はホーキングと話をすることにわくわくしていた。彼はブラックホールの研究——とくにブラックホール（または「ホーキング」）放射についてのアイデア——のおかげで世界で最も有名な科学者の一人になっていた。ケンブリッジで迎えた最初の朝、ホーキングの教員用特別室の庭で会合した。ホーキングからは正質量予想についてたくさんの質問を受けた。もっとも、彼が長く患っている筋萎縮性側索硬化症（ALS）のせいで話が聞き取りにくかったので、学生が通訳する必要があった。

しかしホーキングは、そのとき三十歳代の半ばだったが、とてつもなくエネルギッシュだった。病気による着実な筋変性で動きはますます少なくなっていたが、頭は稲妻並に素早かった。こういう機会はあまり多くないであろうことを知っていたので、私はホーキングの負担にならない限り多くの質問をした。彼は優秀な学者であるだけでなくウィットに富んで魅力的であり、話し合いができたのをありがたく思う（二〇一八年三月のホーキングの死を、私は世界中の人びとともに悼んだ。彼は真に感動を与え、身体に障害があっても人がどれだけのことをできるか、またどれだけ充実した人生を送れるかを教えてくれた）。

シェーンと私はまず三次元で正質量予想を証明したが、一般相対性理論の時空は空間の三次元と時間の一次元からなる四次元であるという理由で、ホーキングはとりわけ四次元版の予想に関心を持っていた。ホーキングと彼の物理学の同僚ゲイリー・ギボンズは「ユークリッド量子重力」という新たな重力理論を研究しており、彼らのシナリオは四次元時空のエネルギーは正であるという土台の上に立っていた。したがってホーキングは、シェーンと私がもともと考え出したような理論が高次元でも成り立つかどうかを知りたがっていた。

その質問に即答できなかったが、少し修正したアプローチでうまくいくだろうという希望を持っていた。スタンフォードに帰ってからシェーンとこの問題に取り組み、数か月たたないうちに四次元の正質量予想を証明していた。その結果を喜んでホーキングに知らせた。

シェーンと私は、ホーキングとロジャー・ペンローズが一九六〇年代終盤から一九七〇年代初めにかけて行った研究の追跡研究も開始した。ホーキングとペンローズは一連の論文で、一般相対性理論において特異点――重力、曲率、物質密度のすべてが無限大に近づく、ブラックホールの中心のようなところ――を生み出すことができる状況について詳細に述べていた。ホーキングとペンローズは幾何学的に考えて、「捕捉面」と呼ばれる特殊な面が、ちょうどこのような特異点につながるだろうと証明した。捕捉面とは、いわゆる「壁」の面積がゼロになり、曲率が無限大になるにつれて急速に近づく崩壊面のことである。

シェーンと私はこれを一歩進めて、まず捕捉面を生じさせる条件を解明しようとした。その結果――ホーキングとペンローズが使ったのとは種類は違うが、やはり幾何学的に考えて――捕捉面は密度が中性子星（ほとんど中性子だけでできているのでそう呼ばれている）の二倍である領域で自動的に形成されることを明らかにした。宇宙に存在するなかで最小で最も密度が高いことが知られている中性子星の密度は、水の百兆倍超である（ほかの言い方をすると、小さじ一杯の中性子星の材料の重さが十億トン超――ギザの大ピラミッドの重さの約五百倍である）。

私たちの結果にホーキングとペンローズの以前の研究結果を組み合わせると、ブラックホールが厳然として出現する条件がはっきりする。言い換えれば、ブラックホールは存在するに違いないことを数学によって証明し、しかもブラックホールが観測で確認される前に行ったのだ。宇宙物理学では現在、ブラックホールは非常にありふれたもので、ほぼすべての大きな観測銀河の中心に巨大なブラックホールが潜んでいると信じられている。こうしてブラックホールの存在を証明したことは、私の考えでは幾何学によって我々の宇宙を理解したという意味で重要な貢献である。

この研究を仕上げていたとき、私はスタンフォード大学の近くに買った小さい家に住んでいた。そこに母がやってきて同居した。一方妻は、ラホヤにあるフィジカル・ダイナミクスという小さい会社に就職するためにサンディエゴに引っ越したばかりだった。ロサンゼルスの家を売って、サンディエゴから北へ約二〇マイルのデルマーで家を買い、そこにユーユンと彼女の両親が住んでいた。別々の家にそれぞれの親と住むとは変わった暮らしに思われるかもしれないが、中国の家族にとってはそれほどおかしなことではなかった。

これまで触れていなかったが、私がバークレー校を離れたのは円満というわけにはいかなかった。陳は私が終生そこにいることを望み、そのこと自体は光栄でもあり大きな厚意でもあった。私が正しいことをした場合、つまりバークレー校に残った場合、彼の後継者に任命すると陳は言った。

当時、陳、シンガー、カルバン・ムーアの三人はバークレー校にアメリカ国立科学財団（NSF）が資金を一部提供して新しい数学センター、数理科学研究所（MSRI）を創設するという壮大な計画を立てていた。しかし、それにはプリンストン高等研究所からの抵抗をかわさなければならなかった。なぜなら高等研究所のお偉方は、NSFから資金面の支援を受けてその種のセンターが建造されるのであれば、それは最良で最もふさわしい環境、つまりプリンストンにおいてだろうと思っていたからだ。それを実現するために高等研究所の職員たちが多方面で強力なロビー活動をしていた。シカゴ大学のソーンダース・マックレーンもセンターを誘致しようと張り合って総力戦になっていたが、陳、シンガー、カルバン組が最終的な勝者となった。こうしてバークレー校立数理科学研究所は一九八二年に正式に開所した。陳が初代所長になり、私がバークレー校に残ったら、十中八九、あとを継ぐことになるだろうと彼は言った。

しかし、ことはそうはならなかった。それは私にぴったりの仕事ではなかったからで、私はまだエネルギーを数学の研究に集中していたこともあり、管理業務、つまり大規模な数学センターの運営または運営補助に関わる政治的駆け引きには、ほとんど食指が動かなかった。そのうえ、バークレー校には大きな数学科があって優秀な研究者を大勢抱えていたが、非線形偏微分方程式と幾何学に私と同じ格別な興味を持つ人は多くなく、なによりシェーンが講師職を終えてクーラントに行くことになっていた。私は、当時ミネソタ大学にいたレオン・サイモンをバークレー校で雇うよう提言したが、数学教室の関心と異なるので、それはできないと陳に言われた。

陳との決別

一九七八年の春に、私は共同研究をするグループがいるほうが良い仕事ができると思うが、バークレー校の人たちはほかのテーマに関心を持っているため、ここには残れないと陳に丁寧に言った。スタンフォードの快適な環境では研究も学生の教育もしやすかった。バークレー校ではうまくいくとは思えず、その結果、生産性も下がりそうだった。

陳は私を怒鳴りつけた。彼が誰かに怒鳴るのを聞いたのは初めてだったが、彼の庇護を受けて私がどれだけ恵まれていたか、彼の支援と保護がなければ、数学界における私の立場はまったく違うものになっていただろうと彼は言った。一方、バークレー校に残れば私は陳の恩恵を受けて彼のあとを継ぎ、数学界のリーダーになるだろうとも。

陳が私のためにしてくれたことすべてに感謝していたし、間違いなく彼は私のために多くのことをしてくれたから、ノーと言うのはつらかった。それでも私は、人をリードしようとすることより自分自身の研究を追求すること――どんな影響もテーマそのものの研究を通して受けることに関心があった。そしてそれが、陳と私が根本的に違う点だと思った。六十歳代の終盤にあって功成り名を遂げていた陳は数学界の発展を上から形づくろうとして、権力の上層から采配を振るっていた。私のほうは二十歳代の終盤でその種のことにはあまり関心がなく、代わりに最下層で――というより紙レベルで、好みの道具である鉛筆（またはタイプライター）を使って名を上げたいと思っていた。

バークレー校を去ると陳に三度言ったが、彼は信じようとしなかった。彼を悲しませたくはなかったが、数か月にわたって頭のなかで行きつ戻りつした末に、立ち去ることに決めた。

陳との問題はその時点から本格化した。もっとも、彼の取り巻きの一部がすでに、私たちの間にトラブルを引き起こそうとしていたのも感じていた。数か月前のディナーの席で、ウー＝イー・シアンが、陳に、最近の中国旅行について聞いたのを思い出す。私の記憶では、シアンは陳に、「カラビ予想を証明したヤウが数学で先生を超えた、と中国で話されましたか」と聞いた。陳はショックを受けて真っ赤になった。私がわざわざそんな話を仕向けたとみんなに思われたのではないかと思って、私も当惑した。これは、ある人たちが陳が私に敵対するように繰り返し仕掛けたことの一例で、結局うまくいった作戦だった。

一九七八年秋のスタンフォードに話を戻すと、そこに着任したばかりのユム＝トン・シウと一緒に研究を始め、二人で複素幾何学の重要な問題、フランケル予想を解いた。私たちの証明は偏微分方程式によるものだったが、日本の森重文がその予想をより一般的な形で独自に証明した方法は、もっぱら代数幾何学を使っていた。シウと私は当時はうまくいっていたが、彼は極端に競争心が強く、その競争心が結局、私たちの関係に大打撃を与えた。

その頃を振り返ると、私はあちこち動き回っていた。一九七九年の三月末と四月初めに、ピーター・リの計らいでシウ・ユエン・チェン、シェーンと私はハワイでの会議に出席した。学会のなかには美しい場所で過ごす口実になるものがあると言っても、重大な秘密の暴露にはならないだろう。私はテーマ(「Geometry of the Laplace Operator[ラプラス作用素の幾何学]」)に大いに興味があったが、同時に五十番目の州で時間を最大限に活用しようとした。会議があったオアフ島で楽しさいっぱいの四日間を過ごしたあと、壮観なカウアイ島の観光に行った。シェーンは空き時間に石を投げてヤシの木からココナツを落とす高度な技術を習得したが、ココナツが落ちてからそれを開くのが大変だった。トポロジーの豊富な知識は残念ながら固い表面を突き通すのにあまり役立たなかった。この場合は、方程式をなたと交換したほうが、うまくいっただろう。

帰りの旅はユナイテッド航空のストライキで遅れたため、一緒に賃貸アパートに数日間余計に滞在した。ある晩遅く、泥棒が押し入ろうとしたが、チェンが言うには私の大いびきに恐れて逃げ去った。

ストライキが終わってホノルルからボストンへ飛び、ハーバード大学で正質量予想について話をした。私はMITの微分幾何学者リチャード・メルローズの家に泊まり、三十回目の誕生日をともに祝った。私の誕生日はまだ数日先だったが。それからサンディエゴに飛んで、実際の誕生日である四月四日を妻とともに幸せに祝った。

その先にいくつか大きなことが迫っていた。一九五七年から高等研究所の教授だったスイスの数学者アルマン・ボレルから、一九七九年の秋から八〇年の春まで高等研究所で行われる幾何解析の「スペシャルイヤー」を企画するよう頼まれていた。それは私にとって、幾何解析を実際に始動させるのに必要な主要人物を集めるチャンスだった。だが適切な人材を集めるだけの話ではなく、最大の成果が得られるイベントの組み立ても考えなければならなかった。この年間シンポジウムを運営するのは私にとってとてつもなく大きい機会だろうが、すべての物流が関わるので大計画が必要だった。もちろん、私の準備はすでに始まっていた。

中国への帰郷

しかし一九七九年はもう一つの理由でも特別な年になった。中国がちょうど外の世界に開かれ始めたころで、高名な学者、華羅庚——私の指導教官だった陳と長年の確執の最中だった——から、北京の中国科学院数学研究所で五月の終わり頃から連続講義をするよう招待されたのだ。私は三十年前の子どものとき以来、中国に行っていなかったから、それは重要な機会になりそうだった。だがこの帰郷の旅は私一人ではなく、同じように久しぶりに故国に帰る大勢の国外居住者と同行することになった。

幾何解析の年間ワークショップのために高等研究所に向かう前に、八月に中国で数週間過ごすことになった。北京に着陸したとき、私はあまりにも興奮して、飛行機のすぐそばでかがみ込んで地面に触れた。中国にいたという実際の記憶はなかったとはいえ、私の人生で中国は巨大な存在だったから、それは私にとって強烈な瞬間だった。

中国科学院で幾何解析などのテーマについて数回講義をし、時間があるときに北京とその周辺の観光をした。万里の長城、紫禁城、頤和園《いわえん》、その他多くの、見たことはないがぼんやりしたイメージを頭のなかで作り上げていた名所を全部見ようとした。この旅行ではたしかに感情をかきたてられたが、すべて幸せなわけではなかった。中国ではほとんどの人がまだ貧しく教育も受けていなく

上｜1979年、北京空港に着陸。子どものとき以来、約30年ぶりの中国
下｜北京の頤和園にて（1979年）

て、生活はきわめて困難だった。私は名士として扱われたものの、その事実を無視することはできなかった。

科学院での私の講義は無事に進んだが、北京で不愉快な経験をした。ことの始まりは、以前、呉文俊と共同研究をしていた数学者の訪問だった。呉は代数的トポロジーで開発した「呉クラス」なるもので多少の名声を得ていた。陳の弟子だった呉は華と対立する立場に強く同調していた。呉と華の争いによって中国科学院での数学のカリキュラムが分裂していた。呉は当時、華が創立所長だった数学研究所とはまったく別の、科学院数学研究センターであるシステム科学研究所をつくる途中であった。呉は純粋数学者、トポロジー研究者であって応用数学の知識はほとんど持っていなかったので、私には奇妙なことに思われたが、それだけに華と彼の間の亀裂がどれだけ顕著だったかを示していた。

呉の以前の教え子は私と会っていたときに、自分の研究論文を見せた。それをつぶさに読み通す時間はなかったが、不用意に良さそうだと言った。すると呉が中国の副首相宛に、彼の教え子が重要な研究をしたから国の賞を与えるべきだとヤウが言ったという報告書を送った。華の同僚の一部は呉の弟子が――おそらく私の助力で――その賞に選出されたのだと思って気分を害した。彼らは私の友人でスタンフォードでの同僚シウに、ヤウに聞いてみてくれと頼んだ。私がお墨付きを与えたかのような間違った印象を正す手紙を副首相に書いたほうがいいとシウは私に助言した。この対立にもっと深く関わるのは気が進まなかったが、最終的には、私の意見ではその研究は大きな賞に

上｜中国蕉嶺県で親戚および町の人たちと。前列左から4番目が著者（1979年）
下｜中国蕉嶺県の先祖伝来の家の前で地元の人たちと（1979年）

値するものではないという手紙を書いて、関わりを深くしてしまった。この手紙が政府高官の手に届くように正式な手順を踏まなければならなかった。その教え子は情勢の変化に落胆し、一年後にこの件について緊張をはらんだ会話をすることになる。

　私が中国に行く前に、チー＝コン・ルーという華の以前の教え子の一人が、中国で何をしたいかを聞いてきた。最初はよくわからなかったので、何人かの友人に相談した。「当然、お父さんの故郷へ行って祖先の墓参りをすべきだ」と中国生まれの同僚が言った。そこで父が生まれ、父の先祖たちが八百年前頃に住んでいた蕉嶺県《しょうれいけん》の村に行きたいとルーに話した（さかのぼれた範囲では、私ときょうだいたちは蕉嶺県のヤウ／キュウ家の二三代目だった）。控えめな要望だと思ったが、その小旅行は言を左右にして渋られた。まずその都市は地図上にないと言われた。それから、もう存在しないと言われた。次に、私たちは防衛上の理由でそこには行けないと中央政府から連絡があったと言った。なぜかはわからないが、はぐらかされているようにも感じた。私はただ、友人の助言どおりに先祖の故郷を訪ねたいだけで、無理な要求ではないと思っていた。

さんざん待たされたあげく、ついに王という科学院の数学教授に伴われて蕉嶺県に行くことが許可された。私たちは目的地に行く前に中国南部の人気のあるリゾート地、桂林に寄った。桂林での川クルーズで、絶景を大いに楽しんだ。なかでも注目すべきは奇妙な形の岩山が地面から突き出て、岩の急斜面には豊かな緑色の草木が生い茂っているカルスト地形だった。

王は感じの良い道づれだったが、手配はうまくはなかった。私は中国の「名誉ある賓客」だったから、彼よりずっと良い部屋に泊まらなければならず、外へ食事に行くときはいつも別々の席に座り、ずっと良い食べ物を出され続けた。おかげで私は、きわめて気前よく遇されたにもかかわらず、落ち着かない気分だった。

桂林のあと広東に飛んで、夫が地元の大学の教授だった父のいとこに会った。ほかの人たちの助けを借りて、彼女とその夫は私のために宴会を開いた。ごちそうはすべて、広東人が料理方法を知っているヘビ料理――ヘビスープ、ヘビフライなど――だった。人生初のヘビディナーだったが、当初の吐き気を克服してみると、ことのほか美味だった。

そのあと主催者夫妻から、そのあと何度も繰り返されることになる願い事を聞かされた。息子がアメリカの大学に行く手助けをしてほしいというのだった。私はその子を知らず、優秀な学生ではない者をスタンフォードに送りたくはなかったので、最初は躊躇した。彼らの息子の能力を見るためにちょっとした検定試験をしたところ、感心しなかった。そこで知人の監督の下で半年間、北京で勉強するよう手配した。成績が良ければスタンフォードへの入学を推薦すると約束した。

かなり公正な申し出だと思ったが主催者夫妻はこの提案では納得せず、別のつてを見つけて息子をアメリカに送ったところ、そのうち偶然にもリック・シェーンの教え子になった。しかし私の考えでは、この青年は立派な数学者にはならなかった。そうなる可能性はあったのだが数学の学習にそれほど熱心ではなかったからだと思う。それは文化の問題だと思う。多くの中国人学生は大学院で学習を最優先としない。これらの若者の多くにとって、お金が第一目的で、数学の学習はせいぜい二の次である。彼らは数学的には小さいことに集中して論文で発表できる結果を得ることを、キャリアアップと昇給のステップにしようとしていた。

この旅行とその後の中国旅行で、若い数学者、または数学者になりたい若者に会ったが、彼らは適切な教育と、思うに適切な動機も欠いていた。たとえその学生が資格検定試験に通らないだろうことが私にわかっていたとしても、そうした学生をすぐにアメリカの大学院に推薦しないと、怒る人が多かった。その種の出合いにはうんざりしたが、要望は続々とやって来た。

王と私は広東から母が生まれた梅州市にバンを走らせた。その夜は何人かの親戚に会って翌朝蕉嶺県に向けて出発した。未舗装の道の走行に約一時間半かかった。しかし、道は新しいと思われる黄砂で覆われていて、やや奇妙な印象を受けた。『オズの魔法使い』の探検者たちにとって、「黄色いレンガ道」を進むことはドロシーたちを導くテーマだったが、今回、私たちは黄色い砂道を進んでいたわけで、それまでそういう道路を見たことがなかったので当惑した。

数年後、そのミステリーの真相にたどり着いた。新たに黄砂が積もった道路は新品だった。まさに私の訪問のためにつくられたのだ！　誰かが私のためにわざわざそんなことをしたとは申し訳ない気がした。一般的にはそんなに大物ではない、微分幾何学というごく一部の人たち以外ではほとんど知られていない三十歳の中国系の男子のためにだ。だが私が蕉嶺県に行きたいと最初に要望したときあれほど抵抗され、長ながと引き延ばされた理由がやっとわかった。誰かがどこかで、大通りができるまで留め置こうとしていたのだ。

町はまったくもって旧式だった。ホテルはなかったが、ほんの少し前まで便利な道路が通っていなかったことを考えれば無理もなかった。私は来客用宿泊施設に泊まったのだが、そこは来客より蚊のほうがずっと多かった。ベッドに蚊帳がかかっていたが、それはただ蚊を近くに留まらせるのに役立っただけだった。私は一晩中、ブンブンいう音を聞き攻撃されて過ごした。家のすぐ外の鐘が午前五時に大きな音で鳴り、近隣のすべての人を起こしたが私は別だった。私はすでに起きていて、夜もほとんど眠っていなかったから。

翌日は祖父とほかの先祖たちが埋葬されていた墓に参った（父は香港に埋葬されていた）。次に、父が生まれ、父と母があるとき住んでいた家を見た。それは劣化してドアがほこりだらけ、もっと正確にいうと泥だらけだった。

この旅行中、多くの親戚が合流してきた。知らなかった人たちだったが彼らを昼食に招くことを期待しているという印象を強く受けたので、そうした。彼らが私に敬意を表して牛を殺し、私が三百元払ったが、大した額ではなかった（当時でたった一四ドル程度）。当時の中国では、牛をすぐに殺すことはできず、牛が身体障害になったと言って初めて殺すことができた。食べる段になると、私は肉を一切れもらったが、それは混じり物のない脂の厚切りだった。それは最高部分と考えられていて、そこでは私が最重要人物とみなされていた（おまけに費用も払っていた）から、私がもらったのだ。控えめにいっても食欲をそそらず、少しつついてみたものの、どうしたらいいかわからなかった。

大勢の子どもが裸足で走り回っていた。子どもは自由に走ることを許されるとよろこんで走り回るものだから楽しそうに見えたが、彼らの衣服は貧しく健康状態もいいとは思われなかった。牛の代金を払ったあとでポケットに二百元あった。私は親類に一人十元ずつあげ始めたが、人がもっと現れたので五元に減らし、さらに一元に減らし、最後は手元に何も残らなかった。他者より多くもらった人もいれば何ももらえなかった人もいたため、村人たちの間にけんかが起きた。人びとはほかにも多くの援助を要望したが、そのほとんどは私が応えられないものだった。そしてそれが、さらなる恨みを招いた。

結果的に、この記念すべき帰郷は私が期待したものとは違っていた。理由の一つは、中国の田舎の生活を頭のなかで美化していたのに対して、現実は違って、実際に見たのは貧しく生活に悪戦苦闘しているわびしい国民だった。また、親類を重要視しすぎ期待しすぎる中国文化に困惑した面もあった。苦難のときには親類が助け合うことができるから、この伝統にもなんらかの利点があるのは確かだが、その方向に振り子が振れすぎることがあり、しかもしょっちゅうある。

アメリカでは不可能なことがある。つまり多大な要求をしてはいけないことがあるのを多くの人が知っている。しかし中国では、その抑制がきかないと私には思える。それが可能か、道徳的かどうかにかかわらず、親類に頼まれたことはなんでもする義務があると多くの人が思っている。蕉嶺県に旅行したときの一族の間でも学問界でも、過大な要求がされるのを数え切れないほど見てきた。その種の気質に私も何度となく遭遇したが、その考え方が依存性の文化を生んで中国社会とその多くの機関にも問題を起こしてきた。主導権を握らず、自分ですべきことを他者がしてくれるのを待つ人が多すぎる。

私は複雑な思いでアメリカに戻った。とうとう中国を見られたこと、そして生まれ故郷の土を踏めたのはうれしかったが、その経験はいくらか幻滅だった。西洋では一般的な生活・教育水準に故国が達するのはまだまだ先なのを私は見た。粛正と大量殺戮が蔓延し、想像を絶するほどの大混乱があった文化大革命が終結した数年後、中国経済は不況だった。何千万人もが死亡した大飢饉が起きてから二十年足らずで、アメリカの人びとはまだ「中国の飢えた子どもたち」の話をしていた。そのキャッチフレーズはしばしば、食べ物を無駄にするな、野菜を食べなさいという忠告としてしばしばアメリカの子どもたちに向けられたが、中国が直面している多岐にわたる問題に向けられた言葉でもあった。

課題は手ごわく圧倒的で、（当時）人口が十億人近かった国をうろついている一介の人間に何ができるかの手がかりもなかった。それでも私は少しでも助けになるように、持てる限りの影響力を使って貢献する方法を見つけられるという希望を持っていた。大洪水に対する一指だとは思うが、十分な人の十分な指が集まれば、重要な手が打たれて重要な成果が得られるまでの間、洪水を留められるかもしれない。

「姉を称える詩」

仲良しのきょうだいが
緑の野原を向こう見ずにはしゃぎ回り
本と偽の刀を持って丘を駈け登り
手を取り大声で歓声をあげた

その後たった一～二年でその幸せなときが

素っ気なく変わると誰が知ろう？
父歿す。兄が病気になり
私たちは長い困難な日々に耐えた

愛情深い母が荷を負う間
姉シンユエの思いやりは限りを知らず
つねに自分より弟妹の未来を思ううち
病にたおれた

誰も涙をこらえられず、こらえようともしなかった
私たちは金属と石ではなく血と肉でできているのだから
振り返って悔やまない日は一日もなく
昔日の友好を止めた悲しいできごとを嘆く

――シン＝トゥン・ヤウ、二〇〇七年

「恩師を訪ねて」

早春、バークレー校の緑に覆われた丘の斜面から
いつか何度も訪れた中庭を通り過ぎる
上からの眺めは今も変わらず比類なく
見なれた景色が懐かしい思い出をどっと解き放つ
盛大なディナーと歌の時間、笑い声、ゲーム
すべて親切な主催者夫妻の心づくし

眼前の湾と側面に届くうねりを見るにつけ
昔日の大志を思い出す。実現したものもしなかったものも
ずっと師の優しさと指導を多としてきた
我が大志は決して弱まらずとも
年齢によって見る目ができた

――シン＝トゥン・ヤウ、二〇〇七年

第7章
スペシャルイヤー

二つ以上の作用の相互作用でインプットの合計より大きいアウトプットが出るとき、あるいは一つ一つの作用だけではどうしても達成できなかった結果が出るとき、相乗作用が発生する。相乗現象は自然界のどこにでもある。たとえば水素原子二個と酸素原子一個が結合するとH_2O、つまり水になる。水は地球表面の七一パーセントを覆い、生命そのものを維持するなど、個々の成分にはない魔法の性質を持っているようだ。ハチやアリの集団は協力して、一匹ではできない仕事を成し遂げることができる。個々のニューロンに大したことはできないが、一千億個のニューロンが百兆個のシナプス結合でつながれば、まとめて人の脳になり、人類がつくったハイテク機器がまねできないどころか近づけもしないことができる。

相乗作用は人の相互作用でしばしば発生する。たとえば一六〇〇年代半ばのニューアムステルダム（植民地時代の都市で、のちにニューヨークと改名された）で消火のためにバケツリレーが行われた。およそ三五〇年後、私はプリンストンで集まった知力を結集して、おそらく生きるか死ぬかの緊急性は少ないものの知的にはもっと厄介な、幾何解析の問題に取り組みたいと思っていた。

数学のとびきり画期的な発見は単独または小グループで成し遂げられたことを歴史が示している。重要な問題が、宿題のように責任を小分けした委員会によって解かれることは、あったとしてもまれである。にもかかわらず、異なるが重なっている数学分野の研究をしている優秀な人たちを集めてアイデアの交換を促進する一方で、その人たちの時間をつぶさずに各自の関心分野を研究する場所と資源を提供することに、価値があると信じている。私の研究はつねに、そうした環境から恩恵を受けてきたし、一九七九年九月から一九八〇年四月までの八か月間が、結果的に刺激的で重大な時期になる可能性が十分にあると感じていた。プリンストン高等研究所での幾何解析「スペシャル」イヤーが、名前負けしないスペシャルなものになるように、できることはなんでもやろうと考えていた。

多数の傑出した研究者を招待したところ、ほとんど全員がプログラムのなんらかの部分に参加した。参加した中心人物はエウジェニオ・カラビ、シウ・ユエン・チェン、リック・シェーン、レオン・サイモン、カレン・ウーレンベック、ジャン゠ピエール・オービン、ジャン゠ピエール・ブルギニョン、ロバート・ブライアント、ドリス・フィッシャー・コルブリー、ピーター・リなどだった。アンドレイス・トライバーグスなど私の大学院生も何人か来たし、高等研究所のフィールズ賞受賞者エンリコ・ボンビエリも参加した。チェフ・チーガー、ステファン・ヒルデブラント、ブレイン・ローソン、ルイス・ニーレンバーグ、ロジャー・ペンローズ、マルコーム・ペリー、ユム＝トン・シウなど、短期間の訪問者もいた。

アルマン・ボレルが言うには、これは高等研究所が開催した数学最大のスペシャルプログラムだった。彼はこのワークショップを監督する高等研究所の教員だったが、ほとんど私に好きなようにやらせてくれた。そこで一週間に三つのセミナーをやることにした。それぞれ微分幾何学、極小曲面、一般的なテーマに関するもので、一般相対性理論（ペンローズと、スティーブン・ホーキングの元教え子ペリーなどが座長）と数理物理学の他の分野に重点を置いた。「数学者と物理学者による協力のレベルはおそらく高等研究所の創設以来一番」だとボレルは言った。

講演者のほぼ全員を招待していたが、その多くがスペシャルイヤーにすでに参加していた。まさに私の望みどおり、この催しの間にアイデアがじゃまされずに自由に行き交った。人びとは、そうしなければならない圧力を受けたからではなく、テーマに熱中したから精を出す気になった。その年に完成した研究のすべてに私は満足し、その多くがこのイベントのセミナーで発表された。私は皮切りに幾何解析を概説した。カラビはケーラー多様体――彼の名にちなんで名づけられた予想（カラビ予想）の中心にある空間――に関する最新の研究について話をした。ブルギニョンとローソンはヤン－ミルズ理論の幾何学的側面をいくつか検討した。そしてペンローズは、幾何学者にとって格別の関心と関わりがある古典的一般相対性理論で未解決の問題いくつかについて論じた。一方、シェーンと私はもともとのポアンカレ予想のバリエーション——リッチ曲率が正である非コンパクト面（すなわち多様体）に関するもの——を証明した。

そこにいた全員にとって、もちろん数学がおもな優先事項だったが、楽しみのための時間も確保して、今ならワークライフ・バランスとでもいうものを生み出した。それは元気づけはもちろん全体的な生産性にも役立ったと請け合う。たびたび外食に出かけたし、毎土曜日の午前中には集まってバレーボールをした。卓球もした。ボンビエリは私よりずっと上手だったが、サイモンにはかなわなかった。ボンビエリは負けるたびに新しい言い訳を考えついて、敗北の罪を腕痛、手首のコリ、その他の故障に着せた。

中国科学院数学研究所の副所長（所長は華羅庚）チー＝コン・ルーがスペシャルイヤー中の数週間、高等研究所に来た。彼は複素関数論の分野で特筆すべき貢献をいくつかしていた。華の優れた教え子の一人であるルーは残念なことに、華と陳の争いを長引かせる役割も果たしていた。しかしルーは一九七九年に私が中国へ「帰郷」した際の段取りに尽力してくれたことから、お返しにニューヨークを案内したいと思った。「街に出る」ことに私より詳しいチェンとシウがその案内役を先導した。

四二番街を歩き回り、ルーを『オー！　カルカッタ！』の舞台公演に案内した。それは多くの場で裸の男女が、衣服から自由になったときに一緒にしそうなことを見せるものだった。その種の公然陳列は中国本土では聞いたことがなく（アメリカでも当時はある程度の議論を巻き起こしていた）、ルーが気を悪くするのではないかと心配した。だが、彼がそのブロードウェイのロングラン公演をいたく楽しんだことを知って、安心すると同時に驚いた。

ふだんは真面目な高等研究所の数学科でも大きなパーティが開かれ大量の飲酒とダンスがあったが、聞いた話では、最高のパーティは偶然かそうでないのか、私の二寝室のアパートで私の留守中に開かれたものだった。結局、いわゆるボスがいないとき、人は羽目を外すのだ。

一九七九年秋には講演を頼まれてコーネル大学へも行った。高等研究所のスペシャルイヤーに参加しなかったが「リッチフロー」に関するきわめて興味深く意欲的なプロジェクトに取り組んでいるコーネル大学の数学者、リチャード・ハミルトンをぜひ訪ねたいと思っていたからだ。幾何学でフローとは、空間や表面の形状を少しずつ連続的に変形することを対象とする。たとえば、しぼんだバスケットボールをポンプを使ってゆっくりと、ほぼ完全な球に変形させることができる。あるいは、同様なことを数学では、微分方程式――(たとえば無限小の場合)基本的に漸増する変化に関する方程式――によって形状を変形することができる。ハミルトンが開拓した手法であるリッチフローは、複雑な空間と曲面の大域的な不規則性をなめらかにして、全体的な形状をより均一にする方法である。しかし、このプロセスは局所的な不規則性を生み出す可能性があり、リッチフローの主要な課題は、その不規則性が出現したときにそれを把握し、対処法を考え出す、または第一に発生しないようにすることである。

これは魅力的なアイデアだが、ハミルトン方程式と呼ばれるようになった微分方程式は、扱うのが非常に難しかった。私は最初、困難をどう克服すればこの方法を真に役立つようにできるのかわからなかったが、ハミルトンはびくともせずに続く数十年間自分の課題と向き合い、目覚ましい進展を遂げた。私は何年間もこの研究に注目し続けていたが、彼と連絡をとって私の大学院生とポスドクたちが定期的に彼とともに研究するように計らった。

最優秀カリフォルニア州科学者賞に選ばれる

一九七九年の春には高等研究所で進行中のスペシャルイヤー企画のほかにもいくつかできごとがあって、私にとっての「特別な」年になった。「今年の最優秀カリフォルニア州科学者」に選ばれたのだ。賞創設後二十年余で初めての数学者で最年少の受賞者だった。彼がスタンフォードの大学院生だったとき多くの時間をともに過ごした友人マイケル・スティールが、授賞式用にタキシードを借りるより買うよう強く勧めた。今後、これを初めとして重要な賞を次々に受けるだろうと彼は言った。彼の助言に従ってタキシードを買ったものの、二〜三回着たところで太ってしまって、もう着られなくなった。

当初、この科学者賞についてはそれほど舞い上がってはいなかった。それまでその賞のことを聞いたことがなかったからだ。小さい選考委員会の決定など、人の研究の価値に関係しないとスティールに言ったくらいだった。真の判定を下すのは歴史だけだと(たぶん、いささか偉そうに)言った。

片や、カリフォルニア在住のいとこたちと一緒に授賞式に出席した母は受賞に狂喜していた。それによって私も幸せになった。なにしろ母は長年働きづめで私を育てて、いくらか名を挙げられそうな地位にまでしてくれたのだから。

一九七九年の遅い時期にもう一つ、注目すべきことがあった。ボレルが思いがけず私の研究室にひょっこり入ってきて、ハーバード大学がまもなく私に仕事をオファーするだろうと言った(実際、そのとおりになった)のだが、すぐには受けられなかった。高等研究所からもオファーがありそうだったからだ(それも、そのとおりになった)。また、香港の友人たちから翌年、香港中文大学から私に名誉学位が与えられるだろうと聞いた。私は母校の大学から学士号を受けていなかったから、それは歓迎すべき知らせだった。

しかし、香港からのほかのニュースは悪いものだった。約十年間、脳腫瘍と闘っていた兄のシン＝ユクの容態が悪化したのだ。彼は食料品店で働いていたが、容態が悪化し始めて入院せざるを得なくなった。X線スキャンで脳の中心部深くに腫瘍が見つかり、外科医は治療法を知らなかった。私は十二月に見舞いに行って香港で二週間過ごす間に、彼が受けている(またはこれから受ける)治療を見ることができた。

兄も私も、担当医に満足していなかった。私たちが気に入った外科医に担当医がカルテを見せるのを拒んだので、兄をアメリカに連れていって治療を受けさせる決心をしたのだが、それは、言うは易く行うは難しだった。シン＝ユクの最初のビザ申請は却下された。高等研究所の事務局に助けを求めたところ、ニュージャージー州選出の下院議員に口利きを頼んでくれたのだが、どうにもならなかった。

次に崇基書院の副学長アンドリュー・トッド・ロイに助けを求めた。彼の息子J・ステープルトン・ロイは上級外交官で、のちにアメリカの中国駐在大使になった人物である。アンドリュー・ロイは私たちのために熱のこもった手紙を書いてくれたが、大使館は兄へのビザの発行を拒否した。

幸い友人のイサドール・シンガーが当時、大統領の科学顧問だった。彼は米国国務省の高官とテニスをした仲で、兄の友人の助けを借りて兄のビザを取ることができた。

この頃、ボレルが予測したように高等研究所から終身雇用のオファーがあった。私はスタンフォード大学が好きだったしハーバード大学にも著しく好印象を持っていたので、難しい決定に直面した。ハーバードでラウル・ボット、広中平祐、デヴィッド・マンフォードたちに会ったとき、一度にこれほど多くの頭脳集団と同席したことはめったにないと思った。もちろん高等研究所にも語るべき歴史と自前のすばらしい施設があった。長い間、数学者が自分の故郷と呼ぶのに最もふさわしいとは言わないまでも、最もふさわしいところの一つだと考えられてきた。研究が優先されていたし、そこで多くの目覚ましい研究が行われてきたからだ。

高等研究所に留まることを決めた理由の一つは、著名な数学の教員の多く（ボレル、ハリシュ＝チャンドラ、ジョン・ミルナー、アトル・セルバーグなど）がとても居心地よくしてくれたからだった。もう一つの動機として、高等研究所の所長ハリー・ウルフが以前ジョンズ・ホプキンス大学医学部の学部長で、兄がボルチモアのジョンズ・ホプキンス大学病院に入れるよう助けてくれるという確信があった。そのうえ、ジョンズ・ホプキンス大学の著名な神経外科部長ドンリン・ロング博士が兄の治療に前向きだった。一つには、兄の症例が博士にとって興味深く、彼の研究プログラムに合っていたからだ。おまけに兄の治療費がほぼ無料になりそうだった。これは逃すには惜しすぎるチャンスで、私は今でもロング博士が通常の治療費を放棄してくれたことに感謝している。ビザが下り次第、兄がアメリカに来るよう手配していたところ、一九八〇年の夏の終わりに実現した。

その前に幾何解析のスペシャルイヤーが四月に終了し、プログラム参加者の何人かからこの分野の未解決問題のリストを提示するよう勧められた。その十年前、私が大学院の最初の年を終えたときに陳がフランスのニースで開かれた一九七〇年国際数学者会議に出席し、数学の新分野を開く可能性のある未解決問題のいくつかについて論じていた。そのとき陳が、こういうことをするのは数学のほかの研究者に貢献する最良の方法の一つだと私に言ったのを、はっきり覚えていた。また、アメリカの発明家チャールズ・ケタリングが「問題をきちんと言い表すことができたら問題の半分は解決している」と言ったということも記憶にあった。

これらの言葉を念頭に、私は結局一二〇の問題を提示し、その多くについて高等研究所での一連の講義で詳細に説明した。それらの未解決問題のほとんどは私が考えついたものだったが、一部はほかの人びとが提供してくれたり文献から取ったりした。だが、その問題のすべてがまもなく広く知れ渡り、幾何解析になんらかの関係を持つ人ほぼ全員の知るところとなった。そのうち約三〇問は少なくとも部分的に解かれ、残りを人びとがさんざん考えた。幾何学のかなり狭い分野に限られたこれらの問題が、ダフィット・ヒルベルトが一九〇〇年に提示した有名な二三の数学問題と同じくらい影響力を持つと思うほど、うぬぼれてはいない。しかし私の問題が幾何解析への関心と研究活動を招いたのは確かだから、高等研究所スペシャルイヤーの最後にそれらを発表したのは、その年の締めくくりにふさわしいことだったと信じている。

高等研究所のイベントが終わったその夏、サンディエゴで妻とともに気楽な数か月を過ごした。それから陳が北京で開催する会議に出席するために、一九八〇年八月に二人で中国へ行った。二人で親戚の何人かに会い、旅行もした。そのあと、私は病気の兄をアメリカに連れていくために香港に行く予定だった。

陳が企画した微分方程式と微分幾何学のシンポジウムは北京のフレンドシップホテルで開催された。陳は当然として、ボット、ラース・ガーディン、ラース・ヘルマンダーなど多くの著名人が出席した。中国は当時、非常に貧しかっ

妻と私、北京の紫禁城にて（1980年）

たから、主催するには高額な費用がかかったが、陳はそれによって中国人学生と研究者たちに幾何学のわくわくするアイデアを知らせたかったのだ。また、中国が緊急に学生と学者を外国に行かせる必要があり、そのためにバークレー校の純粋・応用数学研究センター長のマレー・プロッター（シンポジウムに招待されていた）など、受け入れてくれる可能性のある人たちとのコネが不可欠なことも認識していた。

このイベントの地位にふさわしく、私と妻とほかの参加者を空港からホテルに送るバンは、ほかの車は重要人物の邪魔をしてはいけないことを示すために道の真ん中を走った。幸い、当時、道路に多くの車はなかったが、自転車に乗った多くの人が、続けざまに鳴らされる車のクラクションに促されて道を空けざるを得なかった。

陳と華

私は数か月前に高等研究所で提示した未解決問題について講演した。期待どおり、中国の数学者たちの興味を呼び起こしたと思う。陳は北京内外の素晴らしい観光旅行を手配してくれていた。しかし私の旅は、またしても呉文俊の弟子との不愉快な遭遇で台なしにされた。彼はこのときも、きわめてけんか腰で政府の主要な賞に推薦するよう迫った。断ると、意見の対立が激しい口論にエスカレートして私の血圧が上がり、ほとんど気絶しそうになった。そのストレスの多いエピソードのあと、地元の世話人だった年長の中国の数学者たちが、予期せぬ招かれざる客に私が再び煩わされないように取りはからってくれた。

しかし私は、ホテルに泊まっていた数学の「要人たち」十人に陳が言ったことに当惑した。陳は表向きは、その専門家たちから中国における数学の状況についての印象を聞く目的で会議を招集したのだが、隠された意図があった。彼は華が率いていた数学研究所を批判し、中国における数学の主要な研究が行われていたところであるにもかかわらず、閉鎖すべきだと強く主張したのだ。それから陳は私たち十人に、その研究所を永久に閉鎖するよう勧告する手紙を中国政府宛に書くよう依頼した。この嘆願に皆が黙りこくっていると、陳が依頼を繰り返した。

私がついに声を上げて、我々は国の客であって、そういう要望をする立場でも仕事でもないと言った。ボットが私に同意し、すぐにほかの人たちも後に続いた。彼らはこの提案に関わりたくなかったのだ。だが陳は私に激怒し、私の率直な発言が二人の関係をさらに悪化させた。

1980年、ラウル・ボット(右)、ラース・ガーディン(後ろ)とともに中国の万里の長城に旅行

しかし私は態度を明確にしたことを後悔していない。外国の著名な学者たちが陳の提案に沿った手紙を書いていたら、華と中国科学院に深刻な不利益を与え、また、すでに西洋に大きく遅れていた中国の数学全体にも災いしただろう。

陳の動機は華との積年の不和にあったと思うが、それはこの種の不和の多くと同様に、これといった理由もなく始まって惰性で続いていたものと思われる。私は陳の教え子で師には大いに敬服しており、数え切れないほど恩を受けたが、華にはなんの恨みもない。華からも多くのことを学び、子どものときは彼の本を大いに楽しみ、彼がこれまでやって来たことに不適切な点はなんら見当たらなかった。以前の師を喜ばせるだけのために華を犠牲にし、中国の数学の研究機関に永久的な害を及ぼしかねないことをしようとは思わなかった。また、陳と華のどちらかを選ぶ必要もなかった。二人とも殿堂入りした偉大な数学者であり、二者択一のケースとは決して思わなかった。数学はゼロサムゲームではない。

この出来事を振り返ってみると、陳の策略は表面上は中国科学院と数学研究所の創設所長である華に害をなすものだったが、それが何もないところから出てきたとは思えない。彼がしたことは、米国科学アカデミー(NAS)が中国の数学の状況について発表した一九七七年の報告書に対する回答だったのだと思う。その報告書は小さい本の体裁で、一年前に中国に来たアメリカの数学者たちの代表団を率いた、シカゴ大学の数学者ソーンダース・マックレーンの共同編集によるものだった。マックレーンが先頭に立った純粋および応用数学視察代表団は、陳景潤のゴールドバッハ予想およびウェアリングの問題の研究に加えて、ヤン・ロウとチャン・コアンホウによる値分布理論の研究を特筆していたが、いずれも数学研究所に所属していた。その文書は中国に大きな影響を及ぼし、小学校の小冊子を含むさまざまな本に、陳おじさん、ヤンおじさん、チャンおじさんのような賢い学者から学ばなければならないと書いてあった。

我が師陳省身はこの歴史解釈が気に入らず、彼が原稿を書き北京に招待した十人の著名な数学者が連著した手紙でNASの報告書に対抗し、数学研究所とその人員の利点について逆の結論に持っていきたかったのだと推察する。しかし陳がひどく落胆したことに私がボーカルの一員だったこのグループは共演を拒んだ。

北京での私の時間がもっぱら数学と政治工作に費やされたわけではない。妻と私はしきりにアメリカに移りたがっている何人かの親戚に会った。旅行中、この種の多くの要望を聞かされたが、彼らの助けにはなれなかった。

会議が終わるとすぐに妻と私は上海に行った。そこでは何千組ものカップルが目的もなく、市の中心を走る長江の支流、黄浦江《こうほこう》の土手を歩き回っていた。それは奇妙な光景だった。その人たちのほとんどは、レストランで食べる余裕がないため、ほかに行くところがないのだった。仮にお金を持っていたとしても、文化大革命の直後のその時期には、多くのレストランで食べ物を買うのには許可証か特別なクーポンが必要だった。だが妻と私は歩くのが好きだったから、ほかの人たちと一緒にバンドという有名な水辺に出て景色の良い黄浦江の土手をそぞろ歩き、ほかの人たち全員が同じことをするのを眺めた。

次は上海から約百マイル南西の杭州市に立ち寄った。そこでは絵のように美しい西湖でクルージングを楽しみ、文化大革命中にひどく傷つけられた有名な寺をいくつか見た。このような広範囲な破壊が、あの暴力的で無秩序な時代の証だった。数十年後、美しい歴史的建造物が撤去され、代わりに見苦しいコンクリート建造物が建った。

妻がこの旅行中に妊娠して「しるし」も始まった。つわりも始まったので、彼女はまっすぐサンディエゴに戻り、私は香港に向かうことにした。シン゠ユクのためのビザを取りに行ったアメリカ領事館の係員は、私の兄を香港から出したくないのだと言った。実際、なぜ兄が行ってはならないのかを検証する文書の厚さが数センチもあった。しかしそれらは「国務省の高官」からの命令で無効にされた。シンガーと、彼の偉いテニス仲間のおかげだと思った。そしてそれが事実なら、シンガーがクリケットだかクロケットでなくテニスを選んだこともありがたいことだ。

シン゠ユクが横になれるように三席続けて買わなければならなかったので高い航空券代を払って、まずサンフランシスコへ、それからシカゴに飛んだ。シカゴからボルチモア行きの飛行機で母が合流した。高等学校時代から知っていた、ジョンズ・ホプキンス大学の訪問教員だった数学者、ブン・ウォンが空港で出迎えて兄を病院に送ってくれた。母と私は病院にやや近いアパートを見つけたが、近隣の環境は最高とはいえなかった。母は英語をまったく話さなかったが、どうにか工夫して毎日病院行きの市内バスに乗って息子に付き添った。高等研究所での学期が始まろうとしていたため、私はすぐにプリンストンに戻らなければならなかった。

まもなく兄の手術のためにボルチモアに戻った。手術はロング医師の執刀で約十時間かかった。腫瘍が脳の中心にあったため、複雑な手術になった。回復には長い時間がかかったが、兄はやがて少し歩けるようになった。ただ、崩れたバランスは元に戻らなかった。頭蓋骨の一部が切除されていたため、頭を守るためにつねにヘルメットをかぶっている必要があった。

シン゠ユクがようやく退院すると、私は母と彼をプリンストンのローカストレーン——当時はふつうの郊外の通りだったが、今ではずっと高価な地域の一部になっている——に買った家に連れて行った。

兄にはほぼ二四時間の看病が必要だったため、母は長い時間を家で過ごした。母の気晴らしのために、シウ・ユエン・チェンやブン・ウォンなど私の友人たちがときどき麻雀をしに来てくれた。家にいるときは私も加わった。これが悪いこととは思えないが、何年もたってからインターネットで私に対する一連の非難がアップされた。学生たちに母と麻雀をするよう強制したと言うのだ。その言い分は、おそらく私が教え子の行動を批判したことへの仕返しで、真っ赤なうそだった。私の友人たちはただ親切心から、自分たちの意志で来てくれたもので、だいいち彼らは大人で学生ではなかった。世界で推定一億人が遊んだ一四四の麻雀パイを使うゲームに関わるこんなことを弁明しなければならないとは、奇妙なことだと思われた。

論文誌の編集長になる

こんな虚構より私が住みたい現実の世界では、スペシャルイヤーのセミナーで発表された論文を編集して、微分幾何学系と極小曲面系の二冊に分けてプリンストン大学出版局から出すように、ボレルがプレッシャーをかけていた。じつは、二冊ともほとんど編集し終えて出版の準備がほぼできていた。幾何解析についての六〇ページの調査論文をジョンズ・ホプキンス大学病院の待合室でほぼ書き上げていたのだ。微分幾何学に関する一冊目は一九八二年に印刷され，極小曲面に関する二冊目はボンビエリに引き継ぎ、二年後に出版された。

その頃、私は数学の編集と出版という大きな試みに乗り出していた。一九八〇年に私は、中国生まれの数学者で陳の友人であり、当時リーハイ大学にいた創刊編集者チョアン゠シー・シアンから引き継いで『Journal of Differential Geometry（微分幾何学誌、ＪＤＧ）』の編集長になることを承諾していた。

一九六七年創刊のＪＤＧは数学全体を対象にするのではなく、数学の一専門分野を扱った最初の専門誌だった。この雑誌はマーストン・モース、マイケル・アティヤ、イサドール・シンガー、ジョン・ミルナーほかの、数学界の重要人物の論文を呼び物として幸先の良いスタートを切った。実のところ、私がバークレー校で一年生のときに強烈な印象を受けたミルナーの論文「A Note on

Curvature and the Fundamental Group（曲率と基本群）」は、一九六八年にＪＤＧの第二巻に掲載されたものだった。

だが私に打診があったとき、この雑誌はあまりうまくいっていなかった。私は微分幾何学というテーマに詳しく、だからこそ編集者の立場へのオファーがあったのだが、数学誌を編集した経験がなかった。そのためその仕事を引き受けるのをためらっていたのだが、陳、カラビ、ニーレンバーグが三人とも勧めたので受けることにした。シアンの先見の明で、フィリップ・グリフィスとブレイン・ローソンも編集に参加しそうだった。

私はつねに、数学、とくに微分幾何学の大きな進歩に遅れずについていこうとしてきたが、このとき、その動機がさらに加わり、ＪＤＧにふさわしそうな論文に絶えず目を光らせていた。夏は毎年妻と一緒にサンディエゴで過ごしたので、一年の約四分の一だけ使える研究室をＵＣＳＤが用意してくれていた。マイケル・フリードマンと知り合ったのは、そうした滞在のときだった。当時、若い研究者だったフリードマンは四次元のポアンカレ予想を証明しようとしていたので、私たちは彼の裏庭にあったプールの中やプールサイドでずいぶん話し合った。

プリンストン大学のトポロジー研究者のグループはフリードマンが研究していた方法についてあまり考えず、ジョン・ミルナーが導入した手術的手法のほうを好んだ。しかし私は、「ビング・トポロジー」と呼ばれるものに関わるフリードマンの方法に惹かれていた。彼の研究が十分に熟したとき、論文をＪＤＧで発表しないかと提案したところ、フリードマンが同意してくれた。

プリンストンの人たちはまもなく、自分たちがチャンスを逃そうとしていることに気づいて、その論文をプリンストンが出している『Annals of Mathematics』に掲載すべきだと主張した。それが、この世で最高の出版物だと彼らは思っていたのだ。プリンストン大学のトポロジー研究者ビル・ブラウダーとその同僚ウー＝チャン・シアンが私を呼んで、そうでないとおかしい、トポロジー研究の最良の論文は最良の専門誌、つまり『Annals』に掲載すべきだと言った。私は納得がいかず、フリードマンと何度も話し合った末に彼がJDGで発表すると決めたのだと静かに説明した。とはいえ、彼が論文を撤回するほうを選んだら、何も聞かずにそうさせるつもりだった。ただし最後のロビー活動として、彼の論文はJDGにとって大きなことであって、この雑誌を大きく飛躍させ、ひいては微分幾何学という分野も飛躍させる可能性があると、フリードマンを口説いた。

その話がフリードマンを口説き落とすのに役立ったと信じている。というのは結局、彼がJDGから離れず、彼の論文「The Topology of Four-Dimensional Manifolds（四次元多様体のトポロジー）」が一九八二年に発表された。それによって彼は後にフィールズ賞を受賞した。当時、私もプリンストンの、大学からわずか一マイルばかりの高等研究所に属していたのだが、このことでプリンストン大学のAnnals誌グループは私に好意的ではなかった。

それどころか、この件に直接関係ないバークレー校のトポロジー研究者ロビオン・カービーまでが、フリードマンの論文について私に不快感を示した。トポロジーの問題が非標準的な方法で解かれたことを、多くのトポロジー研究者が気に入らなかった。カービーは自分たちの専門領域を死守したい人たちの一人で、自分たちの領域を侵入者から守ろうとしていた――そう私には見えた。私はそういう態度を高く評価せず、狭量で数学の真の精神に逆行するものだと思う。しかし私はそういう考え方と何度となくもめており、ときにはその応酬が激しくなることがある。しかし私は、伝統的方法でらちがあかないときはとくに、伝統に押さえ込まれるのはごめんだ。

ＪＤＧは一九八二年に別の重要な論文を掲載した。それはクリフォード・タウビズによるヤン-ミルズ理論に関するものだった。一年後、ＪＤＧはサイモン・ドナルドソンの立派な論文を獲得した。それでドナルドソンはのちにフィールルズ賞を受賞した。同じ一九八三年にＪＤＧはエドワード・ウィッテンによる「Supersymmetry and Morse Theory（超対称性とモース理論）」を掲載した。それについても一部の微分幾何学者が当初、騒ぎを起こしたが、これも結局きわめて影響力のある論文だった。私がウィッテンの論文の査読を依頼した三人も少々騒ぎ立て、全員が論文の却下に回ったが、編集長である私が彼らの反対を覆すことを決めた。その判断に間違いはなかった。それは主としてその論文が数学と物理学に与えた影響の故だが、ＪＤＧそのものに与えた影響の故でもある。私が引き継いだ雑誌は数年前には廃刊寸前だったが、目覚ましい転換をして一流誌になった。

というわけで、研究するために高等研究所に来た私にとって、新たな編集の仕事は妨げにはならなかった。私のところに有能な大学院生の一団が集まり始めていた。第一にオーストラリア出身のロバート・バーティック。ボンでステファン・ヒルデブラントの博士課程の学生だったユルゲン・ヨーストは私の最初のポスドクで、やはりとびきりできが良かった。実際、過去二十数年間、ヨーストはドイツ、ライプニッツのマックス・プランク数学研究所の所長を務めている。

また、高等研究所で学生向けのゼミを始めたところ、年長の同僚の一部が不快感を抱いた。高等研究所は新しい研究に関する上級のセミナーだけをするところだというのが彼らの考えだったが、私の考えは違って、教育の部分にも価値があると主張した。保守派の人たちは元気の良い違反者の騒音についても苦情を言ったが、デシベル数の高い一帯は、学生たちが群がる私の研究室付近に限られていた。私は、香港で父が自分の子どもと近所の子どもたちに詩を教えると、近隣の人たちから苦情が来たのを思い出した。神経を尖らせるべきことはたくさんあるが、若い世代が数学や詩に熱中するのは、苦情の正当な理由にはならないと思う。

私の大学院生の一人は若い有能な中国系アメリカ人だった。彼の父親は指導教官を捜し回った末に、マイケル・アティヤの推薦に従って私を選んだ。当時、プリンストン大学の数学教授だったウー＝チャン・シアンはそれが気に入らなかった。「君は高等研究所から来て最高の大学院生を私たちから奪うのか！」とシアンは文句を言った。私がその学生を選んで無理やり指導学生にしたのではなく、彼が私を選んだのだ、と静かに答えた。

その爆発は少々皮肉だった。というのは、それが起こったのはプリンストン大学の数学者ジョー・コーンの家で開かれたディナーの席上で、コーンこそ私がプリンストン大学から大学院生を取るのを強く支持した人物だったからだ。あとになってその出来事の話をボレルにすると、同じような経験をしたと言い、高等研究所とプリンストン大学の間につねに競争があるとのことだった。

しかし、その学生のプリンストン大学への入学は暗礁に乗り上げた。口頭の資格検定試験に落ちたのだ。私が試験委員会の教授に彼の何が悪かったのか聞くと、彼はシンプレクティック幾何学と力学の関係を知らなかったとのこと。プリンストンの大学院生指導教官の代数幾何学者ニック・カッツにこの話をすると、彼もその関係には詳しくないと打ち明けた。歴史的事実の要点として、シンプレクティック幾何学（微分幾何学の一分野）はニュートンの運動の法則に端を発していて、その法則は古典力学の基本だった。このつながりは一八三〇年代にウィリアム・ローワン・ハミルトンが行った研究によってわかった。彼が物体の位置と運動量の間の深い数学的対称性を明らかにした結果だった。一世紀半後、シンプレクティック幾何学はそのルーツから劇的に変わって、古典力学とのつながりを多くの人が知らないようになった。ボトックス（ボツリヌス菌から抽出した毒素）が最初は眼病の治療のために開発され、バイアグラが血圧を下げるために導入されたのを多くの人が忘れているのと同じように。

この学生にもう一度チャンスを与えるべきだと私は主張した。ジョー・コーンと私が再度、口頭試験をすると今度は良い成績だった。しかし彼は前回の不合格に落胆したあまり六か月間、家に帰ってしまった。のちに彼は博士号を取得するためにプリンストン大学に戻り、それ以後、良好なキャリアに向かって進んでいる。

香港生まれの莫毅明はスタンフォード大学でY・T・シウの指導の下に博士号を取得した直後の一九八〇年にプリンストンに来た。彼がプリンストンに着くとすぐに私たちは話をし、シウと私がスペシャルイヤー中に共同研究したことに続けて、いくつかの問題について共同研究をした。シウと私が注目していたのは、無限遠まで延びる難解な空間である、非コンパクトケーラー多様体だった。しかし私たちは、空間を閉じることによって、無限遠における構造を解析する方法を発見した。ボレル、マンフォード、ジャン＝ピエール・セール、カール・ルートヴィヒ・ジーゲルほかの人たちが、代数的方法でこの種の問題に取り組んでいた。しかし私は、この種の問題を微分方程式とさまざまな幾何学的手法を用いた解析的方法で攻略するプランを開始していた。そしてシウと私は曲率が負である空間に関わる最初の重要な問題を解いた。

約一年後、華の中国での教え子チア＝チン・チョンが高等研究所に来て私のポスドクになった。複素幾何学のいくつかの問題を私の助言の下で彼と莫で研究したらどうかと提案したところ、彼らは非常にうまくやって興味深い解を出した。しかしシウは前述のように私に対して強い競争心を持っていた。そして私が莫とチョンを助けていて、ときどき彼らと共同研究をしていることを知ると、自己防衛のかたまりになって、今後は莫と共同研究をしないよう私に頼んだ。そこで私はシウおよび彼の教え子との共同研究に終止符を打ち、それが現在まで続いている。シウは優れた数学者だから、そうなったのは残念なことだった。

一方、シウから別のことを聞いた。それはスタンフォード大学でフィールズ賞受賞者ポール・コーエンの大学院生だったピーター・サルナックの話だった。サルナックはスタンフォードに留まっており、コーエンはごく早い時期に、サルナックが博士号を取ったらわずか数年で正教授に昇進させたいと思っていた。それはきわめて異例のことだった。当時スタンフォードにいたシウは、プリンストンの数論学者にサルナックの研究をどう思うか私に聞いてほしがっていた。私はサルナックを知らなかったし、数論という分野にとくに詳しいわけでもなかったので、橋渡しはしたくなかった。しかしシウは何度も電話をかけてきたので、ついにその数論学者と話をしなければならないと思った。サルナックは当時、大学院を出たばかりだったから、数論学者がサルナックの初期の論文に圧倒された様子がなかったとしても無理もない。私はサルナックの研究についてのそっけない印象をシウに伝えた。

その直後にスタンフォード大学の教授会があって、どういうわけか私がサルナックの任命に反対していると伝えられたと知った。そんなことは決して言っていないにもかかわらずである。私はただ、再三無理強いされて、別の専門家の第一印象をそのまま伝えただけだった。そうこうするうちに、私は仲が良かったコーエンを怒らせ、スタンフォードでの運命が私の手中にあると聞かされていたサルナックとの関係も危うくなってしまった。やがて、サルナックと私はお互いを専門家らしく敬意を持つて遇するようになったが、このできごとから貴重な教訓を得た。つまり、学問界の駆け引きというものはときに非常にデリケートで場合によっては信用できないということだ。それ以来、私に関係ないことには巻き込まれないようにもっと気をつけるようになった。とはいえ、それについては一部分しか実行できていない。

一九八一年三月二一日、妻と私の最初の子どもが予定日より少し早く生まれそうだと聞いてすぐサンディエゴ行きの便に乗った。幸いその夜、息子アイザックが子宮から出てくる約八時間前に病院に到着した。二四時間以上かかったひどい難産で、その間のほとんどの時間、激痛があったが、妻は薬物の使用を断った。息子が健康で生まれてほしかったからだが、事実健康だった。ついに赤ん坊が出てきて、泣いて、目を開け、まわりを見回したたとき、私たちは二人とも言葉で言い表せないほど幸せだった。

私はサンディエゴにできるだけ長くいたあと、学期の最後の数週間を終えるために高等研究所に戻った。幸いユーユンの母が、私が夏を過ごすためにサンディエゴに戻れるまで赤ん坊——大きめの、まるまると太った男の子——の世話を手伝ってくれた。育児は夫婦とも初めてだったが、私が忍耐強いのに自分で驚いた。数学ではつねに落ち着かず、しきりに前に進みたがっていた。だがアイザックを抱く以外何もせずに何時間も過ごすことができ、(彼が声を限りに泣き叫ぶとき以外は)満足感にひたっていた。その静穏感は私には神秘に思えた。たぶんそれは、私が生物学ではなく数学に進んだからだと思うのだが。

もちろん、秋には高等研究所での義務を果たすべくプリンストンに戻らなければならなかった。結局、忙しくできごとの多い年度になった。数学者カレン・ウーレンベックが三日間高等研究所に来て、私たちはその間ずっと、エルミート - ヤン - ミルズ方程式——現在の素粒子物理学のもとになっている場の量子論の中心的要素——と関連がある数学について休みなく検討した。

ハミルトンも思いがけず連絡してきて、リッチフローについての研究から生じた最初の大成功のことを知らせてきた。彼はポアンカレ予想の特殊なケース——リッチ曲率が正である三次元のコンパクト多様体に関するもの——を証明したという。彼のアプローチで成功するとは確信できなかったので、驚いた。だがこの最新の研究は美しくもあれば刺激的でもあり、シェーンと私が二年前に達成したものよりずっと強力だった。まるで、これまで決して開けられなかったドアを解錠する鍵を彼が発見したようだった。私はすぐに、ハミルトンが追求してきた方向は大いに有益だと悟った。

彼を高等研究所に招いて一連の講演をしてもらった。また、リッチフローの可能性について語り合って多くの時間を過ごした。この手法は、二十世紀の始まり以来解かれていない注目の問題である、三次元のポアンカレ予想を証明するのに使えると私は言った。また同じ手法を適用して、三次元位相空間を八種類に分類するビル・サーストンの幾何化予想も解けるのではないかとも。サーストンの予想は広範囲でポアンカレ予想の三次元の提示も含むため、サーストンを証明することはポアンカレをも証明することを意味するだろう。私はすぐに、坂東重稔（日本人）、曹懐東（中国人）、ベン・チョウの三人の大学院生にリッチフロー関連問題の研究を始めさせた。

コーネル大学から来たハミルトンは高等研究所のアパートに一週間滞在した。ハミルトンがアパートをゴチャゴチャにして出て行ったので、きれいにするのに長い時間がかかったと数学科の事務長が怒り狂っていた。反面、彼の講演はすばらしく、ハミルトン、私の教え子、そして私の共同研究はその時点から好転した。したがって、彼の訪問は差し引き大成功だったと言うべきだろう。ハミルトンは清掃員と管理人に難題をもたらしたかもしれないが、数学界には間接的にもっと難題をもたらして、そのいくつかは私のグループのメンバーが取り組んだ。

一九七五年に私がクーラントを訪れたとき、とても親切にしてくれたユルゲン・モーゼーがその後、スイス連邦工科大学（チューリッヒ校）に移っていたのだが、一九八一年秋の二週間、そこで行われる国際数学連合（IMU）でいくつか講演をするよう招いてくれた。この旅に私のポスドク、ユルゲン・ヨーストが同行した。ドイツ出身で、私のドイツ語は全然はかばかしくないので、彼がいてくれて助かった。数学関連の仕事に加えて、ヨーストと一緒に山岳地帯を少し歩いた。スイスの景観は宣伝に違わずすばらしかった。

ある夜、チューリッヒの高級レストランでのディナーに招かれた。モーゼーと、チューリッヒ研究所数学科の創立教授会員である、インド生まれの数学者コマラボル・チャンドラセカランと一緒だった。モーゼーもチャンドラセカランも国際数学連合の幹部で、チャンドラセカランが一九七〇年代に会長を務め、モーゼーが翌年、会長になった。チャンドラセカランが私に、レストランの特定の席に着くよう促し、あとになってそこに座った数学者何人かがフィールズ賞を受賞したと言った。私はその発言をどう解釈すればいいのかわからなかったが、彼は私が知らない情報に通じているのかと思った。

だがすぐにいろいろなことに巻き込まれたので、その件を深く考えることはなかった。一九八一年の秋に物理学者ゲイリー・ホロウィッツが私のポスドクになった。もっとも、高等研究所の用語では彼は私の「助手」と呼ばれた。シカゴ大学でロバート・ジェロックとともに学んでいたホロウイッツは、シェーンと私が二年前に証明していた正質量予想の一般化に関心を持っていた。高等研究所に到着してまもなく、ホロウィッツは当時プリンストン大学にいたマルコーム・ペリーと、この問題の研究を始めた。そのことを当初、私は知らなかったのだが。

質量の概念は古典力学では単純だが、一般相対性理論では、アインシュタイン方程式が非線形のため、はるかに複雑である。一般相対性理論における質量は大部分、きわめて遠い、基本的に無限遠での孤立系でしか定義できない。そのうえ、「質量」という用語についても定義は一つではない。状況によって異なる定義が適用され、合意された定義がない場合もある。アインシュタイン理論における質量の話をすることは、否応なく理解し難い領域に足を踏み入れることになる。

シェーンと私がした証明はいわゆる「ADM」質量——定式化したリチャード・アーノウィット、スタンリー・デザー、チャールズ・ミズナーにちなんでこう呼ばれる——についてのもので、これについてはほぼ誰もが受け入れる厳密な定義がある。ホロウィッツとペリーは正質量定理を拡張して、あまり明確に定義されていない「ボンダイ質量」を含めようとしていた。ある系のボンダイ質量はそれのADM質量から重力波（光速で伝わる時空のさざ波）によって運び去られるエネルギーを引いたものに等しいと、多くの物理学者が考えている。一九一六年にアインシュタインが重力波の存在を予想し、この予想が百年後にレーザー干渉計重力波天文台（LIGO、ライゴ）での観測によって確認された。

正質量予想は、物理系のエネルギーはつねに正であるとする。ということは、正であることをシェーンと私がすでに証明しているADM質量は重力波によって完全に運び去られることはない。したがってボンダイ質量も正でなければならず、それがまさに、シェーンと私が証明しようとしていたことだった。

前述のように、これについてホロウィッツとペリーが共同研究をしていたことは、大学院生のロバート・バーティックが何気なく、彼らが証明をほぼ終えたところだと言うまで知らなかった。助手が私に告げることなくそれをしていたことを知ってムッとしたが、その知らせが刺激となって、シェーンと私がすでにしてきたことを仕上げることにした。

シェーンは当時クーラント数理科学研究所にいたから、私は翌朝早く彼のところに行った。休むことなく終日計算して、午後六時半に終えた。すると突然、私がその晩、「主賓」としてフランソワ・トレヴェス宅のディナーに招かれていたことを思い出した。トレヴェスはラトガース大学で教えていた著名なフランス人数学者だった。ディナーはすでに始まっているしニュージャージー州ニューブランズウィックからは一時間以上離れたところにいたから、とうてい間に合わなかった。私の過失がとりわけ厄介だったのは、トレヴェスが招いてくれたのが約二か月前で、何度か念を押してくれていたからだった。

三五年以上たった今も、その不作法を申し訳なかったと思う。しかしそのとき、電話でお詫びしたあとシェーンと私が始めていた研究を仕上げることのほかできることはなかった。私たちの論文「Proof That the Bondi Mass Is Positive（ボンダイ質量が正であることの証明）」は数か月後に

『Physical Review Letters（フィジカル・レビュー・レターズ）』誌に掲載された。ホロウィッツとペリーの論文「Gravitational Energy Cannot Become Negative（重力エネルギーは負になり得ない）」のすぐあとだった。これらの論文は我々の宇宙の安定性についてさらなる証拠を示し、また宇宙が崩壊しそうにないことを保証した。

この場合、助手との競争でやる気を出したのを奇妙に思われるだろうか。私はそう思わない。私の経験では、数学では——科学全般でそうだが——自分がすでに多くの努力を注いだ問題に対して別の人物またはグループによって何か進展しそうになると、拍車がかかるのはごくふつうのことなのだ。ほかの人の研究のまねをしない限り、またはその他の道義に反することをしない限り、数学では競争は健全だ。実際、これまでの数学の進歩は競争に依るところが大きい。

同じ頃、中国の復旦《ふくたん》大学の卒業生シユウ・コウに会った。彼はその後C・N・楊の助けでストーニーブルックに来て、ブレイン・ローソンの監督の下で博士号を取ろうとしていた。コウと私は共同で、幾何学者を長いこと悩ませてきた、リッチ曲率が負の多様体に関する重要な問題を解くための研究をした。簡単な言葉で表すとその問題は、負のリッチ曲率を持つ単連結多様体（それを通る穴がないもの）をつくることは幾何学的に可能か、というものだった。リッチ曲率は「宇宙定数」——ビッグバン以来、我々の宇宙の膨張を加速してきた原因と考えられている、アインシュタインの方程式に加えられたパラメーター——と関連している。負の宇宙定数と対応する負のリッチ曲率は膨張する宇宙と矛盾しないが、その膨張が加速するのではなく減速する場合である。

コウと私はサーストンの以前の研究に基づいて多様体の一例、つまり理想的な形状を持つ三次元の球をつくった。これは重要な成果だと思ったのでコウのために強い推薦状を書いたところ、彼はライス大学の終身在職権のある地位に就いた。

がっかりしたことに、コウは終身在職権を得たとたんに研究への関心が薄れたようだった。私の知る限り彼の論文出版は減り、数学会議への出席も減った。私は、良い職を得るのに熱心だが数学そのものにはそれほど熱意がなさそうなほかの中国人学生たちにも、そういうことが起こるのを見てきた。これは、教材を丸暗記させて生気を吸い取りかねない中国の教育制度の予期せぬ結果かもしれない。

これには確かに失望したが、中国との、人で言えば少なくとも数人の中国人とのいざこざは、もっと悪い影響を及ぼした。それは陳からの何げない電話で始まった。陳は友人である北京大学の数学科学科長丁石孫の役に立とうとしていた。中国における丁の影響力を大きくすることを望み、まもなく辞任することになっている北京大学の学長の後任に丁を就けたいと思っていた。しかし丁はまず、自分の履歴書に箔を付ける必要があった。当時、彼はハーバード大学のフィリップ・グリフィスに招待され客員教授になっていた。それは彼の履歴書への名誉ある記載になるだろうが、丁がハーバードで数学をしっかりやっているとは思えなかった。陳は丁を高等研究所に就職させるよう私に頼んだ。

私は助手の職をすでにゲイリー・ホロウィッツにお願いしてしまったので、もう遅いと言った。

ある人物が、高等研究所が絶対に採用すべき優れた数学者であると同僚たちを説得できない限り、教授会員が約束できるのはそれだけだった。道義上、私が知る限り数学に傑出した貢献をしていない丁のために、そんな提言をすることはできなかった。そのうえ、丁の研究分野は代数、つまり高等研究所の多くの人が私よりずっとよく知っている分野で、その分野での任命を押し通そうとするのは良い気分ではなかった。また、その試みが成功すると信じる理由もなかった。

陳はもちろん、この返事に気分を害した。陳の考えでは、私が丁のためにあることをしたいと思えばそうしただろうに、私はそうしないことを選んだ。それにつれて丁も私に腹を立てた。彼は一九八四年に北京大学の学長になり、その後中華人民共和国の八つの公認政党の一つ、中国民主同盟の首席を務めた。なんら望まなかった丁とのちょっとした行きがかりで、私は強力な敵をつくった。中国の代表的大学である北京大学はまもなく私への友好的態度を変え、そのため中国でのその後の仕事がやりやすくなることはなかった。ひいてはこれが、華が率いる中国科学院の数学グループと陳の支配下にあった北京大学の派閥の間で拡大する勢力争いの一部になった。私はしばしば、その熾烈な戦いの中心にいるのに気づいたが、そこは心地よい、あるいは格別に安らげる場所ではなかった。

フィールズ賞受賞

一九八二年四月、高等研究所での学期を終えるとユーユン、アイザックとともに過ごすためにサンディエゴに飛んだ。二人とは数週間前にアイザックの最初の誕生日を祝っていた。サンディエゴにいた間に弟のスティーブンから電話があった。彼は高等研究所に一年間勤めていたのだが、そこに国際数学連合から私宛の手紙が送られてきたという。その手紙は私が一九八二年フィールズ賞の三人の受賞者の一人に決まったと知らせるものだった。受賞理由はカラビ予想、正質量予想、実数および複素数のモンジュ‐アンペール方程式で、中国出身者がこの賞を受けるのは初めてのことだった。この年のほかの二人の受賞者はフランスIHESのアラン・コンヌ(演算子代数ほかの研究に対して)とプリンストン大学のビル・サーストン(二次元および三次元のトポロジー研究を革命的に変化させた」ことに対して)だった。授賞式は一九八二年にポーランドのワルシャワで、国際数学者会議の一環として行われることになっていたが、国際数学連合はその会議を一九八三年八月まで一年間延期することを決めた。というのはポーランドでは一九八一年末に「連帯」による民主化運動を鎮圧する政府の試みの一環で、戒厳令が布告されていたからだった。幸い、一九八三年七月に戒厳令が解除され、国際数学連合は一か月後に会議を実施することができた。

一九八二年の秋、アイザックともども私と過ごせるようにユーユンは三か月間の休暇を取った。

もっとも彼女はプリンストンよりフィラデルフィアで暮らすのを選んだ。エウジェニオ・カラビの家の近くにアパートを見つけると、彼は親切なことにベビーベッドなどのベビー用品を貸してくれたうえに、家具などの設置の手伝いまでしてくれた。プリンストンには車で一時間の場所だった。私はおんぼろ車を二百ドルで買った。まともに動いたが見た目はひどかった。高等研究所の事務局は教授会のメンバーがそんな車を運転し、もっと悪いことに図々しくも研究所の土地にそれを駐車するとは不名誉だと考えた。

いつも親身に私を支えてくれたボレルが、まだ約一歳半でよちよち歩きの太っちょだったアイザックを高等研究所の食堂に連れていくのは公私混同だと反対したので、二度とそうしなかった。プリンストンはきちんとした場所で、形式張らない西海岸に数年住んだ私は、威厳のある東部の厳格な社会基準にそぐわなくなっていたらしい。

一九八三年四月、陳が企画した幾何解析のプログラムに参加するためにバークレー校に三か月間行った。シェーンと私は数週間の講座で、極小曲面の論拠に基づいて私たちが証明した正スカラー曲率の多様体に関する新しい定理の話をした。ストーニーブルックの中国人学生数人の話では、ローソンの以前の教え子がその講義中に詳細なメモを取っていたという。そのノートがグロモフとローソンの手に渡ったかもしれない。というのは、その後の彼らの論文のプレプリントをシェーンが見たところ、私たちのアイデアの一部が盛り込まれていたらしかった。シェーンはこれについての苦情をローソン宛の手紙に書いて、バークリー校のエバンスホールの郵便物投入口に投函したのだが、その郵便物投入口は閉鎖されて、手紙は数か月後にシェーンに戻ってきた。その頃には手紙を送るには遅すぎて、その件はなるべくして立ち消えになった。結局、数学は競争の世界なのだ。

次男のマイケルが一九八三年六月に生まれた。もちろん、これもうれしい出来事だった。新しい存在を世界に迎え入れる圧倒的な感覚は決して古くなることはなく、二度目も決して引けを取らない感動を覚えた。だが二か月後、妻と私はマイケルとアイザックを義母に預けてフィールズ賞授賞式のためにワルシャワに行かなければならなかった。共産主義政体に反対するデモはまだ続いていて、私たちに取材しようとする記者には何も言わないようにとサーストンに忠告された。それは私にとって好都合だった。どのみち、記者たち――その多くがあまり英語を話さなかった――が言うことを理解するのは難しかったから。

授賞式のあと、妻と私はY・T・シウ、ウー＝チャン・シアンなどと一緒に一杯飲むのに招待された。そして、そこで出た予期しなかった話題が後日の（とくに私にとっての）大問題の元になった。陳がフィリップ・グリフィスと練っていた中国人学生たちを北米に行かせる計画に、シウとシアンは強く反対していた。その計画の手本だったのが、ノーベル物理学賞受賞者の李政道が中国の物理学の学生がアメリカとカナダの大学院に行くのを助けるために数年前に開始した有名なプログラム、中国・米国物理学大学院生共同育成プログラム（CUSPEA）だった。文化大革命のすぐあとで中国では成績証明書、教師の推薦状などの入手が困難なため、李（当時コロンビア大学にいた）がアメリカの物理学者と協力して、毎年約百人の中国人学生を外国に送るための選抜試験を計画したのだった。

陳は中国の数学の学生のために同様のことをしようとしていた。数学には高額な実験施設がいらないというのが主な理由で、当時、数学の学生数が物理学生を大きく上回っていた。陳が推進していたアイデアに大筋では悪いところはなく、それどころか大いに推奨すべきものだったが、シウ、シアン、そして私はいくつか詳しい点について感動しなかった。陳がグリフィスとともに策定した提案では、純粋数学で出願する学生はグリフィスの試験を受け、応用数学の学生はMITのデイビッド・ベーニーの試験を受けることになっていた。それではアメリカ数学会を代表するグリフィスとベーニーが、志願学生のうち誰がどの学校に行くかについて大きな発言力を持つことになる。

このプログラムでは、きわめて少数の人物が大きな力を持つことにいい気持ちがしなかった。シウ、シアンと私は三人とも、参加する中国人学生たちが行きたい学校について、この計画が許すより大きい発言権を持つべきだと感じていた。希望者の学生たちがアメリカの学校に直接出願しやすくすることによって選択権を与え、アメリカ数学会が持つ支配力を小さくしたほうが良いと私たちは考えた。

ワルシャワでフィールズ賞を受賞（1983年）

私はそれまでに陳に三度、このプログラムにアメリカ数学会が関わるのは彼の考えかどうか聞いていたが、その都度、何の関係もないと否定していた。それらの言を考えると、アメリカ数学会の件を私たちが疑問視したことは陳、グリフィス、またはベーニーに対する攻撃と解釈される理由は決してなく、事実私は彼らに対して何の対抗心も持っていなかった。

それでもシアン、シウと私はこの問題について懸念を抱いていたので、ついにプログラム運営の代替案を示す手紙を誰かが中国の教育部部長に書くべきだと言った。その手紙を書かずにいた数か月後、シウ・ユエン・チェン、大学院生曹懐東、台湾出身の高等研究所訪問数学者のチャン＝スー・リンと一緒にいたときまた同じ話になって、今度はシウ、シアンとの話し合いに沿った手紙の草稿を書いた。ほかの人たちの支持も必要と思われたので、まず手紙――未完成の手書きの原稿――のコピーをシウに送って返事を待った。そこから、私たちの原稿はどういうわけかグリフィスに渡り、まもなく陳の手に渡った。

グリフィスは当然のことに、その手紙――というより、あえて言うがごく準備段階の原稿――を読んで大喜びはしなかった。陳も、私の「裏切り」と思って憤慨した。そしてバークレー校、クーラント、プリンストンその他の彼の友人たち全員に「ヤウが私を裏切った！」と涙ながらに訴えた。陳はそのメッセージを広くばらまき、モーゼーとニーレンバーグのように私を支持してくれていた人たちまでが彼の主張に動揺した。

これが陳と私の長引く不和をさらに進展させ、二十年以上あとに彼が世を去るとき近くまで続いた。私は自分の態度が我が師を不快にするかもしれないと知りつつも、正しいと信じることを守った。そしてそのとおり、師は気を悪くした。だが事態は予想以上に私にとって悪くなった。一つには、手紙を書き始めるのに大きな役割を担っていたシアンとシウが、非難がまともに私の肩にかかるのを良しとしたらしいのが理由だった。

この出来事を振り返ってみるに、数か月どころか数年たってから私に降りかかった面倒の一部が、数学で最も名誉ある賞と広くみなされているフィールズ賞受賞からわずか数時間後の祝いごとの間に行われた何気ない会話から始まったことは、ある種の皮肉だった。

こうした賞を受けることをふつうは喜ばしい出来事と思われるのだろうが、私の場合は別の、憂慮すべき展開によって相殺されてしまった。というのは私がワルシャワで妻や友人たちと祝い、酒盛りをしていたときに兄シン＝ユクの容態が再び悪化していたのだ。兄が病院に連れて行かれて受診したところ脚に血栓が認められ、抗凝血剤が処方された。兄はしばらく抗凝血剤の投与を受けていたが、それが結果として長すぎて脳出血の原因となり、やがて昏睡に陥った。兄は人生最後の六か月間を昏睡状態で過ごした。若くして病気になり、できたかもしれないことのすべてをする機会もなかったわが兄の、悲劇的な最期だった。もちろん私がワルシャワにいる間にこんなことになるとは思いもよらなかったが、それでもちょくちょく兄のことを考え、病弱であることをひどく心配していた。

私は同僚間の最近のごたごたと何年にもわたる多くの騒動から、人生は決して一筋道ではいかないことを学んだ。フィールズ賞のような大きな栄誉を得たあとでさえ、人は上昇し続けることはできない。そのうち、重力にのしかかられて引きずり下ろされ、場合によって倒される。

幸運なことにこれまで何度となく受けてきた数学の賞についても、複雑な思いがある。数学をやること自体が、とくに研究がうまくいったときには褒美であると考えているので、賞を取る目的で数学の研究をしたことは一度もない。一方で、多大の努力をしたことを評価されるのはうれしい。しかし評価は、名声と言ってもいいかもしれないが、わなを伴う。私はもう、人に気づかれずに動き回り、望めば一日二四時間数学に集中できる無名の研究者ではなかった。いささか権威のある、自分の信念に重みがある者になっていた。そういうわけで政策、行政、政治的な事柄などについて意見を聞かれたり、ときにはもっと大きい役割を担うよう頼まれ、その結果巻き込まれたくもないいざこざに否応なく巻き込まれたりもした。

私が中国系では最初のフィールズ賞受賞者だというニュースは急速に広まり、中国ではちょっとした国民的英雄になった。しかし同時に、ある人たちが私の受賞を喜んでいない、あるいは苦々しく思わないまでも少なくとも複雑な感情を持っているという話も聞いた。たぶんその人たちは、私より自分のほうがフィールズ賞に値すると思ったのだろう。

ほかにも私に怒っている人物がいたが、それはまったく別の理由からだった。二歳の息子アイザックが、私がサンディエゴからプリンストンに戻るたびに暴れるようになったのだ。抗議行動は激しくなり、床をドンドンと踏むこともあれば床に頭を打ちつけることまであった。数学界には私を嫌い、敵意を持っていそうな人たちがいるという事実には対処できたが、自分の息子の気持ちは、とくに感情的に生でむき出しで表されたときには、無視できなかった。

私はたぶん気づくのが遅すぎたのだろうが、自分が東海岸に住んで家族が西にいるという現状は許されないことが、このときはっきりした。なんとかする、つまり家族が一緒に暮らす方法を見つける必要があった。ユーユンがプリンストンに来たがらない以上、私がほかのところに行く必要があった。

デヴィッド・マンフォードがフィリップ・グリフィスとともに実施している代数幾何学のプログラムのために高等研究所に定期的に来ていたので、高等研究所を出なければならないかもしれないと話した。マンフォードがそれをハーバード大学の芸術科学部部長ヘンリー・ロソスキーに伝え、ロソスキーが（当時私が住んでいた）フィラデルフィアに来て、ハーバード大学に就任するよう説得した。ロソスキーは魅力的で博識な人物で、私がハーバード大学に行くべき理由を述べるのに中国の有名な文学『三国志』を盛り込むことまでした。彼が語った正確な論調、そしてハーバード大学が私を雇うことを、約千七百年前の漢王朝の終わり近くに覇を競った三人の武将の話にどう結びつけたかをここに再現することはできないが、私はロソスキーの説得力と滑らかな雄弁に圧倒された。しかし肝心な点は、ハーバード大学が現在のサラリーの七五パーセントしか出せないことだった。当時のわが家の経済状況を考えれば、それでは無理だった。というのは妻と私には二人の息子という扶養家族に加えて彼女の両親と私の母と兄シン＝ユクがいたからだ。兄は、この決定をするときまだ、かろうじて生き長らえていた。そういうわけで私は二回目も、不本意ながらハーバード大学に断らざるを得なかった。

それに、スタンフォードを離れるのも残念だった。そこではロバート・オッサーマン、ハンス・サミュエルソン学科長ほか多くの人たちに非常に良くしてもらった。スタンフォードには何の不満もなかったが、考えれば考えるほど、UCSD（カリフォルニア大学サンディエゴ校）が最良の選択と思われた。妻と息子たちがすでに、キャンパスから遠くない家に住んでいたからだ。私が知るなかで最も人脈が多い人たちの一人、イサドール・シンガーが友人でUCSDの総長であるリチャード・アトキンソンに紹介してくれると、大変魅力的なオファーが来た。

次にボレルと話したところ、高等研究所は私が戻りたくなったときのために二年間、私の地位をそのままにしておくと親切にも言ってくれた。しかしUCSDには、ほかの大学がかなわない利点があった。第一に、家族がそこにいたし妻はサンディエゴに職があってその仕事に満足していた。第二に、UCSDは私が同僚の中から厳選したチームで共同研究ができるように、数学科に追加の二名を任命できることを約束してくれた。それを私は大いに評価した。リック・シェーンがバークレー校からサンディエゴに移ることに同意し、リチャード・ハミルトンがコーネル大学からそこへ移ることに同意した。幾何解析を一緒に研究する強力なグループができて、UCSDはリッチフローのアイデアをさらに発展させる「理想的な環境」を提供するとハミルトンは信じた。サンディエゴがハミルトンにとって理想的な環境なのには別の理由もあった。彼はサーフィンとウィンドサーフィンに夢中で海の近くにいることを好み、ギルマン・ドライブにあるUCSDの数学棟はビーチから（直線距離で）一マイル（約一・六キロメートル）よりさほど離れていなかった。

高等研究所は私にとって楽しいホームだったが、一つの難点は大学院生を確保しにくいことだった。私は常々、若い人たちとの交流は健康に良いだけでなく不可欠だと思ってきた。それによって数学界に遅れずにいられる。また新しい学生たちが入れかわり入ってくれば、自分の研究が枯渇する可能性も低い。UCSDのような大規模な州立大学では、学生を集めることは難題ではないだろう。

さらに、ハミルトン、シェーン、それに私と揃えば幾何解析研究者の良好な中心ができたし、ドイツの微分幾何学者ゲルハルト・ヒュイスキンもまもなく客員教授としてサンディエゴに来た。私はほかの強力な数学者たちも迎え入れて、すでに世界最高の気候であると宣伝するサンディエゴを数学のパラダイスにもすることを考え始めた。

マイケル・フリードマンは四次元の多様体の研究でかなりの名声を得たあとも、まだUCSDにいた。すぐれた教授連もほかに相当数いた。運営陣からの励ましを受けて、私はまもなく数学科を大きくすることに関わっていった。そのときは、それがどれほどのトラブルを招くか、どれほどの抵抗に遭うか、あるいはどれだけ多くのけんかを誘発するかを知らずに。振り返ってみれば、自分の研究に集中していればよほど利口だったものを、と悟る。しかし人はときに痛い目に遭って学ばなければならない。そして良くも悪くも、痛い目に遭うのがしばしば私の学び方だった。

第8章 陽光ふりそそぐサンディエゴのひもと波

一九八四年、国の端から反対側の端に引っ越しする前に、いくつかのことに対処する必要があった。一つは、友人のヤン・ロウの招きで中国に行くことだった。彼は著名な学者でまもなく中国科学院数学研究所の所長になり、のちに数学・システム科学研究院の創立院長になった。中国人学生には「ヤンおじさん」と親しみを込めて呼ばれている、中国を旅するときは知っていて損はない人物だった。あとになって、私が乗る便に数分しかないときに空港まで付き添ってくれたことがあったが、チェックインデスクがもう閉まっていたから、彼がいなかったら乗り遅れただろう。彼が身分証明書を見せると保安職員たちが礼をし、一人が言った。「ヤン・ロウですね。教科書で先生のことを読みました。先生とご友人はスルーパスです！」。

この旅には、辛い兄の死のあとの気晴らしになるように母を伴っていた。ロウは私たちが共産党のある上級幹部に会えるよう手配していた。その幹部は好人物で広東のファッションショーの話で私たちを楽しませ、中国が発展し始めていることを示した。彼の気安い態度は理解できたが、幹部が一般人にこのようにくだけた話し方をするのを中国文化が認めるとは思えなかった。長く権力を握っていることはないだろうと思ったが、案の定、一年もたたないうちに消えた。

この旅のおもな目的は、長いこと兄の面倒をみてきてまだ喪に服している母に、何か楽しいことをしてあげることだった。観光をして何人かの親戚に会うと、母の気力がいくらかでも回復したようだった。

だがこの旅にはもう一つの目的があって、それは中国人学生たちに会ってUCSDで私の指導で大学院の勉強をする良い候補者を見つけることだった。私が二十歳でバークレー校に行ったことで数学の世界が開かれたので、同じようなチャンスを中国人学生に与えてみたかった。私がアメリカに旅立った一九六九年当時、中国はまだ十年に及ぶ文化大革命の真っ只中で流血と大量飢餓が蔓延した時代だった。大学教授などの知識人が肉体労働を強いられ、学問研究の地盤が途絶えていた。一九八〇年代半ばには状況が改善していたが、中国はまだきわめて貧しく、大学は欧米よりかなり遅れていた。私が国を助けるために試みた方法の一つが、中国のふさわしい大学院生、ポスドク、教授たちをアメリカの一流校に連れて行って、最高レベルの研究に触れさせ、理想的には自ら参加させることだった。

この旅で復旦大学のジュン・リー、北京大学の田剛《でんこう》と中国科学院の二人の学生ワン＝シオン・シーとファンギャン・チョウを採用した。この四人全員がその後数学でなんらかの成功をし、全員がアメリカの大学の教授を務めている。

北京にいる間に華羅庚を、重篤な心臓病で治療を受けていた病院に訪ねた。華は強く否定しているにもかかわらず不倫疑惑のうわさが流布していたため、ひどくいらだっていた。華はうわさの背後にライバルがいると思い込んでいたが、はっきりと陳のせいにはしなかった。

華は私に手紙を送ってこの対立についてほのめかし、唐王朝(西暦六〇〇年頃〜九〇〇年頃)の有名な詩の抜粋を同封していたが、その詩は自分の専門技能でだれが優れているか絶えず競っていた有名な詩人についてのものだった。「時がたてばわかる」とその詩は結んでおり、華は陳と彼の競争にも同じ言葉が当てはまりそうだと信じているようだった。二人とも、人生の終わりまでその争いをやめる気もなければやめられもしないと私には思われた。

一年と少したって、華が日本に旅をした。東京で一九八五年六月一二日に講演中に壇上で倒れ、心停止で即死した。その話を聞いたとき、私はひどく動揺し、長年の不和が華の心臓病の一因になったのではないかと思った。そして陳が一人だけ生き残ったときになっても、戦いは続いていた。私が華に会ってときどき彼の学生たちを助けたことが陳に対する裏切りだと、陳自身と彼の熱狂的な支持者たちが考えたのだ。

たとえば、その何年か前、私は華の最後の教え子の一人で複素関数論のエキスパートだったシェン・ゴンと話をした。ゴンはそのときジョー・コーンと会うためにプリンストンに向かっていた。

友人たちの話では陳の熱烈な支持者が、私が陳に攻撃をかけるためにゴンなど華の支持者の協力を求めていたと主張して、いざこざを起こそうとしていたという。当然ながらコーンはこの異様に思える主張を一蹴《いっしゅう》した。おそらく、その話が作り上げられた奇妙な事情を知らなかっただろう。すべてばかげたことだと私はコーンに断言した。

もっとばかげたことが一九八四年、サンディエゴに着いてまもなく起こった。まだプリンストンにいた友人の莫毅明が、陳の多くの信奉者と一緒に参加したパーティのことを私に話した。うわさによれば陳と私が争っているという話を誰かがして、話を面白くするために全員の前で陳に電話をかけて、私がしたと思われるひどいことすべてについて誘導尋問をした。莫はこの奇妙な悪ふざけに仰天したが、若手教員としてはそれをやめさせる立場にはなかった。

私と陳の関係が、彼の自称支持者の何人かによって害されたことにほとんど疑いがなく、彼らは私を悪く見せることによっておそらく「先生」にとっての自らの地位が上がると考えていたのかもしれない。そうだとしても陳と私は互いに話をすることを決してやめず、手紙のやりとりを続け二〇〇四年に彼が亡くなる直前までたまに会っていた。しかし陳の死後もなお、彼の熱烈な信奉者の何人かがする悪さは止まらなかった(私は彼らを「支持者」とは呼ばない。なぜなら彼らの行動は陳を支持するどころか逆のことをしていた可能性があると思うからだ)。

もう一つの話――ずっと面白く重大だった――が展開し始めていた。前述のように、高等研究所で私の助手だったゲイリー・ホロウィッツは物理学者だった。私はしばしば物理学者を博士研究員として雇ったが、それによって物理学の最新情報を知るチャンスが得られ、同時に私が強い関心を持っている、物理学と数学が交差する領域に浸ることができるからだった。ホロウィッツが二年間高等研究所にいた間に、カラビ予想について彼や当時高等研究所にいたほかの物理学の同僚、たとえばアンドリュー・ストロミンジャーとエドワード・ウィッテンたちと何度か話をした。私の証明は物理学、具体的には真空、すなわち何もない空間にも重力は存在しうるという考えに刺激を受けたものだった。それでどうなるのか正確にはわからないものの、これは物理学にとって重要に違いないと確信していた。しかし彼らは、少なくとも最初はあまり関心を示さなかった。

カラビ-ヤウ多様体

しかし一九八四年、私が高等研究所を離れたあと事態は変わった。その頃にはストロミンジャーとホロウィッツもすでに高等研究所を離れて、ともにカリフォルニア大学サンタバーバラ校に移っていた。ストロミンジャーは当時テキサス大学にいた物理学者で数学者のフィリップ・キャンデラスとともに、ひも理論という最新のアイデアを探求していた。ひも理論は、最も成功した二十世紀の二つの物理理論——ただし互いに相容れないという残念な性質を持つ——量子力学と一般相対性理論を統一しようとする大胆な企てである。量子力学は、重力が非常に弱い環境で、ごく小さい物体または粒子のふるまいを表す場合には、ほぼ完璧に正確である。一般相対性理論は重力が強い環境で巨大な物体のふるまいを説明するには、ちょうど同じ役割を果たす。だがどちらの理論も単独では、巨大な質量が極小サイズに圧縮される状況（これはたとえば、ブラックホールの内部やビッグバン時に見られたと思われる）には対処できない。また物理学者はこれら二つの理論の方程式を結びつけて意味のある計算をすることができない。ちんぷんかんぷんになるのがオチだからだ。

一九八〇年代半ばの早い時期に、ひも理論で物理学の隙間に橋を架けることができると信じる研究者がどんどん増えた。物質とエネルギーが最小の最も基本的なレベルでは、点状の粒子ではなく振動する小さなひもでできていると考える、新たな枠組による考えだった。ひも理論はさらに、私たちはよく知られている（無限大の）空間三次元と時間一次元に加えて、巻き上げられているため隠れていて見えない微小の六次元からなる十次元の宇宙に住んでいると仮定した。キャンデラスやストロミンジャーたちが取り組んでいた問題は、収縮した、または「コンパクト化された」六次元の幾何学に関するものだった。これら余剰次元は正確にはどういう形状に閉じ込められているのだろう？

ストロミンジャーは明確に定義された性質、ケーラー多様体に固有な性質であると分かっている「超対称性」という特殊な性質の他に、私がその存在を示していた性質を備えた多様体が必要なことを知っていた。超対称性はひも理論の多くのバージョンにも必須の特徴であるため、ひも理論はときに「超弦理論」と呼ばれる。

（私とのかかわりのおかげで私の研究をよく知っていた）ホロウィッツと話し合ったあと、ストロミンジャーはカラビ‐ヤウ多様体について、またどうすればそれをひも理論に取り入れられるかについて詳しく聞くために、私に電話をしてきた。私はそのとき、ラホヤの妻の研究室から広々とした美しい青い海、はるか中国にまで続く海に見とれていた。そしてその同じ瞬間に、これらの幾何学的構成物も同じように広がって物理学と調和するだけでなく、目の前にあるあらゆるものを包む海とそれを包み込む宇宙とも融合する可能性を感じていた。

私がこれまでに入手した情報によれば、これら多様体の六次元形は確かにひも理論に必要な仕様に適合するのではないかとストロミンジャーに話した。それはまさに、彼が聞きたかったことだった。ストロミンジャーは次にウィッテンに会ったところ、彼は別個に同様の結論に達していた。ウィッテンはわざわざサンディエゴに飛んできて丸一日を私とともに過ごし、新しい多様体を代数幾何学の手法を用いて作成する方法を話し合った。

その後まもなく、キャンデラス、ホロウィッツ、ストロミンジャー、ウィッテンの四人の物理学者が協力して論文「Vacuum Configurations for Superstrings（超弦理論の真空構造）」を書き、それが一九八五年に発表された。「第一次ひも革命」の一環とみなされたその画期的論文は、余剰六次元はいわゆるカラビ‐ヤウ多様体の形に丸まっているに違いないと論じていた。それら多様体の詳細な形状が今度は自然界に存在する粒子の種類、それらの質量、それら粒子間の力の強さ、その他の物理的特性を決定するという。物理学者ブライアン・グリーンは主張した。「宇宙のコードはカラビ‐ヤウ形状の幾何学で書けるだろう」と。

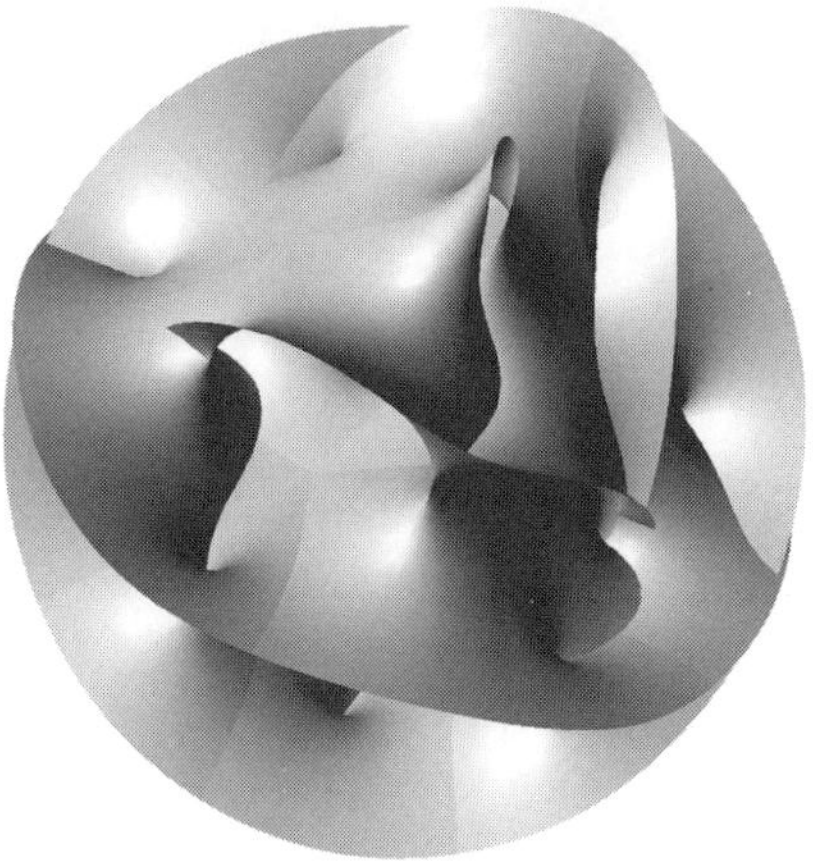

「クインティック」(5次超曲面)カラビ-ヤウ多様体。6次元の3次元断面図(インディアナ大学のアンドリュー・J・ハンソン提供)

「真空構造」の論文は、人間が自身の感覚で知覚できる四次元の宇宙と、ひも理論が仮定する隠れた十次元の宇宙——その多くは極めて小さいため目に見えない——の間に、必須の橋をかけた。この論文とほかの最近の進歩、とりわけ物理学者マイケル・グリーンとジョン・シュワルツの業績が相まって、ひも理論が突然ブームになった。アインシュタインが人生最後の三十年間に実現しようとして果たせなかった物理学の統一が可能になるという希望がわいた。

私も少々「ひも熱」に感染していた。それはカラビ-ヤウ多様体がひも理論の内部構造で中心的役割を果たしていたからだけでなく、ひも理論に不可欠だが当時は多くの物理学者がよく知らなかった抽象幾何学について説明するよう、しばしば頼まれたからでもあった。これによって数学者と物理学者の大規模な共同研究が生まれ、それが何年も続いた。私はその潮流に飲み込まれ、その刺激的な時期は今でも物理学と数学両方の興味深い発展につながっている。

キャンデラスとその同僚たちが「カラビ - ヤウ」という用語をつくってから三十年以上たった今でも、この連名をグーグルで検索すると約四十万件がヒットする。また、『カラビ - ヤウ』は二〇〇一年の戯曲の題名となり、「カラビ - ヤウ・スペース」はデトロイトのバンド「ドップラーエフェクト」のアルバムのタイトルになっている。イタリアの画家フランチェスコ・マーティンは数枚の絵のタイトルに「カラビ - ヤウ」を入れ、二〇〇三年の『ニューヨーカー』誌に載った物語でウディ・アレンが、微笑して「カラビ - ヤウの形に丸まる」女性のことを書いている。この表現があまりしばしば使われてきたので、ときどき私のファーストネームがカラビであるような気がするほどだ。私はそれでかまわない。カラビを立派な人だと思っているし、彼と結びつけられるのを誇りに思う。カラビのほうはこう言った。「私の名前とヤウの名前が永久につながっていてもかまわない」。

ストロミンジャーとウィッテンに重くのしかかっていた疑問は、存在するカラビ - ヤウ多様体の数に関するものだった。ストロミンジャーが一九八四年にその質問を私にした。ただ一つの解答があれば、理論を組み立てようとしている彼らの人生がうまくいくと望んでのことだった。当時、私の解答は2で、すでに作成されたカラビ多様体は二つだけだった。しかしまもなくほかに多くのカラビ多様体を発見し、それらの構造体から最終解答はずっと大きくなるだろうと思った。私の最も

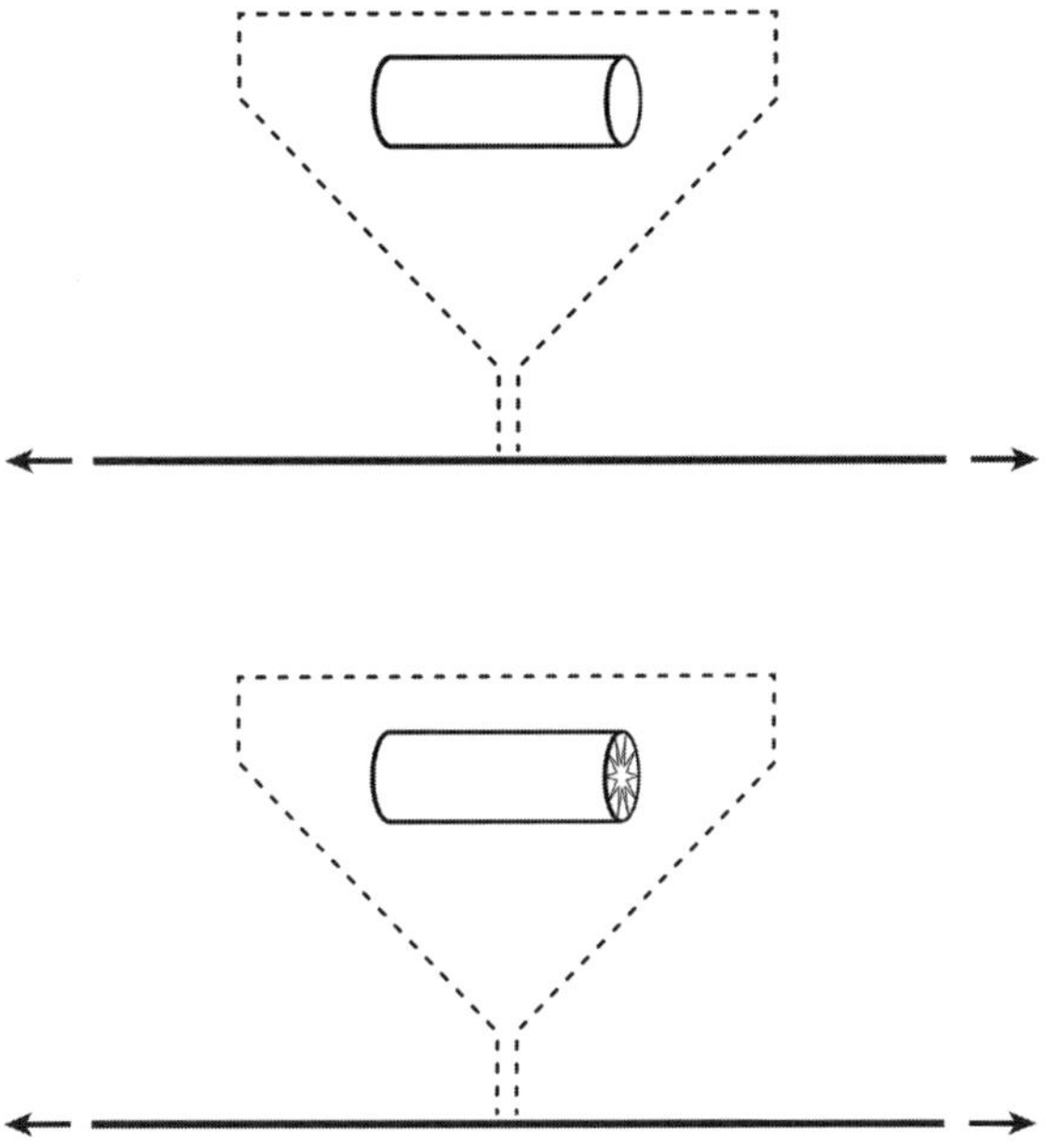

無限の四次元の時空を両方向に伸びる直線で描く。定義上、直線には厚みがない。しかしその直線を拡大鏡で見れば、結局のところその直線に厚みがあることがわかるかもしれない。この直線は余剰次元を内包することができ、その大きさは内部に隠れている円の直径によって決まる（上）。ひも理論はこの隠れた「余剰」次元というアイデアを取り、それを大幅に拡大する（下）。四次元の時空を詳細に見ると、余剰6次元がカラビ-ヤウ多様体の形に丸まっているのが見えるだろう。この直線のどこを切っても隠れたカラビ-ヤウ多様体が見え、そのように露呈されたカラビ-ヤウ多様体はすべて同一だろう（もとの図はシアンフェン（デービッド）クーとシャオティアン（ティム）インによる）

正確な見積もりは、少なくとも一万のカラビ‐ヤウ多様体があって、それぞれがひも理論の方程式の別々の解になり、それぞれ位相的種類が異なるというものだった。今では、私の最初の推定値をはるかに超えて、もっと多くのカラビ‐ヤウ多様体を作成できることがわかっている。それ以来私は六次元多様体（または複素座標で三次元）の数は有限である（それでも非常に大きくはある）と予想しているが、まだ決定していない。

ひも時代の早期だった一九八四年に戻ると、ストロミンジャーは私の解答にがっかりした。理論家の立場からは、この種の多様体はただ一つ、または一握りだけのほうが、よほどすっきりしていただろうからだ。一九八五年三月にイリノイ州のアルゴンヌ国立研究所で開催された、最初の主要なひも理論会議の一つに参加した大勢の物理学者にも、私は同じニュースを伝えて失望させた。

この分野のトップレベルの人たちの多くと理論家のトップの人たちが、講演や論文発表のためにアルゴンヌにやってきた。そのなかにはデイビッド・グロスとヘーラルト・トホーフト（後のノーベル物理学賞受賞者二人）と前述のグリーン、シュワルツ、ウィッテンなどがいた。私もカラビ‐ヤウ・スペースの幾何学に関する論文を発表した。もっともそのタイトルはより専門用語的な「リッチ曲率が0であるコンパクトな三次元ケーラー多様体」だった（この論文はおわかりのように三次元の多様体に関するものだが、当のケーラー多様体は複素三次元、もしくは六次元（実次元）で、ひも理論の要件を満たしている）。

アルゴンヌに行く前に、ホロウィッツ、ストロミンジャー、ウィッテンからオイラー数が6またはマイナス6のカラビ‐ヤウ多様体を作成してくれるよう頼まれていた。オイラー数（または標

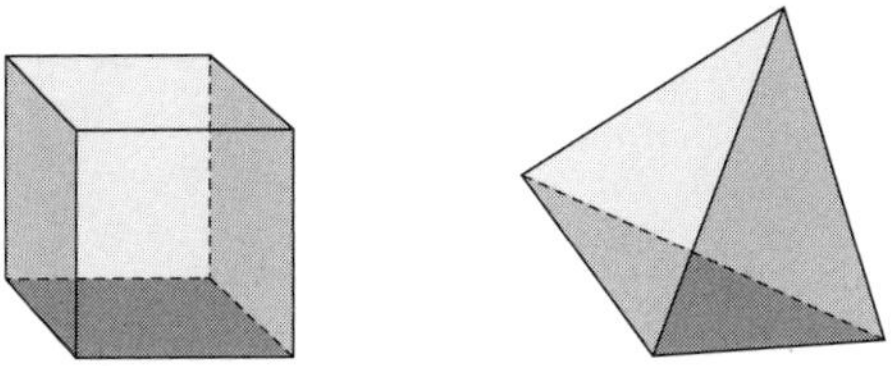

オイラー数（標数）はもともと多面体を分類するために作り出されたが、その後その他のより複雑な位相空間（カラビ・ヤウ多様体を含む）を表す方法に一般化された。オイラー標数はF＋V－Eで表される。ここでFは面の数、Vは頂点の数でEは稜の数である。この簡単な式を使って、立方体のオイラー標数が6＋8－12＝2であることがわかる。四面体のオイラー標数は4＋4－6＝2である。レオンハルト・オイラーが、すべての凸状の三次元多面体のオイラー標数は2であると（1750年に）した最初の人物だった

数）は正または負の整数であり、それによって位相空間の分類が簡単にでき、どれが等価かがわかる。わかりやすい例を挙げると、三角形の面を四つ持つ四面体すなわち「三角錐」のオイラー数は2である。これは、面の数（4）と頂点の数（4）を足して、そこから辺の数（6）を引くことによって出せる。

友人の物理学者たちは、ずっと複雑なオイラー数6またはマイナス6のカラビ・ヤウ多様体を望んだ。というのも、ウィッテンが以前に素粒子の世代の数がオイラー数の絶対値の半分であることを証明していたからだった。オイラー数6またはマイナス6の多様体がしたがって正しい答えを出し、物理学の標準モデルに欠かせない特徴である素粒子の三世代を生じさせる。

それが最重要目標の一つ、つまりひも理論が私たちが知っている物理学である標準モデル

（標準理論）を再現でき、それからはるか向こうまで私たちを連れて行くのを示すことだった。しかしキャンデラスたちが最初に扱ったカラビ‐ヤウ多様体がもたらしたのは四世代の素粒子で、望ましい三世代に近かったが十分に近くはなかった。この場合、1の違いは重要な差異で、映画『ホーム・アローン』で子どもの一人がいないのに気づいた親のように、できるだけ早く是正する必要がある問題だった。

アルゴンヌに旅立つ前にこの問題に取りかかる時間はなかったが、サンディエゴからシカゴ行きの飛行機の中で取り組んで、オヘア国際空港に着陸する寸前に解答（オイラー数マイナス6のカラビ‐ヤウ多様体）を考えついた。その知らせを早く広めたいと気がせいたが、まず国立研究所に連れていってくれるはずの人を見つける必要があった。空港で男が近づいてきたので予約された運転手だと思ったが、その男の車に乗り込んでから彼はアルゴンヌのことを聞いたことがなく、どこにあるのかも知らないことがわかった。二五マイルの道のりのはずだったがうろうろ回り道をした。結局、料金は五十ドルになったが、そこまで下げるのに強力に交渉しなければならなかった。

私の話は会議で好評を博した。それまで多くの科学会議に出席してきたが、会場内が熱気と楽観で満たされて格別だった。この会議の集中の高さにも感銘を受けた。出席者は自分の発見を発表するだけのためにそこにいるのではなかった。全員が解決に向けて取り組みたいただ一つの問題（大きい問題ではあるが）が目の前にあるように感じられた。メディアの記者も大勢いて、一言も聞き漏らすまいとしていた。この会議は画期的なものになりうる、科学が決定的な、待ちに待った閾値に近づいているかもしれないと誰もが感じていた。

しかし、そのレベルの熱狂を長期間維持するのは不可能だった。なにしろひも理論はとてつもなく野心的な目標を掲げていて、仮に詳細が完全に解決できるとしても何年もかかるだろう（たとえば、いわゆる万物理論を創造するような）最も早期の最も高い望みのいくつかはまだ実現されておらず、すべてが実現されることは決してないとしても、ひも理論は物理学と数学に早期には予測されていなかった多くの貢献をした。そしてひも理論が自然の究極の理論ではないとしても、少なくともその方向への一歩であると思われる。そしてひも理論は引き続き、私たちを驚かせ、関心を引いてくれる。だから結局、最初にかけられた期待が外れたかもしれないとしても、失敗とみなすべきではない。

私はどうかと言えば、アルゴンヌのシンポジウムで充電されてUCSDに戻って、ひも理論の研究にきわめて前向きになっていた。そこで、カリフォルニア工科大学（カルテク）の物理学のポスドクでこのテーマに精通していたブライアン・ハットフィールドを雇った。その年、私には十五人の大学院生がいた。シカゴに向かう途上で作成したカラビ - ヤウ多様体を彼らに見せ、使った方法も教えた。教え子の田剛が、そのときやっていたオイラー数がマイナス6の多様体の、ほかのいくつかの例を作成するのに私の方法が使えるのではないかと言った。これらの「新しい」多様体は別物のように見えたが、じつは私が作成した最初の多様体を（曲げたり破れないように延ばしたりして）変形したもので、トポロジー的には最初のと同じであることが後にわかった。

私はひも理論と数学の両方で重要なカラビ - ヤウ多様体のさまざまな局面を引き続き研究して、

のちに『Mathematical Aspects of String Theory（ひも理論の数学的側面）』という本を編纂した。だが前述のように私が一度に一つのことにかかりきっていることはめったになく、注目していたのはひも理論だけではなかった。私はまだ幾何解析、つまりひも理論のカラビ‐ヤウ多様体を生んだ数学分野を発達させることに熱心だったので、「共謀者たち」であるシェーンとハミルトンとともに、UCSDでそのための共同作業をした。

シェーンと私は正の（スカラー）曲率を持つ多様体の分類など、いつもの共同作業を再開し、コンパクト多様体の山辺問題について話し合った。後者についてシェーンは解決に近づいていたが、その年（一九八四年）遅くに解いた。それは彼の主要な業績の一つになった。また、私たちは一九八二年に高等研究所で始めて一年後に数理科学研究所で続けた講義を、サンディエゴ校で再開した。この講義では私たちのオリジナルの研究を発表したが、そのなかにはそれまで発表していなかった考えも含まれていた。ときには真夜中までかかって翌日の講義の準備をした。

私たちの知見をすべて保存して最終的に本の形で発表できるように、ノートをしっかり取れる人物が必要だった。本は数年後に『Lectures on Differential Geometry（微分幾何学講義）』と『Lectures on Harmonic Maps（調和写像講義）』として出版された。私はしばしば中国の学者をアメリカに呼んで、研究しながらそこそこの給料を取れるように手助けしていたので、ヤン・ロウにこの仕事ができる人物を知っているかどうか聞いた。中国科学院から来たスーという研究者がぜひやりたいと言った。この仕事の報酬を彼に一年以上払ったが、大きな間違いだったことがわかった。

スーはある程度数学ができたが、私たちの分野では期待どおりの水準ではなかった。わからないことが多くてもシェーンや私に助けを求めなかった。ときどき私の学生たちに質問したが、彼のほうがずっと年上だったこともあって、学生たちは面倒がって親切に教えてやらなかった。

結局、スーが書きためたノートは役に立たなかった。これはシェーンと私にとって大打撃だった。すべてを書きとめる機会がないことも多かったし、ずっと後になってスーがその仕事をできなかったことがわかってからは、私たちの理論を完全に再現できるとは限らなかった。

だが事態がさらに悪くなったのは、中国科学院からスーが経過報告を要求されたときだった。自分が仕事を遂行できなかったことを認めず、私についての報告(正確には私に対する攻撃)をすることにして、私が陳に対して陰謀を企んでいると主張したのだ。スーはさらに、私が以前の指導教官に真っ向から対立することだけを存在理由とするらしい自分の一派(彼のいう「ヤウ党」)を作りたがっていると主張した。すべてがあまりにもばかげていたので、科学院の人たちもスーのでっち上げだとわかっていた。ヤン・ロウは困惑して、スーの手紙のコピーを私に送り、彼をサンディエゴに送り出したことを詫びた。スーはまもなくサンディエゴを去った。

私の人生にはこういった、狂気としか思えない瞬間がときどきあった。幸い、その埋め合わせとしてUCSDでの数学面は幸先の良いスタートを切った。ずっとそうだったようにシェーンのごく近くで研究するのは楽しかった。二人の関心と考え方がよく合致していたため共同研究がうまくいき、おそらくそれまでで最良の相棒だった。名だたる四次元のポアンカレ予想を証明し終えたばかりのマイケル・フリードマンがちょくちょく私たちの会話に加わって、新鮮なありがたい見方をもたらしてくれた。

また、研究室が私の隣だったハミルトンともよく話をした。隣に彼がいたのは僥倖だった。話題の一つは私が約一年前にピーター・リと行ったリ‐ヤウ不等式という研究に関するものだった。リと私は熱にたとえるとそれが時間とともに連続的に変化して曲面上を伝わる様子を表した、幾何学的フローに関する方程式を開発した。私はハミルトンに、特異点——空間が圧縮されて一点になる、つままれたり折りたたまれたりする面上の場所——がリッチフローで生じうる、そしてもっと重要なことに、そういう特異点を伸ばすことができることを理解するのに「リ‐ヤウ推定」が役立つのではないかと言った。そして未解決の三次元ポアンカレ予想に取り組むのにこの方法が非常に重要だが、ただし彼のはるかに精緻でより非線形のリッチフローモデルにリ‐ヤウ不等式を組み込む必要があるだろうと、ハミルトンを説得した。

ハミルトンが後者の仕事、すなわち最終的にポアンカレの証明に向かう道の重要な段階を完了するのに六年ほどかかった。リッチフローに関わる問題では曹懐東、ベン・チョウなど私の何人もの大学院生たちがハミルトンとともに研究した。

UCSDで一九八五年の夏に、中国本土、香港、台湾の数学者に研究の指導をする私のプログラムに、以前の級友が理事を務める香港の財団が資金を提供した。約四十人の学生、ポスドク、教員たちがこの夏期講習のためにサンディエゴに来た。ハミルトン、シェーン、フリードマン、私とほかの人たちが講義をし、ほとんどの参加者が多くを学んだ。出席者の一人で台湾の国立清華大学から来たシー＝シャー・ロアンは最終的に、デヴィッド・マンフォードが開発したいわゆるトーリック法を用いたカラビ‐ヤウ多様体の作成についての論文を私と共著で作成した。ロアンは後に私のポスドクを務め、私は彼を台湾の中央研究院数学研究所に就職させた。

プログラムのほかの参加者の多くも、参加したかいがあったと思っていた。数学が目玉ではあったが、参加者たちは時間を見つけて海岸でバレーボールをした。これはプリンストンやハーバード大学ではまねできない、サンディエゴという場所の利点の一つだった。

私は当時、アジアだけでなくヨーロッパ、アメリカその他からの多くのお客さんをもてなした。香港の私の出身高校を卒業した数学者で、たまたま私の故郷、汕頭の生まれでもあったノートルダム大学のピット＝マン・ウォンが、研究上の助言を求めて私がUCSDに入った年に訪ねてきた。カレン・ウーレンベックとともにヤン‐ミルズ方程式について書いた早期の手書きの論文原稿を彼に見せて、読んだ後にさらに発展させられそうなアイデアについて話をしようと言った（今でも大いに誇りに思っているウーレンベックとの共著論文は『Communications on Pure and Applied Mathematics』誌の一九八六年版に掲載された。クーラント数理科学研究所が発行しているもので、カラビ予想の私の完全証明が八年前に掲載されたのと同じ専門誌だった）。ウォンは特別研究休暇中だったので、良かったらサンディエゴでその年休暇を過ごせば、私がまだ関心を持っていたヤン‐ミルズ方程式に関する別の疑問も掘り下げて研究できるとも言った。だがウォンはその休暇中、ハーバード大学でユム＝トン・シウとともに研究する手はずになっていた。

偶然にも、やはりハーバード大学のシウを訪ねていた私の以前のポスドク、チア＝チン・チョンから連絡があった。チョンが言うには、シウが一九八五年のコロンビア大学での会議で発表した講演の結果を田剛がまねしたと言って、シウがひどく動転しているという。その会議の約一年後にシウから私に来た手紙に、こう書いてあった。「貴公の学生の導出がどの程度独立したものかわからない」。シウの手紙によると田の論文は「一般公開講座ですでに発表した私の方法を再編して、自分のものだと主張しているように思われる」と。

結果の独自性とどちらが先行したのかという問題を解決するために、田の原稿全体のコピーを見たいとシウは私に頼んだ。私はそれを彼に渡したくもないし、渡すよう田に強要したくもなかった。というのも、疑わしきは若い人の有利に解釈したいからだ。一方、田がとがめられているようにシウの結果を自分の物にしたのではないかと思ったことも、白状しなければならない。

それでも私はこの状況を解決する方法を見つけたいと強く思っていた。そこでシウに、田にこの件について話をする機会を与えて、田がまねをしたのかどうかほかの人たちに判定させてはどうかと提案した。しかし、これではシウの気は収まらず、ほかの人たちに（少なくとも同僚たちが私に話した限りでは）私が大学院生を使って彼を攻撃していると話したという。まったく根拠のない言いがかりだった。シウはこの不平のもとを数年間持ち続けた。長すぎると思ったが後になって、田についての彼の心配は正当だったかもしれないことがわかった。

同じ頃、一九八五年に北京大学で修士号を取得した中国の数学者、張益唐から手紙を受け取った。張は自分の分野である数論をサンディエゴで研究することを望んでいたので、UCSDの傑出した数論学者で後に米国科学アカデミーの会員に選出されたハロルド・スタークに師事できるように計らった。

ところがこの計画は、一九八四年に北京大学の学長になった丁石孫によって阻止された。おそらく丁は、私が数年前に彼を高等研究所に入れなかったのを根に持っていたのだろう（私は任命できる立場ではなかったのだが）。丁の動機を知っていると断言することはできないが、理由はどうあれ、丁は張のために代わりの手配をした。UCSDでスタークの下で大学院の勉強をする代わりに、張はパデュー大学に行って丁の友人チョン゠シエン・モウの大学院生になった。張は熱意を持っていた数論の研究を認められず、単に丁とモウの個人的関係から、専攻を代数幾何学に変えざるを得なかったことを腹立たしく思っていた。

私は一九七〇年代の初めに高等研究所での初年度からモウを知っていたが、彼は数論学者ではなかった。丁は結局、モウに張という優秀な学生の贈り物をしたことになる。当時の中国で

1984年、北京の人民大会堂で共産党総書記、胡耀邦（右、座位）に会う

は大学の学長の力が大層なものだったので、学生の選択を覆してまったく違う数学分野で研究するよう強いることができた。

張のヤコビアン予想の研究はうまくいかなかったと言うにとどめておく。彼の困難の原因の少なくとも一端は、未発表のものもあったモウの研究の上に構築されたことにあったと思う。その結果、張は学位論文も含めてヤコビアン予想に関する自分の研究を発表しなかった。その研究の正当性が未発表資料にかかっていたからである。私の想像では、一九九一年に博士号を取得してから二十年以上も張が終身雇用の地位に就けなかったのは、それが理由だった。

ちなみにモウは何十年間もその予想に取り組んでいながら証明できず、これまで誰も証明していない。しかし張の運命は二〇一三年に劇的に変わった。一八〇〇年代にさかのぼる数論の有名な問題、双子素数予想について彼が成し遂げた飛躍的な成功で、数学界に衝撃を与えたのだ。

この種の珍事が裏で起きていたのはさておき、サンディエゴでは物事がきわめて良好に進んでいた。一九八五年六月に私はマッカーサー賞(天才助成金)を受賞した。それは心地よい大きな驚きだった。この賞について『ロサンゼルス・タイムズ』紙の記事は私の微分幾何学の研究を、「あまりに複雑で彼自身の同僚たちも理解できない」と書いていた。

同じ雑誌に一年前に掲載された、私がUCSDに雇われたことを報じた記事と比べると出世したと言えるだろう。そのとき同じ記者が私の数学を基本的に無用だと書いていた。おそらく、幾何学における私の研究の社会的価値について彼から質問されたのに対する回答から出た評価だったのだろう。純粋数学の研究は長期的には重要な影響力を持つが、短期的に生活に影響することはめったにないと、答えたのだ。「たとえば、たぶんガレージの戸を電動にするのには使えないだろう」と続けた。そしてそれは明らかに「無用」への小さな一歩だった。そうは言っても、私は幸いなことにマッカーサー賞の受賞者で、その年に受賞したほかの著名人たち、たとえば児童擁護基金代表のマリアン・ライト・エデルマン、尊敬すべき文芸評論家ハロルド・ブルーム、科学者で作家のジャレド・ダイアモンド、ダンサーで振付師のマース・カニンガムとポール・テイラーなどに仲間入りしたことを誇りに思っていた。賞にはいつでも有用である現金も付いていた。この賞金のほとんどを息子たちの将来の大学教育のために取っておいた。

サンディエゴでの生活はその他の面でも良好だった。子どもたちとともに過ごし、シーワールドやサンディエゴ動物園などに連れていった。家族全員で楽しんで、ときには「アメリカンドリーム」を実現しているような気がした。気候は心地よく、ほとんどいつも陽光があり、遠くないところに海岸と波があった。

UCSD数学科の同僚数学者、ビル・ヘルトンと新たに友だちになった。学内にはほかに大勢の熱心な大学院生と中心となる優れた同僚たちがいて、すばらしい成果が望めた。現に、大学が若手とベテランを含めてあと十五人、教員として雇うことができると言われていた。その人物の研究を知っていて尊敬できる、友人のレオン・サイモンとカレン・ウーレンベック、一般相対性理論のエキスパートでまもなく大評判となるデメトリオス・クリストドゥールーなどを私は推した。

事態は良い方向に進み、万事準備完了と思われた。ところが科内の権力闘争という名の不可抗力に遭遇して、その夢をお蔵入りにしなければならなかった。結局、私の構想はUCSDのほかの人たちとは共有されなかったのだ。科を発展させてくれと大いに奨励されたのだが、サイモン、ウーレンベックとクリストドゥールーを雇うことに大した熱意はないようだった。ひょっとすると、私が彼らを支持して資質が低いと思われたほかの候補者をはねた声が大きすぎたことが、一部の教授陣を引かせたのかもしれない。

この頃、UCSDのチャールズ・リー・パウエル数学教授職に任命されたばかりだったフリードマンからの電話に驚いた。その電話は一九八五年の遅い時期に、コロンビア大学であった会議に出席するために当時（現在も）ニューヨーク市立大学のアルベルト・アインシュタイン教授職にあったデニス・サリバンと一緒にいたときのことだった。フリードマンは自分が翌年、フィールズ賞を受賞するのかどうか知りたいと思い、サリバンか私が知っていると考えたのだが、二人とも知らなかった。おそらくいらだってのことだと思うが、フリードマンは彼の研究が私の研究よりフィールズ賞にふさわしい、なぜなら彼のポアンカレ予想の証明には新しいアイデアが五つ含まれているのに対して、カラビ予想の証明では一つだけだからと教えてくれた。結果として、フリードマンは約一年後の一九八六年八月にフィールズ賞を受賞した。彼はその賞に値すると思ったが、自分と私の研究を比較したことについては根拠がなく議論の余地があると思い、歓迎しなかった。

私はそれからUCSDに応用数学センターを設立するという提案についての雑用に忙殺されたが、

その企画はハッピーエンドとはならなかった。ことの次第はこうだ。数学研究センター（MRC）が一九五六年にアメリカ陸軍とウィスコンシン大学の協定で開設されて以来、同大学のマディソン校に置かれていた。数学研究センターが入っていたスターリングホールという建物は、一九七〇年にベトナム戦争と米軍全般に反対する学生暴動の一環で爆破された。その爆破で一人の物理学者が死亡し三人が負傷したが、その誰もが数学研究センターに属していなかった。

一九八〇年代半ばに陸軍が同センターの新しい本拠地を探していた。UCSDがその施設の受け入れを希望し、私が立候補の準備を頼まれた。個人的にはこの件に利害関係はあまりなかったが、手助けするのはやぶさかではなかった。しかし、提案書を書く段になって、私たちの努力は暗礁に乗り上げた。グループ内の応用数学者たちが、説得力のある事例を書類にまとめていなかったからだ。私は応用数学者でもなければ文才をあてにされることもあまりなかったにもかかわらず、自分で書かなければならないことになりそうだった。そこでまず、クーラントの応用数学者ポール・ガラベディアンやストーニーブルックのジェームス・グリムなど、知人のエキスパートたちから助言を受けた。それが応用数学者たちを激怒させた。私が外部に助けを求めたのが気に入らなかったのだ。また、応用数学者の採用を画策せずに純粋数学者を採用しようとしていたのも気に入らなかった。早い話が、私に科内の応用数学に関する**どんなこと**にも関わらないでほしかったのだ。

一例を挙げると、友人の統計学者で当時UCSDにいたリチャード・オルシェンが、ハーバード大学で博士号を取得したばかりの優秀な若い統計学者デイビット・ドノホーを採用したいと思った。

私は、それは良さそうだと言った。オルシェンは次にUCSDに研究滞在中の統計学と確率の権威者マレー・ローゼンブラットに、私がしきりにドノホーを採用させたがっていると言った。ローゼンブラットは腹を立てて、ヤウは統計学に関する人事に口出しするのをやめるべきだと言った。

応用数学者の多くが、軍の数学センターをUCSDに招致するプロジェクトの中心的役割が私に与えられたことに反発して、私に敵対した。この紛争を和らげるために、以前は素粒子物理学の研究者だった副総長のハロルド・ティコが、このプロジェクトをUCSD内の独立部門であるスクリップス海洋研究所のジョン・マイルズに引き渡すことにした。しかしティコは、私に引き続き大学を代表してセンター誘致のロビー活動をしてほしいという考えだった。私はそれを断って、このプロジェクトにおける唯一の関心事は数学科を発展させることであって、時間とエネルギーをスクリップスの数学プログラムの発展に捧げるつもりはないと言った。

サンディエゴから戻る

UCSDでの私の人間関係は明らかにささくれだち始めていた。多くの応用数学者が、ヤウはすでにハミルトンとシェーンを確保していたのでそれで十分だろうと、サイモンとウーレンベックの任命に反対した。私はティコに、数学科内で居心地が良くないので大学を離れなければならないかもしれないと告げた。給料をつり上げるための作戦だと言う人もいたが、私は本当に出口を探していた。

今後の雇用をめぐる対立のさなかに、ティコが暗雲を取り除くべく、フリードマンと私と昼食をともにする手配をしてくれた。ティコはフリードマンに、科内に何か問題があるのを知っているかと聞いた。フリードマンは、問題には気づかなかったと言った。それを聞いて私は、問題があるとすればそれは私自身の問題で、科の問題ではないと感じた。大したサポートを受けられそうもないと感じた私は、その会合の終わりにはサンディエゴではあまり望みがないという結論に達した。

私は結局、サンディエゴから遠くへ——行けるところまで行って、まだアメリカ本土にいる、というくらい遠くへ——異動した。サンディエゴは世界でいちばん快適な気候と宣伝される美しい場所だから、去るのは残念だった。それに私たちは強力な数学科をＵＣＳＤに招致するところだったのだ。しかし同僚の教員たちの多くはそれを望んでいなかった——少なくとも私の思うようには。それでいい。現在のままで満足で、ＵＣＳＤを世界の数学の目玉にする必要を感じない人たちもいる。ほかにも、未来に別の構想を持っている人たち、この数学科を発展させる最良の方法について別のアイデアを持っている人たちもいるかもしれない。私は古いジョークを思い出した。「電球を換えるのに人が何人いる？」一人で足りるよ、と相手は答える。「電球が換えられるのを望めばだけどね」。

ハミルトンはさらに七年間留まった。数学とサーフィンという好きな道二つを追い求められるところにいれば、彼は幸せだったのだ。一九九六年に彼はコロンビア大学の教員になった（南カリフォルニアのレベルには及ばないが、近くのロングアイランドでそこそこ良いサーフィンはできた）。シェーンは一九八七年にUCSDを離れてスタンフォード大学に就任した。

幸い私は新しい着地場所を確保することができた。一九八六年の遅い時期にバークレーにいたとき、偉大な数学者であるだけでなく好人物でもあり、私がいつも敬服していたラウル・ボットに会っていた。ハーバード大学が（再度）私にオファーを出そうとしていると彼が教えてくれた。これが、ハーバード大学から私への三回目のオファーとなり、四回目があるかどうかは不明だった。私はボットに、UCSDでは事態が難しくなりつつあると言った。彼は、ハーバード大学はぜひ私を採りたがっているが、時間をかけて考えるよう、くれぐれも軽率な感情的な決定をしないようにと助言した。

一九八七年の早い時期に数学科の学科長バリー・メイザーに会いにハーバード大学に飛んだ。彼はとても友好的だった。雑談をしてくつろいだところでメイザーが私を、後にノーベル経済学賞を受賞する芸術科学部学部長のマイケル・スペンスに紹介した。スペンスもとても親切で、歓迎されていると私に感じさせるためにできることは何でもしてくれた。私が若い頃に知った、有名な中国人学者の孫である中国人女性と彼が結婚していたことがわかった。ハーバード大学が私に出せる給与はUCSDで貰っていた額より少なかったが、ハーバードは好条件の住宅ローンを提供することができ、それで給与の不足分が埋め合わされた。

私は間違いなく魅力を感じたが、承諾を固めたのはMITのリンカーン研究所が妻に応用物理学の仕事をオファーしたからだった。そこで妻は最も楽しいと感じることができるはずだった。ハーバード大学に申し出を受けることを伝え、一九八七年に教員陣に加わった。そこで現在まで三十年余りを過ごしている。もちろん、そのすべてが幸せいっぱいだったわけではないが良好な長期在籍で、あの古いことわざ「三度目の正直」はたわごとではないと信じる根拠になった。

第9章 ハーバードに定着

ハーバード大学に行くということは、少なくとも一つの点でほかの大学に行くのとは違う。一九八七年七月、ケンブリッジの、ハーバード大学がいう「アメリカ最古の高等教育機関」に着いて、感傷的に聞こえるかもしれないが歴史の重みが空気中に漂っているように感じた。一七一八年建造のマサチューセッツ・ホール、一七六六年建造のハーバード・ホールなどの歴史的建造物が数学科からすぐ見えるところにあることから、アメリカそのものより約一世紀半古い、伝統が染みついているところに入るという事実に間違いはなかった。着任時、ハーバード大学の伝承を熟知してはいなかったが、有名な前任者の一部について最大限の努力をして学んだ。

「ハーバード・カレッジ」が一六三六年に地元の牧師ジョン・ハーバードが遺贈した土地に創設された。ハーバード牧師は死に際して四百冊の蔵書もすべて寄付した（その後、大学全体で約一七〇〇万冊に増えた）。当初の図書館の棚は数学の本が目立っていたわけではなかった。また、数学は同校の初期のカリキュラムに不可欠とは考えられず、歴史家のサミュエル・エリオット・モリソンによれば、算数と幾何学は当時、「学識者より機械工にふさわしい科目」とみなされていた。

ハーバード大学が代数を教えるようになったのは、学校設立からざっと一世紀たった一七二〇年代か一七三〇年代のことだった。同カレッジで独自の数学研究が初めて行われるまでに、さらに一世紀が過ぎた。一八三二年に二三歳の個別指導教員ベンジャミン・パースが「完全数」――たとえば6と28のように約数の和（1＋2＋3と1＋2＋4＋7＋14）がその数と等しい正の整数――の証明を発表した。しかしパースがその業績によって称賛されることはなかった。その時代の数学教員は定理を証明するのではなく、教育と教科書の執筆が仕事の中心だった。

一八九〇年代の初めにヨーロッパで教育を受けた二人の数学者、ウィリアム・フォッグ・オズグッドとマクシム・ボッチャーがハーバード大学の講師になり、後に正教授になったことで、事態はがらりと変わった。オズグッドとボッチャーがより「現代的な」視点をハーバードに持ち込んだことで数学科に研究文化が醸成され根づいたため、私が約百年後にその場に登場したときにはかなりの勢いがついていた。

その百年間に数学は大きな変貌を遂げ、圏論、ラングランズ・プログラム、幾何解析などの新しい分野が出現した。一方、物理学は一九〇〇年代初めに量子力学と一般相対性理論が出現して目覚ましい進歩を遂げ、ずっと後にはこれら二つの上首尾の分野をひも理論による統一的枠組で融合できる望みが出てきた。当時の私の関心はまっすぐにひも理論に向かっていたし、二マイルしか離れていないMITに研究室があった友人のイサドール・シンガーも、このテーマに胸を躍らせていた。前にも述べたように彼は良いコネにも恵まれていて、私がこの分野の研究のためにポスドクを何人か雇えるように、米国エネルギー省(DOE)から補助金が出るようにしてくれると申し出た。

ハーバード大学の数学科学科長になったばかりのアーサー・ジャフィから、その提案に仲間入りさせてほしいと頼まれた。エネルギー省から資金が下りたら二人で分けるという提案だったが、私は承諾した。

エネルギー省は、ジャフィと私がワシントンDCに行って直接、資金提供を申請するよう強く要求した。私たちのプレゼンテーションに与えられた時間は三十分だった。ジャフィは、自分が最初の十五分を使って私に残りの十五分を使わせると言った。しかし彼の話が計画より長くなって、私のプレゼンテーションのために残った時間は五分だけだった。それでも私たちは資金の提供を受けることができ、そのお金で優秀な研究者を何人か雇うことができた。そのなかの一人、物理学者のブライアン・グリーンは私のポスドクとして、まことに重要な仕事をした(後述)。

十人超の大学院生が私とともにサンディエゴからボストンに移っていた。そのうちジュン・リー、ワン゠シオン・シー、田剛、ファンギャン・チョウの四人がハーバード大学に入学した。残りの学生は近くのブランダイス大学、MIT、ノースイースタン大学に入学させ、引き続き彼らの指導教官を務めた。

ハーバード大学では素晴らしい教員陣に加わることができ、ラウル・ボット、アンドリュー・グレアソン、ディック・グロス、広中平祐、ジョージ・マッカイ、バリー・メイザー、デヴィッド・マンフォード、ウィルフリード・シュミット、シュロモ・スタンバーグ、ジョン・テイト、クリフォード・タウビズほか多くの同僚たちにこの上ない敬意を抱いた。まもなく、私のまわりに中国から来た学生と研究者の大集団がいるのに気づいた。あまりに多かったため、私が中国人の大学院生としか仕事をしないと、しばしば思われた。だが長年の間私が教えた博士課程の学生の約三分の一は中国人ではなく、ハーバード大学にいる資格があると見込んだ学生はいつでも誰でも受け入れた。

そうは言っても、中国からかなりの人数が訪ねてきたためCIAに目をつけられて、その人たちが何をしに来たのか報告するよう定期的に言われた。カラビ - ヤウ多様体、リッチフロー、ヤン - ミルズ理論などなどについてした私の説明が退屈だったため、何年かその種の報告をしたあとは、CIAからの質問はなくなった。国家の安全が危機に瀕していることはまったくなく、また幾何解析の領域は自分たちの管轄外だという結論にCIAの職員が達したらしい。

「小さいキノコ」というあだ名で呼ばれて（渋々）返事をしていた遠い昔から、覚えている限り人生は忙しかった。新しい大学で新たな仕事が決まると、大勢の大学院生の指導に忙殺された。四歳のマイケルを託児所で引き取ってから六歳のアイザックをベルモント（当時住んでいた、ケンブリッジから都市を一つまたいだところ）の小学校に迎えに行く必要があったので、毎日午後四時には指導を終えた。放課後、息子たちと遊び、中国の詩を教えようとしたが、その授業は大ヒットとはいかなかった。

教え子の田にもずいぶん目をかけた。彼は通常、週に三回わが家に来て、毎回数時間、ともに研究した。これは、サンディエゴにいたときに始まった習慣だった。田に大きな将来性を感じていたので、熱心に指導したのだが、それが裏目に出た面があった。私はやがて、田はすぐに結果を得ることを重視し過ぎているのではないかと思うようになった。この傾向が確かだとすると、手っ取り早い方法に陥る可能性がある。また、特別な助けを受けると不快に思う者がいることもわかった。感謝するどころかかえって敵意を示して何もしてもらわなかったように振る舞い、自分の成功はもっぱら自分の努力によるものだという認識を強めたがる。それは友人にお金を貸したときに起こりそうなことに似ている。貸した人の存在が借金のことを思い出させるため、その友人はその後、貸した人物となんら関係を持ちたがらなくなるのだ。

だが一九八七年にさかのぼると、田と私はまだ非常に親しい間柄だった。彼は一九八八年に博士号を取得し、私は彼のために強力な推薦状を書いた。プリンストン大学が彼に職を用意した。もっとも私はその数学者から、シウが田について懸念を口にしていたと聞いた。私は田を熱心に支持することで、ハーバード大学の同僚シウをないがしろにする意図はなかった。ただ、教え子を新しい仕事に就かせようとしただけで、それは指導教官がふつうにすることだ。

にもかかわらず、シウは何かをよく知っていた可能性があり、田に対する私の信頼はおそらく間違っていたことを遅まきながら知ることになる。数年後、田はいわゆるヤウ予想を解く方法を考えついたと言った。それが事実なら、きわめて興味深い展開になっただろう（田はときどきこれを「ヤウ-

田‐ドナルドソン」予想と、自分の名前を付けて言った。このアイデアは私の発案だったから、ドナルドソン自身は「ヤウ予想」と呼んでいたのだが)。その頃シンガーと話をしていて、何げなく教え子の業績を口にした。シンガーはその年にMITの最も名誉ある役職であるインスティテュート・プロフェッサーに任命されたばかりで、MITの教員陣に非常に影響力があった。シンガーの後押しでMITはまもなく田に職を提示し、田は喜んで受けた。

サンディエゴの自宅で友人・教え子たちと(1987年)。前列左からウェイユエ・ティン、シェン・ゴン、タ=ツィエン・リ、私(と息子のマイケル)、シアオ=ソン・リン。後列左からコナン・リョン、田剛、シウ=ユエン・チェン

一九九五年に田がMITの数学科に入った頃、彼はまだ例の論文を書き上げていなかった。予想全体の証明を電子保存文書に載せたのは二十年後の二〇一五年九月のことで、シウシオ・チェン、サイモン・ドナルドソン、ソン・スンたちによる完全証明が電子版に発表された一八か月後だった。二十年後の後知恵で今思い返せば、シンガーとの会話をもっと慎重にすればよかったのだ。

前述の論文の発表でこの件は解決していない。というのは田が二〇一二年十月二五日のストーニーブルックでの講演で、ヤウ予想の最初の完

全証明を完了したと主張したからだ。この問題はその間、ドナルドソンとその同僚たちがしばらく研究して完了に向けてかなり進んでいた。その講演の約十一か月後、田がまだ証明を提示していないときに、チェン、ドナルドソン、スンの三人が抗議を公表し、「数学的論証の独自性、先行性と正確さの根拠を主張している」田に反論した。田の講演では「詳細がほとんど語られなかった」し、「田がストーニーブルックで発表した時点で、完全証明に近づいている何らかのものを持っていた証拠」は見られなかったと三人は述べた。そして田が発表した研究には「重大な欠落と誤り」があり、その後に田が行った多くの変更と追加は「我々が以前に公表した研究で示したアイデアと手法をまねたものだ」と主張した。

ドナルドソンはきわめて才能ある数学者で数学界の真の紳士という高い名声を得ており、彼が同僚たちとともに発表した批判に納得のいく反論をした者を私は知らないし、田も例外ではない。

しかし時期的に先走りすぎてしまったので、一九八八年の終盤と一九八九年の初めに戻ろう。そのとき私は幾何学のNSF（アメリカ国立科学財団）助成金を受ける人物を決める委員会に加わるよう要請された。委員会にはほかにロバート・ブライアント、ソ゠レン・トウほか数人の数学者がいた。結局、この委員会で私はあまり発言しなかった。一つには、ある委員の同僚または以前の教え子および共著者から提出された提案書を評価しないという、NSFの規定があったからだ。多くの知人がこれらのカテゴリーに入るため、その人たちの提案書が検討されるときは部屋を出なければならなかった。話し合いに加わることができたときは、一部の厳しい批判に驚き、疑問視される提案のいくつかに対してほかの委員たちが発する意見が、過度に辛辣だと感じていた。

私たちの研究が終わってしばらくして、カリフォルニア大学アーバイン校で偶然、そこで教えていたトウに会った。彼女が言うには、候補に関する私の意見があまりに侮蔑的だったため、NSFが私にこの委員会への参加を依頼することは二度とないだろう、ということだった。この話には驚いた。というのは、ほかの委員に比べて私はあまり発言しなかったからだ。一方で、私はずけずけものを言うので、ときにはそれで人を怒らせるので評判だと知った。トウはさらに、「あなたがいるだけで、人が恐がるあまり自分の考えを言わなくなったんですよ」とも言った。

トウの主張はまったくの的外れだと思われたが、一点では正しかった。NSFからあの委員会に加わることを再び依頼されることはなかったのだ。私はその経験からいくつか教訓を得た。第一に、人は望めばあらゆる種類の動機を私のせいにするのであり、その件について私に発言権はあまりない。第二に、人は部屋に座っているだけで、良くも悪くも大きな影響力を及ぼすことがある。とくに何を考えているかわからない、さらには威嚇的な顔をしていると一部の人に思われる場合には。

ハーバード大学で忙しかった時期(1988年)

アメリカ市民権を取得

私は一九九〇年にアメリカ市民権を申請した。そのための一段階はボストンの移民帰化局（ＩＮＳ）で試験を受けることだったが、十分な準備をしていなかった。試験官はたくさんの質問を私に仕掛けてきた。たとえば、「アメリカ合衆国大統領は連邦議会の同意なしに戦争を宣言できると思うか？」と聞かれて連邦議会の同意が必要であると答え、ニクソン大統領はおそらくその点で手を抜いたのだろうとつけ加えた。試験官は後半部分について私に同意せず、ニクソンは（どんな落ち度があったにせよ）宣戦布告の点では手抜きをしていないと断言した。

よく答えられた質問もあれば、あまりよくなかったのもあった。係官は私の間違いをからかった（たしかに、いくつかは滑稽だった）が、それでもその場で合格にしてくれて、まもなく市民権が与えられた。

それまで長い間、私は無国籍だった。「アメリカ市民」という新しい指定を受けたことによって、海外旅行が突然、ずっと簡単なものになった。だが立場が急に変わったことで不安も感じた。私は依然として生まれ故郷である中国に強い感情的なつながりを持っていたが、正式なつながり、つまりそれを示す証拠書類がないのだった。私は中国国民になることさえ考えた。もっとも、その考えに長い時間を費やしたり真剣に考えたりしたとは言えない。華のもと教え子チー＝コン・ルーにその考えを話すと、それは誤りだろうと言われた。ルーはそれ以上説明はしなかったが、彼の助言に従ってその考えを捨てた。

新しい市民権を得てまもなく、日本での会議に一緒に向かっていたシェーンが私の取りたてのパスポートに気づいた。すると彼は米国科学アカデミー会員に私を推薦し、アカデミーはその推薦を支持した。これは新しい立場の予期せぬ「余得」だった。プリンストン大学の有力な解析学者エリアス・スタインは、私がフィールズ賞を受賞したときアメリカ国民だったら、八年前にアカデミー会員になれたはずだと言った。

『Journal of Differential Geometry』誌に、一九八九年十一月号と翌年一月号の間で変化があった。フィリップ・グリフィスが編集委員会を去ったのだ。この雑誌はリーハイ大学が所有していて、人事を決めるのはそこの数学教授で編集長のチョアン＝シー・シアンだった。シアンから聞いた話では、グリフィスは編集委員の職を失ったことが不満で、責任の一端は私にあると思っているかもしれないという。その雑誌の人事に私はなんの関係もないのだが。グリフィスはアメリカ数学界と国際数学連合で盛んに活動して数学界でたいへんよく知られており、自分からことさら敵対するような人物ではない。だが何らかの形で、私が無意識のうちにそれをしたらしい。

一九九〇年の別の出来事として、ロバート・グリーン、シウ・ユエン・チェンとともに私が運営していたアメリカ数学界の「微分幾何学夏の研究集会（Summer Research Institute on Differential Geometry）」があった。UCLAで七月八日から二八日まで行われた三週間のイベントで、アメリカ数学界がそれまでに実施した最大の夏期プログラム（サマー・インスティテュート）だった。登録参加者が四二六名、講演数が二七〇だった。私たちはその会議を陳の七九回目の誕生日（中国式の数え方では新生児は誕生時に一歳とみなされるので、八十回目の誕生日）に捧げることにした。私はチャーン賞というメダルの創設（スポンサーは『Journal of Differential Geometry』誌）を提案し、陳はそのアイデアを心から支持した。しかし私がメダルのことを発表した後になって、陳はすべてを中止することにした。聞いた話では陳の突然の心変わりは友人たちと相談した結果だというが、私には何の説明もなかった。

こうして、サマー・インスティテュートは陳の出席や彼の名前を冠した賞の贈与もないままに進行した。私はUCLAのとなりに大きなアパートを借りて、親族会のために使った。息子たちと私の母が来た。姉シンユエ、兄スティーブンとその息子、妹たちシン゠カイ、シン゠ホウとその子どもたちも加わった。にぎやかな家族大集合の準備がすべて整い、かたや数学のてんこ盛り。私にとってはほとんど完璧な組み合わせだった。母が重病になったのを除けば。母を検査に連れて行き、徹底的な検査を受けた結果、がんが発見された。母は翌日の夜に入院した。翌朝の手術中に、がんが広範囲に広がっていたため手術は不可能なことがわかった。

続く数週間、私は病院と会議の間を行き来し、会場ではときどき講演をしたりさまざまなワークショップを傍聴したりした。多くの出席者の要望に応えて、幾何解析の一〇〇の未解決問題について一連の講義もした。これは一九七九年の高等研究所の「スペシャルイヤー」中に私が論じた（一部重複した）一二〇問題の続きだった。

会議が終わったあと、ハーバード大学の数学科長ウィルフリード・シュミットと話をした。彼はいつでも、学科内で私の良き支持者だった。シュミットは親切にも、母が化学療法を受けている間の世話をし、ほどなく次々に直面するであろう医療上の決定ができるように秋学期の休職を許可してくれた。一方、数学者のトム・ウルフと物理学者のジョン・シュワルツとキップ・ソーンなど、カリフォルニア工科大学（カルテク）の友人たちは、秋の間フェアチャイルド奨学金を受けられるよう協力してくれた。おまけにカルテクはキャンパス内の立派な家の提供まで申し出てくれたが、母のアパートに住むためにそれは辞退して、竹のマットの上で質素に寝た。

母の死

しばらくの間、母のがんは潜伏していたようで体調が良かった。そこで私は一九九一年一月に授業のためにハーバード大学に戻り、シンユエが母に付いていた。しかし、五月に授業が終わる頃にはがんが再燃したので、私はすぐにカリフォルニアに戻って母のそばにいた。主治医に会ったところ、もうできることはあまりない、と暗い予後を告げられた。だがまだ、大きな決定が立ちふさがっていた。「もし何かあったとき、特別な救命措置を希望しますか？」と医師に聞かれた。母はノーと答え、かなりの不快症状を代償にしてわずかな時間をかせぎ、避けられないことを免れようとしても意味はないと断言した。それでも、孫たちにどうしてももう一度会いたいと言い、幸いそれは実現した。私は母亡き後も、姉妹と兄弟の面倒を見ると約束した。

母は一九九一年六月二日に永眠した。七十歳だった。中国のことわざでは「人生七十古来稀なり」というが、今の基準では若い。国の平均寿命は約七六歳だから、そのことわざはもう時代遅れだろう。それでも母はそこまでも生きられなかった。

幸い、母は生前に友人と親戚たちに、受けた世話と愛情のお礼を言うことができた。そして子どもたちと孫たちなど近親者ほぼ全員が、母の臨終に間に合った。母には極度の痛みがあったが、子どもたちが到着してからは比較的穏やかになったように見えた。息子たちと娘たち、その息子たちと娘たちがそれぞれ良い生活をしていると思われたことで安心したのだろう。私たちがいたことで逝く用意ができたらしく、まもなく旅立った。

私たちは数日間かけて葬儀の準備をした。大昔、アヒルの飼育に私たちを誘った感じの悪いおじはカリフォルニア州オークランドに住んでいたが、葬儀には参列しなかった。おじの妻が代理で参列したが、母の死についてお悔やみを言わなかった。「もっと早く来なかったのはね、人の臨終を見るととっても気が滅入るからなのよ」と彼女は説明した。マナー本のなかには、葬式でのこの発言に難色を示すのもあると思うが、少なくとも彼女は率直だった。しかし、ほかの者たちはもっとしんみりしていた。十歳の息子アイザックが私たちの心情をまとめて手紙にこう書いた。「今日は悲しい、悲しい日です。笑いはすすり泣きに変わりました」。

悲しんでいるいる暇もなく、私たちは母の遺体をどうするかを考えるなど、次のステップに進む必要があった。香港の父のとなりに埋葬できれば理想的だったが、母の遺体をそこに運ぼうとするとどうなるか確信が持てなかった。そこは当時、イギリスから中国の規則に変わっていたからだ。父の遺体をアメリカに移すことも考えたが、考えれば考えるほど父はアメリカになんの関係もなかった。父は英語も学ばなかったしアメリカに来ることもまったく望まなかった。結局、ロサンゼルスの墓地に小さい区画を買って、多くの中国人が眠っているエリアに母の遺体を埋葬した。年長の親戚の何人かに、親をあまりさっさと埋葬するものではない、数週間は待つべきだ、と言われた。私たちはその難解なルールを知らず、どのみち知ったときはすでに遅かった。

こうした仕事のすべてをやり終えてものごとが落ち着いたときになって初めて、私は母を失った喪失感を最も鋭く感じた。父の死のあとに経験したのに似た深い悲しみにうちひしがれたが、今回違ったのは、両親が二人とも逝ってしまったことだった。家族のなかに従うべき上の世代はいなくなり、責任を負うのはもっぱら私たちの世代になった。それが日々の生活を目に見えて変えることはないとしても、身が引き締まるような気がした。

しかし母の晩年を思えば、母が必死で働き、人生のほとんどを私たちの世話をして過ごしたことを深く悔やむのだった。母は家族のためにほぼすべてを諦め、自身の要望と幸せに関心を向けたことはほとんどなかった。かわいそうな兄シン゠ユクは何年か前に亡くなるまで、ほとんど絶えず世話を必要とした。高齢になった母に、孫たちと遊んだり庭仕事をしたり、そのほか心が安らぐようなことをする時間がもっとあればよかったと思う。母は短命に終わり、休む時間がほとんどなかった。

母は娘たちより息子たちを大切にしたという意味では、昔ながらの中国の親だった。それは、一家の財産が息子たちに委ねられているという確信によるものだった。母はよく、私の成功を自分の成功と考えていると言ったが、それは母の並外れて無私無欲の哲学であり、そもそも価値観と育ち方の産物だった。私が多くの時間とエネルギーを自分のキャリアに注いでいたことに罪悪感を抱く一方で、私が無名で終わるよりは好結果を出して世の中で何事かを成し遂げたほうが、母が喜ぶことを知っていた。両親の犠牲を痛いほど感謝すればこそ、仕事に没頭し優れた業績を達成しようとする意欲が長続きした。その方向に強い圧力をかけてもらう必要はなかった。というのは、子どもの頃は怠けることもあったが、父の死後の思春期に強く突き動かされたからだ。そしてそれ以来、かなりのペースをどうにか保ってきた。

じつはそのとき、面白い研究がハーバード大学で展開していた。発案者は主としてポスドクのブライアン・グリーンだった。出発時点での私の関与は微々たるものだったが、まもなく私にとってもほかの大勢にとっても大きな研究になった。

ミラー対称性の発見

グリーンはハーバード大学に来た直後に、当時ハーバード大学の物理学者カムラン・バッファの大学院生だったローネン・プレッサーとチームを組んだ。バッファと、ランス・ディクソン、ドロン・ゲプナー、ウォルフガング・レルケ、ニコラス・ワーナーなどほかの物理学者の先行研究に基づいて、グリーンとプレッサーは六次元のカラビ - ヤウ多様体をいじくり回し始めた。ひも理論の「余剰」空間次元の形状になると考えてのことだった。二人は一つのカラビ - ヤウ形状をきわめて特殊な方法で回転させて、ある種の鏡像をつくった。もっとも、形はずいぶん違っていた。彼らは、これら二つの異なるカラビ - ヤウ形状に隠れた共通点があるのを発見した。両者が同じ物理特性を生み出したのだ。グリーンとプレッサーはこの現象を「ミラー対称性」と呼び、それに関する論文を一九九〇年に発表した。同じ物理特性を生み出した二つのカラビ - ヤウ形状は「ミラー多様体」と呼ばれた。

ミラー対称性は「双対」の一例である。これはひも理論で、またより広く物理学でよく現れる現象で、見かけはまったく違うため共通点が全然ないように見える、二つの像またはモデルが、潜在する同じ物理状況を表す。このアイデアは私の個人的共感を呼んだ。古代中国の哲学、とくに道教の思想である陰陽の考えに結びつくからだ。陰陽の考えは、二つの見たところ反対の力の相補性（と同一性）を強調する。双対の概念はひも理論とそれ以上の目覚ましい洞察につながった。ミラー対称性はこの点でとりわけ有効だった。

グリーンとプレッサーの大発見の約一年後に、テキサス大学の物理学者フィリップ・キャンデラスと三人の共同研究者――パウル・グリーン、ゼニア・デ・ラ・オッサとリンダ・パークス――がミラー対称性の考えを検証するための大々的な計算をした。この作業の過程でキャンデラスたちが、一世紀前からの「数え上げ幾何学」の問題を解くのにミラー対称性を利用した。数え上げ幾何学とは、幾何学的空間または曲面上の物を数える数学分野である。キャンデラスたちが取り上げた問題は具体的にはいわゆるクインティックスリーフォールド――その非特異的なもの（すなわち穴を持たないもの）はおそらく最も単純な六次元のカラビ - ヤウ多様体を作り上げると思われる――に含まれる曲線の数を数えるものだった。「クインティック」という語は、この空間が五次元の多項式（x^5やy^5などの項を含む）によって定義されることを示している。「スリーフォールド」というのは、複素三次元（したがって六次元の）多様体だからである。

この問題はシューベルト問題と呼ばれることがある。一八〇〇年代終盤にドイツ人数学者ヘルマン・シューベルトが、クインティック上の一次曲線（すなわち直線）の数を数えて最も単純な形を解いたことによる。一九八六年に数学者シェルダン・カッツがもっと難しい、クインティック上の二次曲線の数を数える問題を解いた。キャンデラスたちはつぎの次数の問題に取り組んでクインティックに適合する三次曲線の数を特定した。

ここで、ミラー対称性がその作業に役立った。三次元の問題は実際のクインティック上ではきわめて困難だったが、クインティックのミラー多様体――グリーンとプレッサーがすでに作成していた物体――上ではずっと簡単に解けた。グリーンはこう説明した。「ミラー対称性は計算を上手に

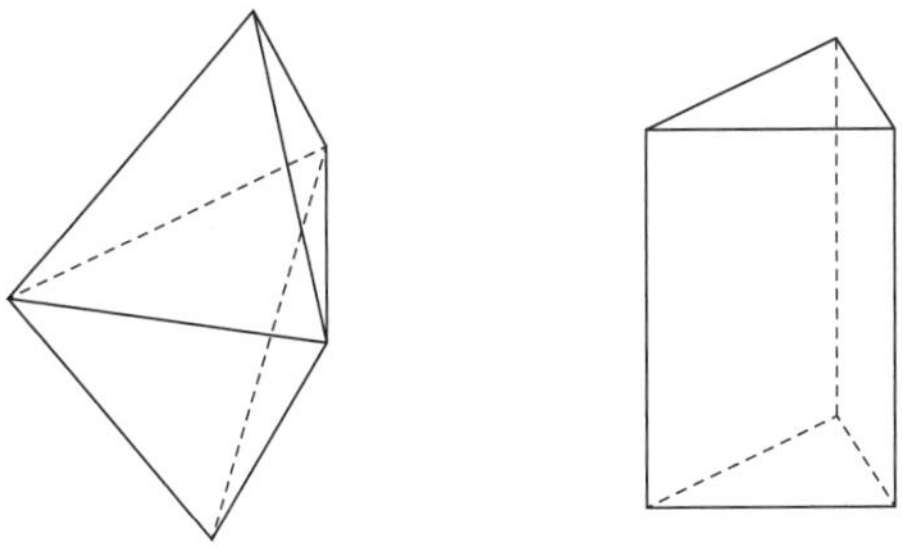

ミラー多様体の単純な例。頂点5つ、面6つを持つ二つの四面体（左）と頂点6つと面5つを持つ三角柱（右）。これらの比較的見慣れた多面体がカラビ-ヤウ多様体とそのミラーの対を構成するのに使われ、多面体の頂点と面の数が関連するカラビ-ヤウ多様体の内部構造に関わっている（もとの図はシアンフェン（デービッド）クーとシャオティアン（ティム）インによる）

再編成して大幅にやりやすくする」。もともとのクインティックの代わりにミラー版で計算することによって、キャンデラスのチームは三次曲線の正確な数、317, 206, 375個を得ることができた。

これは確かに私の関心を引いた。彼らの答えが正しいとすれば、ミラー対称性を数え上げ幾何学のほかの問題にもうまく適用できる可能性があることになる——そして後にそうなったものもあった。同時に、この新しい概念を理解することが、まもなく私の最優先事項になった。

同じ頃シンガーから、数理科学研究所で彼が運営する数理物理学に関する会議を手伝ってくれないかと訊かれた。シンガーのもともとのアイデアは場の量子論および素粒子物理学と密接な関係がある「ゲージ理論」を中心とするものだったが、私はミラー対称性の新たな展開があるので、論点を変えることを提案した。シンガーはブライアン・グリーンがハーバード大学で行った講演に出席したばかりだったので、このテーマをいくらか知っていた。彼をもう少し説得したところ、一九九一年五月に数理科学研究所でミラー対称性に関する一週間の研究集会を開催することに同意し、私に座長を務めるよう頼んだ。

この会議は緊迫したものになった。というのは、グリーン、プレッサー、キャンデラスなどによるミラー対称性の早期の研究は物理学者が行ったもので、数学者はまだその結果を信頼しておらず、それを数え上げ幾何学や代数幾何学など自分たちの分野に適用したくなかったからだった。こういうためらいは、心の底ではほとんどの数学者が、物理学者より自分たちのほうが厳密だと信じていることに端を発している。

数理科学研究所で行われた会議でノルウェーの数学者、ゲイル・エリングスラッドとシュタイン・アリルド・ストロームが三次曲線に関するシューベルト問題の異なる結果、2, 682, 549, 425を発表したとき、すでに緊張感が漂っていた。彼らはその結果を従来の数学的手法で得たとのことだった。どちらかが正しいかは誰も確信を持って言えなかったが、キャンデラス、グリーンほかのミラー対称性支持者は明らかに不安を感じた。私は彼らとともに計算のどこかが間違っているのではないかと再検査したが、間違いを発見することはできなかった。しかし一か月もたたないうちにエリングスラッドとストロームが自分たちの計算に誤りを発見した。そして再計算の結果キャンデラスのチームと同じ 317, 206, 375という結果を得て、それがミラー対称性だけでなくひも理論につ

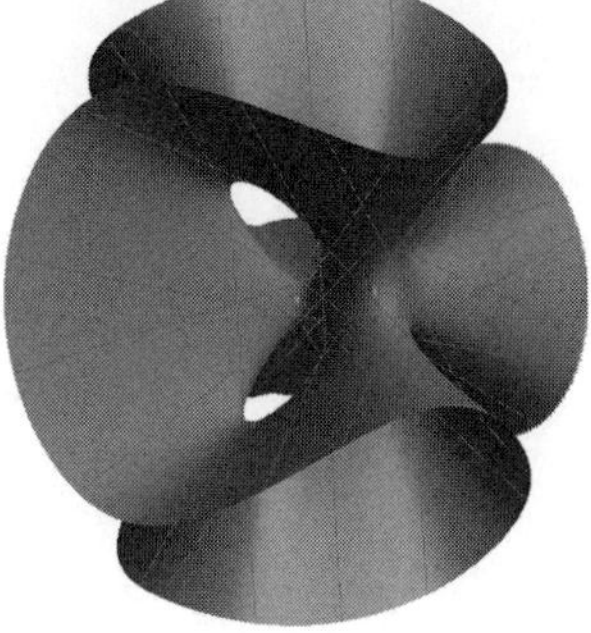

この図は本文とは異なるが、曲面上の曲線や直線を数える様子を表している。19世紀の数え上げ幾何学の有名な結果で数学者アーサー・ケイリーとジョージ・サルモンが、ここに示したようないわゆる3次曲面上に正確に27本の直線があることを証明した。後にヘルマン・シューベルトがこの結果を一般化し、ケイリー - サルモン理論と呼ばれている（画像の提供はリチャード・パレと3D-XplorMath Consortium）

いても強力な信任票になった。

　キャンデラスの研究の範囲はもっと広がった。彼とその同僚たちが一次曲線、二次曲線、三次曲線だけでなく、**ありとあらゆる次数の有理曲線についても**クインティックスリーフォールド問題を解く一般的公式を編み出したからである。それは大胆かつ徹底した提案（実際、一次、二次、三次の場合を調べていた）だったが、それでも証明というより主張だった。一九九四年の終わり頃にマキシム・コンツェビッチがこの主張を正確な数学的表現にして、それを「ミラー予想」と呼んだ。

　それからまもなく、私はその予想の一バージョンを、やや違った形で定式化して証明することを考え始めた。以前のポスドク、ボング・リアンと博士課程の学生だった劉克峰とその問題について話し合ったあと、挑戦してみることにした。それ自体で興味深い問題だったが、この種の証明はミラー対称性全体についての数学的検証ができるのではないかという感覚にも、心を動かされた。

この方向に私たちが進出したことで、まもなくちょっとした論争が起きた。というのは一九九六年三月に数学アーカイブズに掲載された論文で、バークレー校の幾何学者アレクサンダー・ギベンタールがミラー予想の証明を提示した。リアン、劉と私は細心の注意を払ってこの論文を検討したが、理解するのが難しいと考えたのは私たちだけではなかった。論理が正しいかどうかについて疑問が生じ、そのとき話をした何人かの数学者も同じ懸念を持った。もっとも、その他の人たちはギベンタールの研究に問題を感じていないようだった。

研究仲間たちと私はギベンタールに、いちばんわかりにくいと思われた段階のいくつかをはっきりさせてくれるよう頼んだが、論旨全体を再構築することはできなかった。そこで私たちは新たに出発することにして、別個にミラー予想の証明をし、一年後に発表した。ギベンタールの論文がミラー予想初の完全な証明だという人もいれば、私たちのが最初の完全な証明だという人もいた。この問題を沈静化させようとして、私たちは二つの論文を**合わせて**ミラー予想の証明とすると提案した。

この件をさらに討論するのは確かに自由だが(実際にそうした人たちもいた)、もっと大きい問題があり、もっと深い謎を解決する必要があったので、私は先に進む用意があった。ミラー予想の証明によってキャンデラスの式の足場が固まり、さまざまな次元のクインティック上の曲線数がランダムではなく、物理学者によって発見された現象、つまりミラー対称性に基づく絶妙な数学的構造の一部であることがわかった。その予想の証明はじつに画期的な出来事で、物理学の直観的洞察が正当だと証明されたことを別個に検証したが、ミラー対称性の現象そのものはほとんど説明していなかった。それはすでに私がしようとしていたことだった。ほかのことと並行してではあったが。

まず、カムラン・バッファたちの企画でイタリアのトリエステで開催された一九九五年のミラー対称性会議で、エドワード・ウィッテンと話をした。ウィッテンはジョー・ポルチンスキーたちとともに開発していた新しい「ブレーン理論」について話をした。ブレーンとは、ひも理論その他の理論物理学の領域で重要性が増しつつあった、さまざまな次元の特殊な面(超対称性を持つ極小部分多様体)だった。物理学者がブレーンに関心を持った一因は、それがとてもうまくひも理論を一般化したからだった。一次元のブレーンすなわち「一ブレーン」はひもと同じだが、ひも理論はほかの基本的成分、膜やシートのような二ブレーン、三次元空間などの三ブレーンを持つに至った。このように、遊べる積み木がほかにもたくさんあって、その結果ひも理論はずっと豊かになった。

ウィッテンは物理学者のアンドリュー・ストロミンジャー、カトリン・ベッカー、メラニー・ベッカーらが考えついたブレーンに関する新しいアイデアについて語り、これらのアイデアが意味をなすか、また幾何学の観点から自然かどうかを訊いた。自然だと私は言ったが、そのあと少したって数学者のF・リース・ハーベイとブレイン・ローソンが同じアイデアを先に基本的に考えついていたことを知った。もっとも彼らはその物体をブレーンではなく「スペシャル・ラグランジアン・サイクル」と呼んだ。

私は、これらの部分多様体すなわちブレーンが、どのようにひも理論におけるカラビ - ヤウ多様体の内部構造に関わるかを考え始めた。私とポスドクのエリック・ザスロフは、ハーバード大学に戻ってすぐに研究を始めた。とくに進展したのは、カラビ - ヤウ多様体の部分多様体がミラーカラビ - ヤウ多様体の何に対応するのかという問題についてだった。私たちはたとえば、三次元トーラスすなわち「ドーナツ形」はミラー多様体のある点に対応することを明らかにした。

まもなくストロミンジャーが後に着任することになる、物理学教室での教授職面接を受けにハーバード大学に来た。私たち三人は協力してミラー対称性の単純な幾何学像を描いた。その共同研究で出現したSYZ（ストロミンジャー - ヤウ - ザスロフ）予想の主要な前提は、ミラー対称性がどのように生じてどのようにミラー多様体を生み出すかを明らかにすることである。私たちが考えた基本的アプローチは六次元のカラビ - ヤウ多様体を二つの三次元部分多様体に分解し、それを特定の方法で変更してからもとのように合わせるものだった。この方法を正しく行えば、最後にもとのカラビ - ヤウ多様体のミラー多様体ができる。ストロミンジャー、ザスロフ、そして私が前進させた方法によって、各ミラーペア間の微妙な幾何学的関係がわかりやすくなり、それによってミラー対称性の仕組みを知る手がかりになる。多くの人が私たちの一九九六年の論文を読んで、方法の単純さに驚いた。

ストロミンジャーがこう述べた。「SYZのおかげでミラー対称性が少しわかりやすくなった。

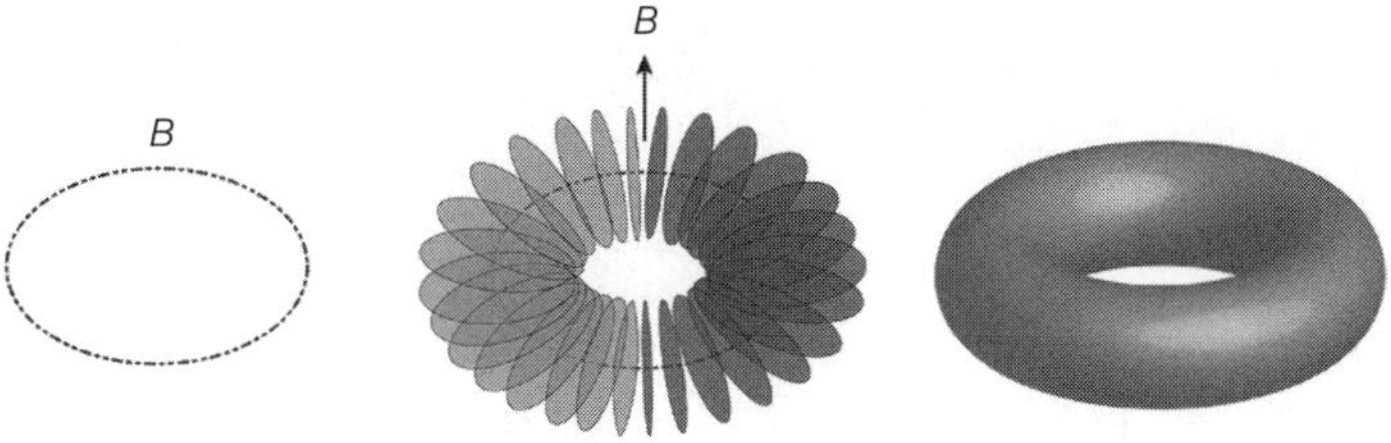

アンドリュー・ストロミンジャー、シン=トゥン・ヤウ、エリック・ザスロフらにちなんで名づけられたSYZ予想は、カラビ‐ヤウ多様体などの複雑な空間を構成要素「部分多様体」に分解する方法を提供する。六次元のカラビ‐ヤウを描くことはできないが、(実)二次元のみのカラビ‐ヤウ、すなわちトーラスまたはドーナツ形を描くことができる。ドーナツ形をつくっている部分多様体は円であり、それらの円はすべて、それ自体が円であるいわゆる補助空間Bによって構成されている。B上の各点が別の小さい円に対応し、多様体全体すなわちドーナツ形はそれらの円が結合したものである(もとの図はシアンフェン(デービッド)クーとシャオティアン(ティム)インによる)

それでミラー対称性がどこから来るかの幾何学像が示されたから数学者が気に入り、ひも理論と無関係にその像を使うことができる」。

SYZ「予想」は特殊なケースについてのみ証明されて一般的には証明されていなかったが、予想が生まれて二十年後、驚くべき耐久力を見せて、依然として現役の研究分野である。ミシガン大学の数学者で以前私の博士課程の学生だった季理真を信じられるとすれば、SYZ予想は「ミラー対称性を研究している世代全体の指針」になってきた。もう一人の教え子コナン・リョンはSYZについての魅力的な論文を発表し続けている。SYZと関連のテーマ「ホモロジカルミラー対称性」を対象とする多数のワークショップが、サイモンズ財団(ジェームズ・サイモンズが創始)の協賛で毎年開催され、ハーバード大学、バークリー校、ブランダイス大学、コロンビア大学、ストーニーブルック大学、ペンシルベニア大学、マイアミ大学、IHESから素晴らしい人材が集まっている。

同僚のボング・リアンはこう言う。「過去数年の間にミラー対称性の幾何学像と代数学像が合流し始めた。このアイデア（ミラー対称性）を（複雑ではあるが）一つの式にまとめる方向に進んでいる」。

ミラー対称性は数え上げ幾何学、代数幾何学ほか多くの数学分野に劇的で驚くほど大きい影響を与えてきた。ミラー対称性とSYZに関する研究集会が今でも世界中で定期的に開催されている。数学界内のこの活気ある分野がひも理論の派生物であり、またもともとは大部分、私のポスドクだったグリーンとその共同研究者プレッサーによって一九八〇年代末に行われた研究だったことを思うと、まことに喜ばしい。ひも理論はまだ一部の人たちが望んだように「万物の理論」とは証明されていないが、数学と、物理学の多くの分野で有用であることがわかっている。そしてその方向での研究が現在、狭まるどころか広がっていることを考えると――またその一端を担っているのも――心躍ることである。

ストロミンジャーは一九九七年にハーバード大学物理学部の教員になった。彼が十年前に書いた、カラビ‐ヤウ多様体に限らずひも理論のより一般的な解に関する一連の方程式に、私の関心が向いた。カラビ‐ヤウ多様体は部分クラスとしてケーラー多様体に分類されており、対称性を持つ内部構造があることを意味する。ストロミンジャーの方程式が非ケーラー多様体に当てはまるため、そのことは大きな謎であった。代数幾何学ではケーラー多様体研究のために多くの手法が開発されたが、非ケーラー多様体を扱う方法はあまりなく、大部分が未知の分野だった。そこで新しいことを探求するのも、私にとっての魅力の一つだった。

ぜひともこの研究をしたかったもう一つの理由は、数学がひも理論の最良の判断材料の一つになることだった。ひも理論を検証する決定的な実験がまだ考案されていない――そしてそれは、エネルギー領域が途方もなく大きく、ほとんどないほどに小さい距離尺度がからんでいるために、とてつもなく難しいことがわかっている――とはいえ、少なくとも数学的につじつまが合っているかどうかはわかる。一般的な方法では、あるものが正しいと仮定して数学的な結果を算出する。到達した結果が意味をなしていれば、最初の仮定が少なくとも妥当であることがわかる。確実にわかるためには自然界のものを見る(言い換えれば実験検証)必要があるが、数学は正しい方向に向いていることを示す最初の指標を与えてくれる。そしてこれまでのところ、ひも理論は数学的妥当性の試験に合格している。

ストロミンジャーの方程式は扱うのが難しいが、何年も格闘したあと、以前私の博士課程の学生で当時も今もスタンフォードの教授であるジュン・リーと、後にはハーバード大学のポスドクを経て上海の復旦大学で教えていたチシャン・フーとともに研究していたとき、私たちはついにある程度の解を発見した。

フーとの研究は結実までに多くの年月を要したが、彼の忍耐と粘り強さがついに報われた。中国の研究者が博士研究員としてアメリカに来ると、ふつうはできるだけたくさん論文を出版したがる

（断っておくが、この心情は中国の研究者に限ったことではなく、「出版か死か」の精神構造は学問界全体に蔓延していて、しばしば野心的で危険な仕事に陥るほどだ）。フーと私は二年間研究した末に間違いを発見した。彼は、かなりがんばったわりには成果が上がらないまま中国に戻った。しかし再びハーバード大学にやってきて、今度は二人で成功した。彼はやがて重要な論文を自分の名前で数編発表し、その後、インドのハイデラーバードでの国際数学者会議で講演をするよう頼まれた。それらすべてが彼の職業的な成功にも結びついた。フーの最後までやりぬく姿勢には感心するし、辛抱強さには感謝している。

アメリカ国家科学賞受賞

そんなこんなで、この研究はまだ初期段階にある。これまで同僚たちと私はストロミンジャー方程式の特別な例をどうにか解いたにすぎない。テキサスA&M大学のひも理論研究者である友人のメラニー・ベッカーが、もし私がより広い目標——ストロミンジャー方程式全般——を解くことに成功したら、それはカラビ予想の証明よりもっと大きい偉業になるだろうと言った。もちろん、この冒険的研究の成功は私がやるにしてもほかの誰かがやるにしても、決して保証されているわけではない。そのうえ、カラビ予想が数学と物理学にとって重要であることがわかるまでに長い時間がかかったのと同様に、ストロミンジャー方程式の研究が仮に成功するとしても、それが意味することを完全に見つけだすには、もっと長い時間がかかるかもしれない。

一九九七年の十二月に妻と息子たちを連れて、アメリカ国家科学賞受賞のためにワシントン市に行った。前にも述べたように、科学賞を受賞することは私の研究に実際の影響はなく、どんな形でも私の研究テーマに刺激を与えることはないのだが、この旅行だけは特別だった。なにしろアメリカ大統領に会ってホワイトハウスでのパーティに出席する機会に恵まれたのだ。一行のなかで最も有名な受賞者は、DNAの二重らせん構造の共同発見者、ジェームズ・ワトソンだった。息子たちは学校で生物学を習っていたので、ワトソンが出席すると知って興奮していた。私たちは全員『二重らせん』を読んでいて、ワトソンが非常に正直に書いていたようなのでその本に好感を持った。ただし、正しくはロザリンド・フランクリンのものになるべきだった栄誉の一部を彼とフランシス・クリックが奪ったことをなんとも思わないようだったのは感心しなかった。たとえ研究が全体として記念碑的な偉業だったとしても、その事実は誇れるものではない。

ホワイトハウスでのパーティ中にMITの有名ながん研究者ロバート・ワインバーグに会って、妻ともどもワインバーグ夫妻と短い会話をした。彼から数学教育についてどう思うか聞かれて、数学教育は非常に重要だが、「数学界の人のほとんどが数学教育だけを研究して数学を研究しないのが、数学にとって辛いところだと思う」と答えた。するとワインバーグが言った。「ヤウ教授、私の妻は数学教育に携わっています」。その瞬間、その場に少し緊張が走った。

ビル・クリントン大統領が出てきて話をする前に、アル・ゴア副大統領が受賞者それぞれに賞状を渡した。ゴアがハーバード大学の卒業生で私がハーバード大学の教授なので、そのことを話したのだが、彼は私の話を聞いていなかったか、あるいは私の言葉を理解できなかったのか、返事はなかった。私たちはそれから長いことクリントンが来るのを待った。いらだった人たちもいたが、ようやく現れたクリントンは途方もなくチャーミングで、一言二言語っただけで全員が気分をよくした。これがカリスマ性と言われるものかと思ったし、クリントンには判断と行動にささいな過ちらしいものはあるものの、カリスマ性に不足するものはなさそうだった。

この賞は私が受賞したほかの賞とは違った。たとえばフィールズ賞は、数学界の外の人はほとんど誰も知らない。それにひきかえアメリカ国家科学賞は、ちょっとしたニュースになる。息子たちはかねがね私が地球上で最も退屈な人間で、私がした研究ほどつまらないものはないと思っていたが、アメリカ大統領は言うまでもなく名前を聞いたことがある有名人たちと一緒にいるのを見て、すごい人なんだと思った。「父さんはいつも頭がいい人みたいにしている」と息子のアイザックは言っていたが、そのときまでそれを示す証拠をあまり見たことがなかったからだ。だがそのとき彼は見直さなければならなくなって、弟のマイケルに言った「きっと父さんは本当に立派なんだよ」。

ベルモントの隣人たちは、以前は私を一顧だにしていなかったが、アメリカ国家科学賞を報じた地元のニュース記事によって突然、私についてなにがしかを知った。私は一部の中国人のように理解しがたく人付き合いを避ける人間ではなく、じつは関心を持つに値する者だということを。中国出身の多くの人たちと同じように、私もアメリカ郊外の環境にうまくなじめなかった。テニスやゴ

1997年、ワシントン市でビル・クリントン大統領からアメリカ国家科学賞を受賞。ジェームズ・ワトソンが左から2人目、ロバート・ワインバーグが左から3人目（写真提供はキャロル・クリントン）

ルフはしないし、サッカーや野球のリトルリーグのコーチはしないし、近所の人たちと付き合う機会も多くはなかった。近くに住んでいながら、別の世界にいた。科学賞でそれが変わったわけでもないが、少なくとも私のまわりの何人かは私が何者かを前よりよく知るようになり、また私が少なくとも何がしかを成し遂げたことを初めて知った。

息子たちをあらゆる種類の「ふつうの」アメリカの事物に関わらせようと懸命に努めたにもかかわらず、彼らはしばしば、自分たちもなじんでいないと不平を言った。私は彼らをディズニーワールド、シーワールド、サンディエゴ動物園などに連れて行った。ケンブリッジのフレッシュ・ポンド・シネマに映画を観に連れて行ったし、近所のビデオ店で人気のある映画をたくさん借りさせた。また、水泳、サッカー、バスケットボールなどのスポーツの練習や試合ができるように、車であちこち運んだ。スキーにまで連れて行った。そして息子たちが滑っている間、すきま風が入るロッジで一日中、数学をしたものだった。マイケルがあるとき、家には面白いゲームがないから誰も遊びに来ないと不平を言った。ならばと一緒に店に行ってテーブルフットボール、テーブルホッケーなどの薄っぺらな娯楽に何百ドルも払ったが、それでもわが家に子どもたちはあまり来なかった。

それでも息子たちは科学の成績がよかったために、高校である程度の注目を集めた。私の友人アンディの父でハーバード大学の生物学者・免疫学者であるジャック・ストロミンジャーが、息子たち二人を彼の研究室で働かせてくれた。ふつうの高校の生徒にはしない待遇だった。私は彼らを数学に進ませることをしなかった。というのも、私はその頃には数学界で知られた存在で、数学に進むと彼らに過大なプレッシャーをかけると思ったからだ。MITの代数幾何学者ミハイル・アルテインはしばしばかの有名な父エミール・アルティンと比較されたし、同世代で最も有力な数学者の一人であるジョージ・デビット・バーコフを父に持ったハーバード大学の数学者ギャレット・バーコフも同じ経験をした。それは良い環境とは限らず、キャリアをスタートさせようとする者にとってはなおさらである。

息子たちは別の科学分野をやってみるのが良さそうだと思った。そしてどうやら、二人とも生物学が好きなようだった。アイザックとマイケルはストロミンジャーの研究室で取り組んだ研究プロジェクトを利用して全国高校生科学コンテスト「インテル・サイエンス・タレント・サーチ」に登録した。アイザックはそのコンテストで準決勝まで進んだ。

三年後、マイケルもベルモントのダウンタウンにあるＧＡＰ衣料品店で働いて常勤は楽じゃない（衣装持ちにはなった）ことを発見したあと、ストロミンジャーの研究所でアルバイトをした。マイケルは最初、ストロミンジャーの研究所の後片付けをしていたが、親しくなったポスドクを説得して隅で自分の実験をさせてもらうことになった。その研究プロジェクトがうまくいったので、マイケルはそれをもとにインテル・コンテストに提出し、決勝に進出した。その成功によって高校での人気がたちまち上昇し、何人かの女子が関心を持ち始めるというおまけまでついた。

タレント・サーチの事務局から手紙が来て、「私の科学キャリアの発展にいちばん影響力のあった人物」としてマイケルが私の名前を挙げたという。私の父は数学者ではなかったが、数学者になる意欲を持たせたのは誰よりも父だったし、その目標を達成するまで誰よりもサポートしてくれたのは母だった。同じような役割を息子たちのために果たすことができたのをうれしく思う。ハーバード大学で生物学を専攻したあとマイケルは続いてスタンフォード大学医学部で医師の資格を取った。アイザックはハーバード大学医学部で博士号を取得して、現在はそこで微生物学と免疫学を教えている。

「汝の父を敬え」が中国文化の基本となる格言だが、子どもたちを教育し科学への関心を育てた点において、物理学に長いキャリアを持つ妻が私より大きくはないとしても等しく大きな役割を果たしたことを痛感している。私たちの場合は真にチームワークで、息子たちがアメリカの教育制度のなかでうまくいったのを妻とともに喜んだ。

同時に、レクリエーション、娯楽などについて同級生と同じような生活をさせようとするあまり、やりすぎたのではないかという懸念もあった。「アメリカ化」のプロセスは高くついたらしい。息子たちはどうやら中国の伝統を知り感謝する気持ちを失っているようだった。マイケルを初めとして、息子たちは中国語の勉強をいやがり始めた。この傾向を改めさせて、先祖のルーツを再認識させる対抗戦略が必要だと私たちは悟った。

第10章 数学センターの設置に献身

アイザックが一九九八年に高校を卒業すると、私たちは息子たちを連れて休暇で中国に行った。北京や上海のような、やや近代化された大都市だけを回る標準的な旅ではなく、もっと荒涼とした地域である中国北西部の新疆省《しんきょうしょう》に向かった。チベットとモンゴルに挟まれた、辺鄙だが忘れがたく美しい地域だった。カナダのバンフ国立公園内にあるルイーズ湖の壮観に匹敵する（ただし大勢の旅行者はいない）目を見張るような高山の湖にハイキングをし、そのほかの自然の名所を観光したあと、となりの甘粛省《かんしゅくしょう》の敦煌に飛んだ。

敦煌には市の少し南の崖に潜り込んだ有名な莫高窟《ばっこうくつ》、別名千仏洞がある。何万という古代の巻物、タペストリー、その他西暦四〇〇年にさかのぼる遺物が洞窟から回収され、場合によっては盗まれたり、トラックで世界中の博物館に運ばれたりした。敦煌はゴビ砂漠の端にも位置しているので、私たちはこのアジア最大の砂漠を車で走るというめったにない三日間を過ごし、途中オアシスで休憩しながら、かつてはシルクロードという歴史的交易路の要衝だった蘭州市に着いた。

息子たちとルーツの関係が途切れないように、定期的に中国に連れて行った。一九九一年にはずっとずっと広範囲なアジアへの旅をした。それは一つにはマイケルが発した、答えを期待していない（そして多少やっかいな）質問、「なんのために中国語を学ばなければいけないの？」に答えるためだった。私たちはこの質問に直接答えることはせず、力ずくで示した。私は一九九一〜九二年度に研究休暇を取って台湾は新竹市の国立清華大学の客員教授職を確保した。息子たちは新竹で九一年度を過ごすよう手配した。彼らが中国文化にどっぷり浸かりながら標準中国語をマスターするのが、妻と私の望みだった。

皮肉なことに、伝統的な中国文化が本土より台湾のほうがずっと強かった。というのも、文化大革命の重要な要素として毛首席が支持者たちに「四つの旧の破壊」を求め、それによって「旧風習、旧文化、旧習慣、旧思想」を荒廃させたからだった。旧思想に関しては、紅衛兵という武装革命青年団が孔子の墓を襲撃して破壊さえした。この運動は古来の思考体系が文化大革命中に覆されたことを示し、中国人の生活に幾分かの精神的および哲学的空虚感を残した点で、大きな象徴的意味を持っていた。

マイケルとアイザックはアメリカにいたら、二年生と五年生になるはずだった。しかし、入学試験の一部だった中国語の成績が悪かったため、台湾では一年生と二年生に入らなければならないと言われた。妻と私は、同年齢の子どもたちと一緒にいられるように二年生と五年生に入れると言い張った。精華大学学長（やがて台湾の行政院長［首相］になる）劉兆玄が援護してくれて、私たちの希望は受け入れられた。標準中国語を話し書く能力では、息子たちは一年生レベルだったので、それは大きな挑戦で、ついていくために猛勉強する必要があった。最初の二か月間、妻は毎日数時間、息子たちの中国語の勉強を見てやった。

同級生のプレッシャーも役に立った。子どもにある言語を学ぶ強い動機を持たせれば――そしてこの場合、選択の余地はあまりなかった――すばやく習得できるのを発見した。事実、息子たちはその年度のうちに級友たちに追いついた。そればかりか、水泳大会でも勝ち始めたのは驚き以外の

上｜中国の新疆省で学生の前で書道の実演（1998年）
下｜韓国のソウルを観光中のユーユン、私と息子たちアイザック（左）とマイケル（右）（1992年）

なにものでもなかった。なにしろアメリカにいたときは、息子たちを泳がせようと思ったらプールに引きずっていって無理矢理水に入れなければならなかったのだから。

息子たちはうまくいったが、清華大学の数学科内の環境は私にとって理想的ではなかった。私に国際的な名声があったため、教員のなかには私の影響力が強くなりすぎて、数学科全体を乗っ取るのではないかと心配する向きがあった。科の年長の教授数人は、軽視のしるしとして私の講演に出席しないことにした。私を間接的に攻撃するほかの方法を見つけようとする人たちもいた。純粋数学の土俵では私を攻撃できないため彼らは、ヤウが数学科にいたのでは純粋数学が大学の限られた資源の多くを吸い取ってしまう結果、応用数学がとばっちりを受けるだろうと異議を唱えた。それは、サンディエゴで一部の人たちが用いたのと同じ理屈だった。おもな違いは、清華大学の学長劉が彼らの言い分を無視したことだった。彼の全面的支援があったし、そこには一年しかいないことがわかっていたので、過度に心配になることはなかった。

清華大学に滞在したことで得られた良い結果の一つは、三人の優秀な学生、アイ＝コウ・リュウ、チン＝ラン・ワン、王慕道に会えたことだった。彼らは私の講義を聴くために一時間以上かけて大学に来た。三人は数学に大きな関心を持ち、のちにハーバード大学で私の指導で博士号を取得した。今でも、コロンビア大学で教えている王慕道とは一般相対性理論の問題を共同研究しており、ほかの教え子たちともときどき連絡を取り合っている。

台湾に滞在した一九九一～九二年の間には、私の母校、香港中文大学もたびたび訪れた。

一九八六年に香港中文大学の教員陣に加わった物理学者C・N・楊に一九九二年に会ったとき、北京に数学研究所を建てる計画を知らされた。中国が科学で世界の他の地域に追いつくためには、数学が最も早道だと楊は思っていた。物理学や生物学には必要な多大な資源も、数学では不要だからという。年額百万ドルを中国政府から、さらに同百万ドルを民間から調達する自信があると彼は言った。そして私にこれについてどう思うか、またどんな協力が私にできるかを尋ねた。

私は、楊の計画は良さそうだが、陳が一九八四年に中国天津市の南開大学に数学教育研究所を設立しているから、その考えをまず陳にざっと検討してもらうのが筋ではないかと言った。新しいセンターの計画を進める前に陳に話を通しておいたほうがいいと。その後、二人が話し合ったとき陳がどう言ったかはわからないが、楊はまもなくその提案全体を取り下げ、私への態度が手のひらをかえすように変わったように思えた。

ある朝、楊と話をしたことで起きた変化がほかにもあった。その日、香港の裕福な実業家ジミン・チャと昼食をともにすると何げなく楊に言った。チャは楊と陳の両方と親しかった。チャと会うことはほかの誰にも話していなかったが、新たに提案された香港中文大学の数学センターの資金集めに関する会合だった。しかし、チャと顔を合わせたとき、募金の話は一切やめようと前もって言われた。それで、誰かが邪魔をしたのではないかと思った。それが「誰か」はわからないが、この場合、被疑者のリストはかなり小さそうに思われた。

チャと話をする前に、私は香港中文大学の学長チャールズ・カオ（光ファイバーを使った通信の開発でのちにノーベル物理学賞を受賞)から数学センターの開設を頼まれていた。私はこの提案を進めることにしたが、それは一つには子どもの頃に父に言われていたこと——中国人なのだから、いつか中国のために何かしなさい——につながりがあったからだ。これはその目標を前に進めること(いわば「お返し」)になりそうだった。中国は、数学分野では十分な教育を受けた人が大幅に不足し、研究文化の欠如も深刻だったのだから。一般市民が数学に精通し、数学の指導者の大多数が教育制度によって中国人から出ない限り、中国は最新のテクノロジーを利用する真の現代社会になりようがないと私は信じていた。

時がたてば、国全体から集まった大勢の才能ある人たちがこのような施設で教育されるだろう。こうしたセンターを——そしてゆくゆくは一連のセンター群を——開設することによって、いつか数学における中国の業績が欧米に匹敵するものになるのが私の究極の望みだった。この試みに関わることは「自分のセンター(中心)を見つける」、つまり西でのキャリアと東のルーツのバランスを取る方法にもなった。そしてそれ以来ずっと、ハーバード大学の年度が終わったら夏の大半をアジアで過ごすことによって、それを実行している。この試みは中国、香港、台湾で数学者を教育するという目標の実現に役立っただけでなく、私にとっての個人的、精神的、心理的な満足のもととともなっている。また、落胆のもとにもなっているのだが、それはあとではっきりするだろう。

この件では、陳の同意を得るかどうか思い煩う必要はなかった。陳は香港中文大学に関心がなく、香港で何が起こっても脅威とは思わなかったからだ。陳の関心の的はつねに中国本土だった。それに対して楊は香港中文大学に大きな関心を持っていた。カオが私にではなく彼にその役割を与えていたら、新しい数学センターへの楊の力の入れ方は私の比ではなかっただろう。

南開大学の陳のセンターは中国政府の完全出資だったが、国家経済はまだきわめて脆弱だったから、政府には出資を頼りたくなかった。カオは当初資金として大学から約二百万ドル得られると言った。私は残りの資金は個人的な寄付を募ろうと考え、香港でそれに最適なのはジョッキークラブだろうと思った。これは『ウォール・ストリート・ジャーナル』によれば、「金を生み出す機械として独立した一流の機関」である。一八八四年に非営利団体として設立され、ずっと昔に競馬と宝くじの独占権を与えられた。管轄地域内で多くのギャンブルが行われクラブのドア(と金庫)が開いて以来ずっと、収益金がどんどん入ってきて、香港最大の納税者であるとともに最大の慈善団体になっている。

ジョッキークラブは、一九九一年にクリアーウォーターベイを見渡す一五〇エーカーのキャンパスに開設された香港科技大学の設立に、かなりの金額を提供していた。私はこのクラブに、馬に賭けるのではなく数学に賭けに行った。香港科技大学を開設するのに要した約五億米ドルに比べれば比較的少ない金額を新しい数学センターに寄付してくれそうな、大枚を賭ける何人かに会うためだった。医学のために寄付をする実業家を見つけるのは必ずしも難しくないが、日常生活からかけ離れていると思われている数学を支援してくれるよう説得するのはずっと難しい。工学とコンピューター科学を含むほぼすべての科学分野に数学が不可欠だと説明すると、うまくいくことがある。

運良く、この資金集めのために最初に会った人たちの一人が、すでに数学を深く理解していたウィリアム・ベンターだった。ベンターはジョッキークラブには正式に関わっていなかったが、香港の賭け事にきわめて積極的に関わっていて、自身、大いに儲かっていた。コンピューターに詳しいこともあって、賭け事でじつに一財産築いていた。アメリカで生まれ育ったベンターが賭け事を始めたのはラスベガスのブラックジャックテーブルでだった。それから一九八四年に香港に移り、競馬の結果を予測するコンピューターソフトを開発した。まもなく、週に百万ドル以上稼ぐようになった。慈善財団を設立し、香港ロータリークラブの会長にまでなった。幸いベンターは香港中文大学の新センターに寄付してくれた。彼は言った。「私は数学で金もうけをしたから、一部を数学に返したいんだよ」。

　裕福な香港の住人でシャングリラ・ホテルチェーンを経営しているロバート・クオックから、それ以上の大金を引き出すことができた。香港の沙田で近所に住んでいた子ども時代の友人ピン゠ウオ・チョウが、その後クオック一家の会計係になっていて、雇い主に私を紹介してくれた。クオックは途方もなく気前が良く、新しい数学センターの単独首位の寄贈者になってくれた。彼はそれから友人でアジア随一の金持ち李嘉誠に紹介してくれた。李は私の出生地汕頭に隣接する中国の潮州市の生まれだった。李もこの取り組みに相当な寄付をしてくれた。友人ロニー・チャンのおじトーマス・チャンと、香港のエレクトロニクス企業の経営者ウィリアム・モンからも資金を得ることができた。リー財団が親切にも寄付教授職のスポンサーになってくれ、ほかのいくつかの慈善団体も同じことをしてくれた。私は数学者だから大きい数字を扱うのは慣れているが、これらすべての百万長者や億万長者に立て続けに接して、目まいがしそうだった。

新しいセンターの訪問教授陣への謝礼や運転資金がどうしても必要だったため、資金集めは数年にわたって行われた。お金を頼むのにわたしが単刀直入すぎると言う人もいたが、私は単純に時間がないし、寄付してくれそうな人に飲食で接待するのは私の流儀ではない。人の時間を無駄にしないように正面切って頼む。この場合、直接的な方法が功を奏した。数理科学研究所（ＩＭＳ）は一九九三年に設立され、友人シウ・ユエン・チェンが副所長として日常的な運営をすることに同意した（私は最初から所長を務めている）。

数学には傑出した資質があるにもかかわらず、チェンは研究所の管理職が簡単だと思わなかった。香港中文大学の学部長が原因の絶え間ない頭痛に悩まされて、とうとう嫌になって辞めてしまった。その後、センターを滞りなく運営する良い後任者が見つかった。クーラント数理科学研究所の教授だったチュウピン・シンが一九九八年にＩＭＳの副所長になって、以来ずっと続けてくれている。知らない人も多いが新しいセンターを開設するに当たっての最大の難題は、建物を建造して資金を投入するだけでなく良い人たちに運営させることである。

ＩＭＳは私が作った最初のセンターだった。大学院生用の学位授与プログラムがあって（これまでに四十超の博士号を授与している）、博士研究員や客員教授たちがおり、その多くが中国本土から来ている。センターは『The Asian Journal of Mathematics』を含む三つの国際的研究誌を発行し、多くの重要な論文を発表している。初期には困難もあったが、大方の見るところ当センターの新設はアジアの数学界に歓迎されている。

一九九二年、私が台湾の清華での任務を仕上げ、息子たちが新竹市での学年を終えようとしていたときが発端だった。息子たちを連れて再度、中国旅行をしたのだが、その際、長江三峡地区でスリル満点の船旅をした。そこでは世界最大の水力発電プロジェクトの一環として二年前に三峡ダムの建設が始まっていた。その後、ボストンに戻った。

マイケルは後に、なぜ中国語を学ばなければならないのかという疑問に一種の答えを見つけたのだろう。何年かたって、驚いたことにハーバード大学の学部生のとき中国文学の講座(古代詩を含む)を取り、それからさらに上海で中国語の課程を学んだ。

一方、私はハーバード大学教授の仕事を再開した(良いことはすべて、研究休暇さえも、終わらざるを得ないということだ)。だが北京から三千マイル近く離れていても、私の思いは中国からそれほど遠くなく、さらに別のプロジェクトを中国で進めることを考えていた。

当時、中国数学会の会長で中国科学院の会員でもあった友人のヤン・ロウに電話をかけて、中国が一九九八年の国際数学者会議の開催国になってはどうかと提案した。ヤン・ロウはそのアイデアを気に入って、後に中国の科学および数学界の幹部たちも歓迎したと伝えてきた。そこから事態は急速に進んだが、最終的には陳の承認も必要だろうということはわかっていた。陳は最初は懐疑的だったが、シウ・ユエン・チェンが良い考えだと彼を説得した。国際数学者会議は国際数学連合が運営するので、私が国際数学連合の元会長、レンナルト・カルレソンとユルゲン・モーゼーに連絡したところ、二人ともこの計画を支持した。

次に南開数学研究所（後に陳数学研究所と改名）の副所長、胡国定が共産党との長年のつながりを利用して、陳と私が中国の国家主席江沢民に会って、国際数学者会議の計画と広く中国における科学研究について話をするよう段取りをした。一九九三年四月遅く、江国家主席との会合のために中国に飛んだ。南開で陳と過ごし、杭州市の浙江《せっこう》大学で行われる研究集会——フーリエ解析で業績を挙げた数学者、陳建功の生誕百周年を顕彰するイベント——に出席するために、数日早く到着した。陳の以前の教え子の一人で一九八〇年代初めに高等研究所で私の助手でもあったシーレイ・ワンがその会議を企画運営していた。私は会議でスピーチをするとワンに約束していた。

しかし、その約束は果たされなかった。というのは、南開で陳の家に付属したゲストハウスに泊まっていたところ、待ち伏せされてほとんど人質にとられたからだ。そこにいた人たちに杭州市への便の予約をしてほしいと頼むと、パスポートを取り上げられた。返してもらえなかったことを除けば、完全に問題のないはずのパスポートだった。パスポートがなかったせいで、陳建功の生誕記念式典に出席するために杭州市に飛ぶことができなかった。我が師陳は私に南開に留まって研究所のほかのメンバーと話をするよう求めた。ちょうど幾何解析のスペシャルイヤーの最中だということもあった。しかし陳は私をキャンパス内を自由に動き回らせず、基本的に私が話をしてもかまわないと選ばれた数学者たちを私のところに連れてくると言うのだった。そういうわけで私はどうみてもその数日間、囚人だった。そういう扱いを受けるのは好きではなかったが、あまり大騒ぎしないことにした。なにしろ陳はつねに私の父のような存在だったし、そのうえ間近に迫っていた江国家主席との会合を台無しにしたくなかったからだ。

私を杭州市に行かせないために、なぜこんな過激な手段をとったのか、不思議に思われるかもしれない。南開の一部の人たちが私に陳建巧への敬意を表させたくなかったのは明らかだった。浙江大学の友人たちは、私を行かせない企みの陰に陳がいたと言った。彼らが言うには、陳建巧が二十年以上前の一九七一年に死亡してもなお、陳は彼と張り合うのをやめていないという。この説明が正しいかどうかはわからないが、中国の学問界のリーダーは皆、互いに闘っているような気がときどきする。そしてこの種の抗争が、もともとの本人たちが死亡したずっと後になっても続いている場合もあるのだ。

中国の指導者に会う段になると、幸い陳と私は北京まで平和に同行することができた。車で移動中、私は不本意ながら南開大学で幽閉状態にあったことを言わず、陳は何ごともなかったかのように振る舞った。そして何か異常なことが起こったとしても、彼は推定無関係なのだった。

江沢民国家主席と会う

私は普通なら格別に努力して政治指導者に会う種類の人間ではなかったが、江沢民に会うのは明らかに大きな栄誉で、ぜひ会いたいと思っていた。だが共産党の中央本部がある中南海に私たちが乗ったバンが向かっていたとき、数年前に残念ながら逃したある機会を思い返していた。一九八六年に北京を訪れたとき、一週間待てば中国の「最高指導者」鄧小平に会えるとヤン・ロウが言った。あいにくアメリカでの仕事が差し迫っていたため一週間の余裕がなく、その機会は過ぎ去った。思い返せば、二十世紀後半における中国の経済改革を多大な力で陣頭指揮した偉大な指導者と時を過ごす方法を見つけるべきだったと、実感した。

しかしそれは過去のこと。南開から北京まで二時間の車での移動の間、私は中国の当代の国家主席との会話のために考えをまとめようとしていた。陳は江国家主席との会合を前に緊張している様子だったが、それより主として南開の数学研究所のための資金集めで頭がいっぱいのようだった。国際数学者会議を開催する可能性については関心がはるかに薄いと見受けられた。その見込みに無関心と思われたのは、彼がそのとき八二歳近くで、国際数学者会議が中国で開催されたとしても、自分がそこにいる確信が持てなかったからかもしれない。

しかし私は、中国の数学と科学の施設が文化大革命中にひどい損害を被って大規模な改修が必要だと説き、会議の開催を江国家主席に強く要請した。世界トップクラスの数学者たちが北京に集まることになって、さらなる支援の価値がある分野として数学に注目を集めることができる。数学の教授たちは給与がとても少ないから、とりわけ支援が必要だと私は指摘した。江は中国国家主席としての彼自身の給与がわずか月額八百元(百ドル未満)だから、状況はよく知っていると言った。それを聞いてからは、給与のことをそれ以上懇願しなかった。

この会合の時点で中国は二〇〇〇年のオリンピック開催に名乗りを上げており、その場合は何十億ドルもの経費が見込まれた。世界最高の数学的頭脳を中国に招く世界最大の数学会議を開催するのにその金額のほんの一部、たかだか数百万ドルをかけてもいいのではないかと、江に提言した。幸いこの国家主席は電気工学の素養があって、このアイデアを受け入れた。私たちの面会時間はわずか三十分の予定だったが、彼はしゃべりムードに入っていた。話し合いは一時間半に及び、彼には科学の重要性と中国の研究を強化したいという願望について言いたいことがたくさんあった。

私の最初の考えは一九九八年の国際数学者会議を北京で開くことだったが、国際数学連合がその年の会議をベルリンで開くことに決めたため、結局二〇〇二年に立候補した（ちなみに中国は二〇〇〇年のオリンピックに落選したが、二〇〇八年大会を北京で開催した。『ウォール・ストリート・ジャーナル』によれば、経費は四百億ドルだった）。しかし江国家主席の承認をもってしても、私が開始した会議の企画運営はまもなくややこしいことになる。ややこしくなったあまり、約九年後に会議が行われたときには私は会議の方程式から完全に消去されていた。

そのいきさつを語る前にいっておくと、中国科学院は一九九四年に新たな会員カテゴリー、外国準会員を創設した。最初にそれに選ばれた数学者は陳と私だけだった。私は就任式典に出席できなかったが、一年後の一九九五年五月に北京で中国数学会の六十周年祭で講演したとき、科学院の副会長路甬祥に会った。私は講演で、研究の現代的方法、中国が間違ったやり方をしていること、そしてそれは欧米の最高の機関に倣えばはるかによくできることを話した。ただし、中国の研究施設は文化大革命中に大打撃を受け、西洋の研究施設よりはるかに遅れているため、容易ではないだろうと予告した。

そのあと、路は私の話を録音したので中国のリーダーたちに配るつもりだと言った。「あなたに科学院を手伝ってもらいたい」と彼は言った。具体的には、科学院の中に私が概略を話した研究方法に沿った、新しい数学研究機関をつくるのを指導してほしいという。「古い方法はあまりうまくいかなくなっている」と路は認め、「システムを全面的に見直さなければならず、それにはあなたの協力が必要だ」と言った。私のチームに路がいるのはたいへん有益なことだった。なにしろ彼はまもなく中国で大きな影響力を持つようになり、ついには共産党内の階級が上がって全国人民代表大会の副委員長にまでなったのだ。

翌朝、さらにプラスとなる偶然の出会いがあった。北京ホテルでの朝食のとき、一九七〇年代以来親しくしていた不動産王ロニー・チャンにばったり会った。チャンはいつになく快活に見えた。「学問の世界は良い方向に進むようだね！」と彼は言った。どういう意味かと聞くと、私の講演についてのニュース記事が『人民日報』紙の一面に載り、李華誠以下、財界のトップリーダーたちが江国家主席に会った記事は、二面になっていたという。「ということは、政府が君の肩を持って学問研究をもっと支援するということだろう」とチャンは言った。

彼の熱意をありがたく思ったが、もっとありがたかったのは、チャン自らが数学研究の計画に関わりたがっていたことだった。路が新設を望んでいる新しい数学センターの資金をまだ用意していなかっただけに、これは格別に良いニュースだった。一九九六年、何回かの話し合いを経て、ともに不動産開発業で成功している香港のロニーおよびジェラルト・チャン兄弟と合意に達した。ロニーは建物に資金を供給するのに熱心だった。ジェラルドは兄より研究への関心が高く、建物だけでは不十分でセンターの最初の五年間の運営費も出すべきだと言った。こんな気前の良い申し出を辞退する私ではない。すると路が、新しい施設の名をチャン一族の投資会社モーニングサイドグループとその慈善事業部門モーニングサイド財団にちなんで、モーニングサイド数学センターにしようと提案した。ロニーは私の提案のうち一つの点にとりわけ張り切っていた。それは私たちが何度か話し合っていたことで、センターはモーニングサイド数学賞を定期的に(結局、三年ごとに決まった)授与するというものだった。フィールズ賞の中国版という位置づけだった。

数学センターを立ち上げる

起工式が一九九六年六月十日に行われ、科学院の会長になっていた路が出席して式を厳粛なものにした。私はスピーチをして、これが中国初の「開かれた」数学センターになる、つまり適格者は誰でもそこで研究することに応募できる、と述べた。希望者はそこで最長一年間研究をしてから自分の機関に戻る。そのため中国のほかの機関は、最高の数学者を失う心配をする必要がないとも保証した。

私たちは陳を起工式に招待したが、彼は出席しなかった。私は何度か彼とセンターの話をしたが、彼はその都度、それについては何の問題もないと断言していた。それにもかかわらず、陳が怒っていると聞いた。そしてあいにくそれが、陳がしばしばするやり方だった。思っていることを直接言わず、不適切と彼が思うことについて、他人にひどく不満を言うのだ。

私は起工式での献辞でこう述べた。

私たち数学者は富も求めなければ連綿と続く王朝も望まない。なぜならそういうものはすべて、いずれは灰になるものだからだ。私たちが求めるのは永遠の真実に向かう道を進ませてくれる理論と方程式である。こういう考えは金よりも価値が高く、詩よりも輝いている。金も詩も、ありのままの真実と比べれば色あせる。数学の知識はあらゆる応用科学の基礎だから、数学の力は国を豊かに、強力にすることができる。また数学は現代社会を計画し維持する重要な役割を果たすから、数学を習得することで国の平和を保つこともできる。

北京大学の有力な数学者クン＝チン・チャンも短いスピーチをした。彼が述べたのは基本的に、このセンターを北京大学に移すために必要なことは何でもするということだった。そのけんもほろろな挨拶は式に冷水を浴びせたが、モーニングサイドセンターに与えられた資金に対する、彼と北京大学の同僚たちの不満から出たものだった。比類なく優秀な北京大学はその金額の半分、というより実際は数学のために拠出される金額の半分を受け取る資格がある、というのが彼らの標準的な立ち位置だった。この期待に特別な理由があるわけではなく、それが単に彼らのいつものスタンスだった。だがチャン兄弟は北京大学の数学センターに出資することには関心がなく、また私の意図でもなかった。私たちの望みは、新しいセンターがその母体と目される中国科学院に設置されることだった。科学院には数学の力がすでに集中しており、学問的雰囲気も少なくとも私の好みで良かった。

こうした態度は北京大学グループをさらに怒らせた。彼らは陳やほかの南開大学の人たちと手を組んで、彼らと資源を共有したがらない路の辞職を要求した。北京大学は卒業生の多くが政府の高官になっている関係で、中国で多大な影響力を振るっていたが、科学院を打ち倒すほど強くはなかった。北京大学の一派にはほかにも不平の種があった。私たちのセンターに民間企業にちなんだ名前をつけることで中国を裏切ったというのが、彼らの言い分だった。その言いがかりは偽善的だと思った。なぜなら、彼らの要求に応じてこの民間会社からの資金の半分を与えていたら、喜んで受け取っただろうからだ。

私の友人ジャン・ソングが起工式に出席する予定だった。ソングは中国科学院の会員で、副首相レベルの著名な政府高官でもあった。しかし土壇場になって北京大学のロビイストたちが、彼が出席するとセンターを是認することになると言って、出席しないよう説得した。

これもまた、私が何度も痛い思いをして学んだ教訓の一例である。アメリカでもお付き合いはややこしくていらだたしいことがあるが、中国ではそれよりずっと悪いことがある。幸いこの小競り合いにおいては我がほうに江沢民国家主席という手ごわい味方がいた。彼は北京大学の申し立てを無視し、彼の支持を得てモーニングサイドセンターは、道中に避けられない凸凹はあったものの計画どおり進んだ。

起工式の時点ではもちろん建物はできていなかったし、センターの設計も確定していなかった。チャン兄弟と私は建築面で多くの討議を重ねた。「この建物はちゃちに見えては困る」と私は抜け目なく指摘した。ロニー・チャンはその意見を重く受け止めたとみえて、過去に依頼して上出来だった一流の建築家に依頼した。このセンターは後に、北京でこの大きさで最も優雅な建物の一つと

上｜かつての指導教官、陳省身と私。1996年台湾の中央研究院で
下｜2人のノーベル物理学賞受賞者楊振寧(C.N.楊)(左)とサミュエル・ティン(丁肇中)(右)の間で。1996年北京の精華大学にて

して賞を取った。しかしその前に深刻な問題が起きた。一つはトイレについての論争だった。建築業者は、使用者が座れず床に開けた穴の上にしゃがまなければならない旧式のトイレを取り付けて、経費を節減しようとした。結局、建物内のトイレのほとんどが現代式になったが、一階のトイレは和式だった。ロニーとジェラルドの母が洋式トイレを使いたくないと言ったからで、私は個人的には、現代的な世界的研究施設にしたいと望んだものにそんな時代遅れなものがあるのを恥ずかしく思った。

一九九八年には建設が完了してセンターの運営を始める準備ができていた。私は初代の所長として、今日までその立場にあるが、起工式以来ずっと、中国系のすべての数学者に開かれたこのモーニングサイドセンターで国際会議を開催してきた。ノーベル賞を受賞した物理学者、楊振寧と李政道が同じようなことを十年前に中国の物理学者たちと行って、当時の国家主席鄧小平までもが出席した。私は同じことが数学者のために必要だと考えた。ヤン・ロウもその考えに賛成したので、当時中国数学会の会長だったK・C・チャンに手紙を書いた。数学会の支援を得るのに役立つと考えてのことだった。

チャンは、数学会はその会議を後援する用意があるが、その会議と、これが定期開催となった場合は（実際そうなった）今後のすべての会議を完全に管理するのでなければならないと言った。チャンはさらに、後援者全員を招待することを強く要求した。私のほうには、何かを「強く主張する」機会がなかった。意見を求められなかったからだ。しかし私にははっきりした意見があって、重要なのは講演者を学問的価値に基づいて選ぶことだった。北京大学の一派は研究の質にかかわらず、中国中の講演者を受け入れることを望んだ。彼らにとってこの種の会議の主目的はみんなを幸せにすることのようだった。それは、中国の数学を発展させるという私の考えとは違っていた。私の全人生の目的は学問的質を上げることだから、盛大なパーティーをしたいのなら自分たちでやればいいと彼らに言った。

案の定、その言葉は彼らを怒らせた。チャン率いる中国数学会は、中国系数学者の国際会議は数学会自体が行うのでないかぎり開催するべきでないと主張する、二つの声明を発表した。チャンは国際数学連合の介入を求めるロビー活動までした。国際数学連合でよく活動していたアメリカ人数学者が、国際数学連合か中国数学会が運営するのが適切ではないかと言って、なぜ私がこの会議を運営したいのか聞いてきた。私はアメリカ数学会の関与を求めずにハーバード大学などで多くの会議を開いてきた（そのいくつかに彼も出席した）と答えた。「あなた方はいつも中国における言論の自由の話をするが、中国数学会が学問の自由に介入して押さえ込むのを望むのか」と。

次にチャンはヤン・ロウに、私がこの種の会議を運営することを中国政府は望んでいないと私に言うように頼んだ。私はヤン・ロウに、中国政府から正式文書でやめるよう通達があれば、会議を中止するか私が身を引くかすると言った。そんな文書は来ないだろうという自信があったし、実際来なかった。私が会議を進めるつもりであることを知ると、チャンは中国数学会に会員全員が出席しないよう勧告する手紙を書いた。その手紙は実質的に、国全体に出席するなと言うものだった。

第一回中国系数学者国際会議（ＩＣＣＭ）は一九九八年十二月十二日から十六日にわたって開かれ、その後三年ごとに開催されている。第一回の開会式は、北京中心街にあるモーニングサイドセンターから約一時間の人民大会堂で行われた。会議が幕を開けた十二月十二日には、十二台のバスが四百人を超える出席者をモーニングサイドから「大車列」を連ねて授賞祝賀会のある人民大会堂に移送した。

モーニングサイド賞は伝統的に、ＩＣＣＭの初日に授与されることになっている。それぞれ副賞約二万五千ドルの金メダルが二つと副賞約一万ドル付きの銀メダル四つが、四五歳以下の中国系数学者に授与される。フィールズ賞は年齢制限が四十歳だが、傑出した研究がなされるのは四十歳代だから、私は延長したかった（たとえばアンドリュー・ワイルズがフェルマーの最終定理の修正証明を完成させたのは一九九五年のことで、その重大な業績が達成されたのは彼が四二歳のときだった）。台湾の国立中正大学のチャン＝スー・リンと、当時コロンビア大学にいたシュウ＝ウ・チャンが最初の金メダル受賞者だった。

選考委員会は討議によるという内規を守るために、私を除いて非中国人数学者によって構成され、その方針はうまく機能した。受賞者についての論争はなかったが、北京大学の数学者の何人かは田剛が受賞しなかったのでがっかりしていたと聞いた。しかし私は最初は、えこひいきの兆候を見せないように原則として過去か現在かにかかわらず教え子には授賞しないと決めていた。

田は二〇〇一年の第二回ＩＣＣＭでも受賞しなかった。その年の金メダルは私の元教え子のジュン・リーと（現在ハーバード大学で私の同僚である）ホン・ツェール・ヤウが受賞した。二人とも、私を含む選考委員たちが優れた研究をしたと認めていた。

陳が二〇〇一年の第二回会議でモーニングサイド特別功労賞を受賞した。健康上の理由で旅をしないよう主治医に勧告されたため、娘が代理で受賞した。陳は最初はICCMに反対して、中国の国家主席宛の手紙で何度か不満を述べたが、後に気が変わって次の会議には出席しようと決心した。彼はICCMの支援も始めて、かなりの金額の寄付までした。こうした変心は陳には珍しくないのだが、なぜ気が変わったかは説明しないことが多かった。

結局、ICCMの設立は大成功だと思うし、ほとんどの会議出席者も同じ考えだったと信じる。

中国の杭州市でリチャード・ハミルトンと私（2001年）

一九九八年の開会の挨拶で私はこの会議を「歴史的な出来事――世界中から大多数の中国人数学者が一堂に会して研究発表をした最初の機会」と称した。中国人ではない著名なゲストも何人か出席し、そのなかにはアメリカ数学会の前会長ロナルド・グラハム、ヨーロッパ数学会会長でIHES所長のジャン＝ピエール・ブルギニョン、マックス・プランク数学研究所所長ユルゲン・ヨースト、ロンドン数学会会長マーティン・テイラーなどがいた。

モーニングサイドセンターも成功している。このセンターを中国最高の数学施設の一つと考えるのは私だけではないと思う。私はその後も、北京の精華大学、杭州市の浙江大学、海南省三亜市などで数学センターを設立した。ほかにも前述の香港IMSと、台湾で最初に国立清華大学で、後に国立台湾大学で創始した新しいセンターがある。だがモーニングサイドセンターとICCMの設立をめぐる初期の争いで、たくさんの敵をつくった。それどころか、中国、香港、台湾で関わったすべてのセンターをめぐって大げんかがあったのだ。

二〇一〇年頃、マイケル・アティヤから電話があって、北京の清華センターの所長を彼が引き受けるべきかどうか、私の意見を求めた。どうやらC・N・楊がこの名高い数学者に、このセンターの所長になるよう頼んだらしい。これはなかなか驚くべき動きだった。というのは、私がそのセンターの創立所長で所長代理であるにもかかわらず、指導者の交代について何の兆しも聞いていなかったからだ。おまけに、清華の学長の話では彼も楊(清華大学の高等研究所の名誉所長)がアティヤにしたというわゆるオファーについて何も知らず、楊にそれをする権限があるかどうかすら定かでなかった。私はアティヤのような偉大な数学者が入ってきて中国の数学を発展させるために尽力してくれるのは喜んで認めたと思うが、アティヤは楊に、年に約一週間しか中国にいられないと伝えた。アティヤが言うには、楊はそれでいいと考えたようだが、センターの効果的な運営は「リモートコントロール」ではできないことを経験から知っていたので、それが良い考えだとは思わなかった。

私が知る限りでは、私がアティヤと話をしたあとでこの案は取り下げられた。確かなことは、二〇〇九年の創立以来私が精華大学の数理科学センターでの立場を保ってきて、その間つねに運営陣の支えを受けてきたことである。そのうえ二〇一五年には中華人民共和国教育部がこのセンターを国立研究所に指定して、正式名称をヤウ数理科学センターに変更した。これによって私の身分が一見したところ保証された。というわけで、楊によるこの出来事はレーダースクリーン上に現れた、よくある不規則な信号にすぎなかったらしく、永続的な影響を残すことなく消えた。

一方、ＩＣＣＭをめぐるバトルのほうは何年間も、この会議が最も多くの出席者がある中国の数学会議として定着したあとも、続いた。その理由の一つは、北京大学のあるグループが影が薄くなるのを好まなかったからだと私には思われる。この会議が中国で最大の数学会議になってからも長い間、彼らは引き続きＩＣＣＭのボイコット、または完全廃止の要求をしていた。彼らがようやくボイコットを断念したのは、教育担当の国務委員、陳至立からの会議を称賛する手紙を私が見せてからだった。というのはその当時、彼らは中国政治の厳しい現実にどっぷり浸かっていたからだ。中国の指導者からの通達は通常、ほかの政府機関と相談のうえで発行されていたので、逆らうのはほとんど不可能だった。この場合はそうした制度が機能したといえる。というのは、ＩＣＣＭを支持する陳委員の勧告は（偏っていることを認めたうえで私見を言わせてもらえば）まことに正当だったから。

中国での国際数学者会議

ＩＣＭがしっかり根付いたことで、私のライバルたちに別のバトルの種が必要になった。そして彼らは最初に私が提案した、前記の国際数学者会議（ＩＣＭ――中国人数学者国際会議の頭文字からＣが一つ抜けている）の中国による開催に目を付けた。この提案は前進して、国際数学連合が二〇〇二年に北京で開催するという計画を承認していた。私の当初の希望はこの会議によって中国の数学界を大きく成長させることだったが、その意図とは逆に権力と影響力の奪い合いが始まってしまった。私はことが起こる前に、すぐに脇に追いやられた。

国際数学連合は、中国数学会が選んだ八人の数学者が会議で講演できることに決めた。私はいつものように、講演者は新たな研究の成果に基づいて選ぶべきだと主張したが、ライバルたちは私が議事に影響力を持たないようにしていた。その一方で、誰もが会議で講演しようと、また会議を運営する委員会に加わろうと必死になっていた。結局どうなったかは予想どおりで、演壇は学問的業績ではなく政治的人脈に基づいて与えられ、その過程で私には発言権がまったくなかった。

ご利益《りやく》は多大だった。国際数学者会議で講演するということは、一夜にして知名度と金銭と名声を得ることを意味した。大学の数学科は講演者を数学界で研究する主要人物の一人として認め、それによってほとんど自動的に昇進と、おそらくは特別な人物、一目置かれるべき権力者であることを目立たせるご褒美が付いてくる。

こうした決定をした中国数学会のメンバーたちが会議の運営に加わるよう私に頼んできたのは、八つの講演者枠が廃止されてからだった。私がもっと早く参加していたら、彼らの選択に干渉していただろうという彼らの推測は正しかった。だがこの頃には、ことの進展に嫌気がさして、この会議にこれ以上関わりたくないと思っていた。

私を追いやりたいと思いながらも、主催者側は私が議事から完全に身を引いたら具合が悪いだろうと悟っていた。中国政府も私の参加を望み、一部の高官が陳省身に私を説得するよう頼んだ。状況はいささか滑稽だった。いくつかの筋から聞いたところによると、陳はすでに江沢民国家主席にヤウは会議に行かないはずだと言っていたという。にもかかわらず私は南開大学で会いたいという陳の要望に応じて、昼食で数時間をともに過ごした。陳はその間、私の会議への出席について一言も言わなかった。後になって想像するに、彼はベストを尽くしたが私を説得するに至らなかったと人には言ったのだろう。

その出来事の一年ほど前、二〇〇二年国際数学者会議の現地組織委員会委員長で中国数学会の会長だったチー゠ミン・マーから手紙が来た。アメリカに来るので会議について話をしたいという内容だった。その後、彼から連絡がなかったが土壇場になって連絡があり、翌日ボストンに行くので会いたいとのこと。私の勘では、彼は私が忙しくて会えないことを望んでいたが、彼を夕食に招待した。食事をともにしたが、会議や、そこで私が果たせる役割について、彼は一切触れなかった。

二〇〇二年になると、現地組織委員会は私の出席を確認せよとの国際数学連合からのプレッシャーを感じるようになった。国際数学連合会長のジェイコブ・パリスが私の本会議講演を望んでいると聞いたが、その枠はすべて配分されていた。やむをえず、組織委員会は私に晩餐後の特別講演を依頼した。

私は再び彼らに手紙を書いて、講演者の選定が権力闘争に密接に結びついていることに落胆しており、会議に私の居場所は全然ないと思うと述べた。しかしそれは彼らが聞きたいことではなかった。返事には、私は出席すべきでないと明言されていないとしても言外に書いてあった。中国政府と中国科学院の院長は私の出席を望んだものの、多少の影響力を持つその他大勢は、あまり歓迎していなかった。

結局、私が着想したこの会議はあまりに汚れてしまったので、私はパスすることにした。ただし、ほかの人たちの出席までは止め立てしなかった。ところで、私は自分が企画した国際弦(ひも)理論会議にエネルギーを集中していた。それは国際数学者会議の直前の二〇〇二年八月十七日から十九日に北京で行われた。このフォーラムにはスティーブン・ホーキング、エドワード・ウィッテン、デイビッド・グロス、アンドリュー・ストロミンジャーなど著名な学者が参加し、それ自体がかなり大きいニュースになった。ホーキングの公開講演には二千人超の聴衆が集まった。彼とウィッテン、グロス、ストロミンジャーを江国家主席に紹介したところ、中国の学者をひも理論の研究のためにぜひアメリカに送りたいとのことだった。

三日間の会議は、私がかなりのエネルギーを捧げてきた二つの重要なテーマである数学と物理学、東と西を一つにした点で、満足のいくものだった。また、世界中から二百人以上の研究者が、私の母国で開かれた、かくも注目を浴びる出来事に集ってメディアの大きな関心を引いたのも、うれしいことだった。

ひも理論会議が終わった翌日の八月二十日に国際数学者会議が始まったが、前述のように私は一切出席しなかった。この会議は私の好みからするとあまりにも醜い権力闘争にまみれていた。権力闘争は国際数学者会議を開催するどの国でも起こるが、中国はその点で特別ひどいと思われた。

スティーブン・ホーキング、私、ホーキングのかつての教え子チョンチャオ・ウー。中国杭州市の西湖上で2002年（写真提供：浙江《せっこう》大学数理科学センター）

中国で残念だったのはもう一つ、匿名でインターネットに掲載され拡散された作り話の数が多いことだった（この問題はもちろん、中国に限られるものではないが）。広く拡散された話の一つは、国際数学連合に手紙を書いて、会議を北京で開くのを人権上の理由でやめさせてほしいと私が香港数学会に頼んだというものだった。それというのも香港で開催してほしかったからだという。この主張はまったくナンセンスで、当時、香港数学会会長だったシウ・ユエン・チェンが、私はそんな要望を決してしていないと断言している。香港の数学会はすでに、北京で国際数学者会議を開くという案を熱烈支持するという手紙を送っていた。したがって、私が開催地を変えたがっているという非難は単に、中国で何某かの有名人であれば往々にして耐えなければならない中傷の類いだったのだ。

陳の死

二〇〇二年の会議後、私はときどき陳に会ったが、二人の考えの相違をなくすことはできなかった。そうは言っても、同じ意見の事柄もたくさんあった。二人とも中国を愛し、数学のレベルを上げたいと思っていた。ただし、その目的を実現する最良の方法については別々の考えを持っていた。陳が（たぶん年齢のせいで）急いでいるため短期的目標に重点を置いているのに対して、私は上質の研究環境を整えることを目指した、順序だった長期計画のほうを好んだ。それを構築するには時間がかかるが、私は優れたものへの近道を知らない。

結局のところ、二人は同じことを望んでいたのだから、時間があれば共通の基盤に到達する機会があったのかもしれないが、悲しいかな陳と私にはその時間がなかった。運命が邪魔したのだ。二〇〇四年十二月の初めにヤン・ロウから電話が入り、陳が九三歳で亡くなったと知らされた。

私は、私たちの関係がひどくこじれてしまったのをたいへん残念に思った。和解できていればよかった。陳が逝ってしまった今、彼が成し遂げたことすべてと、私のキャリアの早期にバークレー校への道を整えてくれたのをはじめとして多くのことをしてくれたのをどれだけ感謝しているか、思い出そうとした。その頃の陳は大きく堂々とした姿でそびえ立っていた。若い大学院生だった私が助力を求めて彼の研究室に行くときは、『ゴッドファーザー』でマーロン・ブランドが演じたマフィアのボス、ヴィトー・コルレオーネに頼みごとをしに行くような気分だった。

今でも、数学における陳の素晴らしい業績について感嘆の気持ちでいっぱいだ。彼は真に、現代微分幾何学を創始した主要人物の一人だった。死の二週間後に香港で開かれ彼に捧げられた二〇〇四年のＩＣＣＭでの開会の辞で、私は彼への賛辞を述べた。それだけでなく、彼について私が書いた詩も朗読した。残念ながら、私がスピーチをした部屋の収容人数はわずか二五〇人しかなく、そこに居たいと願った大勢の人にはとうてい足りなかった。

陳の生涯が終わりに近づいた頃に彼と親しかった人たちの話では、死の間際に「ギリシャ人の幾何学者たちに会いに行く」と言ったという。その人たちに混じっても、陳は決して引けを取らなかっただろうと確信している。ピタゴラスなど数学史の伝説上の人物たちとまさに同じように、陳の功績も永く続くだろう。実際、国際天文学連合は中国の興隆天文台で発見された小惑星に、数学分野の前進のために彼が成し遂げたすべてのことを称えて陳（チャーン）の名を付けた。

陳は数学への情熱を決して失わず、エネルギーと能力が許すかぎり、平均的な引退年齢をはるかに超えて自身の研究を続けた。その推進力の一部は、衰えることがなかった競争心だったかもしれない。しかしおもな原動力は、数学を愛し、どうしても手離せなかったことから来ていたと思う。

二〇〇三年になっても陳はまだ熱心に研究をしていた。対象の一つは半世紀以上前の六次元の球すなわち「六次元球」についての重要な問題の証明だった。彼は私に、論文への意見を求めた。その証明が的を射ていないことが私にはわかったが、九十歳代の人がこんな難しい問題に取り組めることに敬服すると答えた。彼はその意見を喜んだようだった。ある数学者はこの取り組みを「陳の最終定理」と呼んだが、陳はじつはほかのことにも、ほとんど息を引き取るまで熱心に取り組んでいた。南開の研究所の同僚たちがいうには、陳の研究室はほとんどいつも灯りがついていた。陳はポアンカレ予想を、その問題とほぼ同じ年齢のときに、かなり単純な計算を用いる新しい方法で証明したと考えた。その計算は説得力があるようには私には思われず、十五年以上たった今では、陳の晩年の証明は意味をなさなかったとみるのが確かなところだろう。現に（私が知る限り）これまで誰もそれを利用したり、それが正しいと思われる理由を示していない。

陳の死後、彼の娘婿で香港科技大学の学長を務めた物理学者ポール・チューは、陳の六次元球とポアンカレ予想の「証明」の論文が出版されないのに憤慨した。チューは私と、私の友人で当時香港科技大学科学部の学部長だったシウ・ユエン・チェンに、そのことで苦情を言った。チェンも私も、この件に介入したくなかった。というのも、陳の最後の研究は標準よりかなり劣っていたため、彼の遺産を傷つける恐れがあると感じたからだ。家族の一員であるポール・チューにならその研究に関わる権利があるのだから、自分で出版するべきだと思った。その提案は当時は陳の家族にしっくりするものではなかったが、チェンと私は今でも、陳の晩節を汚さなかったのは正しかったと思っている。

陳の最後の二つの定理は標準に達しなかったと思ったものの、人生の最終段階でこれほど手ごわい問題に取り組んだことには感銘を受けた。彼はもはやできなくなるまで、自分の研究を果敢に続けたのだ。

結局、陳は数学で素晴らしい業績を挙げた。他者が続けることができる豊富な研究を残しただけでなく、自分の名を冠した小惑星も残した。その星は楕円曲線の軌道を描いて永遠に太陽を回り続けるだろう。

第11章 ポアンカレを超えて

「バラはバラでありバラである」とはガートルード・スタインが一九一三年の詩に書いた有名な言葉である。だが球についても同じことが言えるだろうか。たとえば少し空気の抜けたサッカーボールの一端を押す、または別の一端を引っ張る、踏みつける、その上に飛び下りる、ひねる、拳で殴るなど、突いて穴を開けたり引き裂いたりすることを除いて考えられるあらゆることをしたとして、このボールはトポロジーの要件を満たす球だろうか。

優れたフランス人の博識家アンリ・ポアンカレは数学だけでなく天体力学、特殊相対性理論その他の物理学においても重要な貢献をしたが、一九〇四年に上で述べたことと同じ問題を提起した。ガートルード・スタインが用いたものより専門的な用語で表現されたポアンカレの問題は、本格的な数学の予想の形を取り、まちがいなく史上最も話題に上った予想の一つである。その予想は、失敗に終わった多くの試みをやり過ごして一世紀近く存在し続けたが、初めて信頼できる証明が思いがけず、ロシアの数学者グリシャ・ペレルマンが二〇〇二年末から二〇〇三年半ばの間に投稿した一連のウェブ記事から現れた。

過去百年間にわたって大いに注目を浴び、今日まで政治色の強いテーマであり続けた、この予想とは何だろう。第5章で述べたようにポアンカレは、二つの点が無限に離れていることができないコンパクト空間は、その空間内に置くことができるあらゆる閉曲線が点にまで縮小できるなら、トポロジー的観点から球面と同一視できると主張した。言い換えれば、その空間に置かれた同じリングが縮小して一つの点になるのを防ぐ障害物はないということである。私は長い間、この予想がずいぶん短いことに驚嘆していた。一つの文にまとめられる一方で、その一文のせいで人びとを一世紀以上忙しくさせてきた。それが、私がポアンカレの語句をとても美しいと思う一因である（これは予想の三次元バージョンのみに当てはまることを覚えておいていただきたい。問題のより高次、つまりn次元については、円や輪が縮小するのではなく「nより低い次元の」「球」が点になるまで縮小するという条件を満たす必要がある）。

ポアンカレの頭の中にあったものを思い描くには、いわゆる二次元球面、たとえば地球儀の表面を見るのがいちばんわかりやすいかもしれない（球の**内部**は見ないことにして）。たとえばとてもきついゴムバンドを伸ばして赤道に巻き、徐々に北極か南極に向かって滑らせると、両極では妨害するものがない、つまりバンドが縮小して点になるのを妨げるものがない。一方、ドーナツ形（定義上穴の

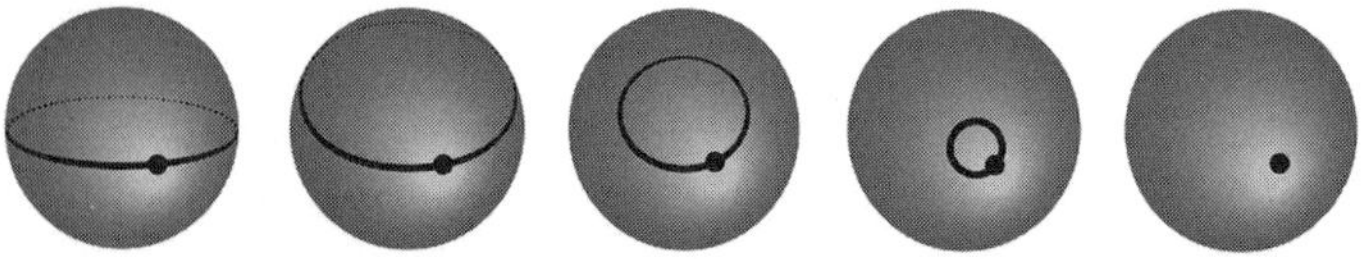

二次元平面からなる球は、球の表面に置かれたリングが点になるまで縮小できるので「単連結」とみなされる。つまり途中に障害物がない

ある空間）に巻いたゴムバンドはバンドかドーナツ形が破れない限り点にまで縮小できない。ドーナツ形の外周または内周に巻いたゴムバンドが縮小できるのは、ドーナツ形が押しつぶされ、それによって穴がなくなった（したがってドーナツ形と言えなくなった）ときだけである。

そして、ここで述べているのがドーナツ形の**表面**または外側だけのことで、（ときにはおいしい）中身のことではないのを思い出してほしい。これら二つの形状の決定的な違いは、表面を貫く穴の有無、つまりドーナツ形には顕著にあって球にはないものである。ということは、球は内部空間の構成成分を壊さないとドーナツ形に変形できないし、ドーナツ形はその破れを修復しない限り球に変形できない。

二次元曲面は一九世紀に十分に理解されていたため、ポアンカレの予想は具体的には三次元球面、すなわち四次元のボールの表面に関するもので、たいていの人には簡単には思い描けない空間だった。二次元球面が三次元空間の原点から正確に等距離（これをrとする）にある点の集合からなる（方程式 $x^2+y^2+z^2=r^2$ を満たす）のとちょうど同じように、三次元球面は四次元空間の原点から等距離にある点の集合からなる（方程式 $x^2+y^2+z^2+w^2=r^2$ を満たす）。この定理を理解すると、三次元空間一般をは

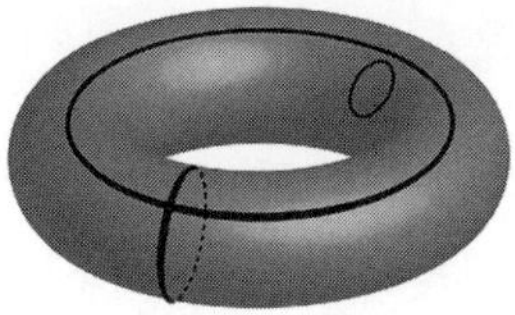

トーラスすなわちドーナツ形の表面に三つの輪を置くことが可能だが、縮小して点になれるのは1つだけ、右側の小さい輪である。したがってトーラスは「単連結」ではない

トーラスの外縁に巻いた輪は、真ん中の穴が邪魔をするので点まで縮小できない

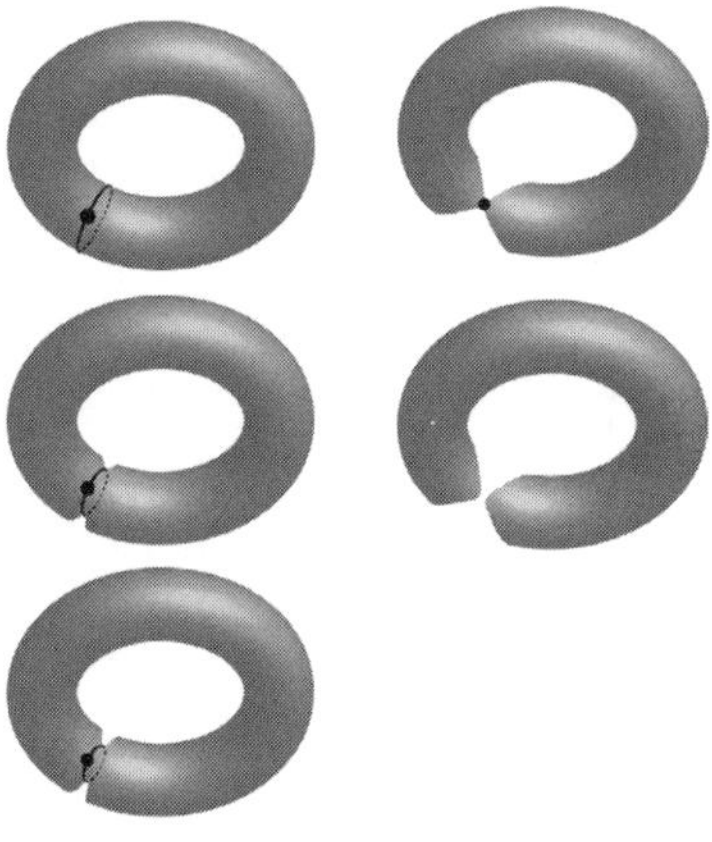

この輪もトーラスを切ることによって、すなわちその位相を変えない限り点まで縮小できない

るかに深く理解することにつながる。しかしポアンカレは、そうした取り組みが難かしいのを予見していた。「Mais cette question nous entraînerait trop loin（しかしこの問題はわれわれを遥か遠くへ連れて行くことになるだろう）」と書いて、この問題の解決に至るには、非常に長い旅を経験しなければいけないことを示唆していた。

この問題の二次元版はポアンカレの予想が出るかなり前に解かれ、高次元版はさまざまな局面で解かれた。一九六二年にスティーブン・スメイルが、五次元以上についてこの予想を証明した。マイケル・フリードマンは、四次元版を『Journal of Differential Geometry』に掲載された一九八二年の論文で証明した（第7章参照）。しかし三次元版はポアンカレが予想していたように、はるかに難しいことがわかった。一つには、高次元の証明で用いられた手法が三次元では、単に動き回れるだけの余地がないために使えなかったことが原因だった。

したがって三次元の問題は、無数の証明失敗例が沈む難破の場となった。言ってみれば、多くの飛行機と船が最期を遂げた大西洋のバミューダトライアングルの数学版だった。一九六〇年に七次元以上の予想を証明した数学者ジョン・ストーリングスは、一九六六年の論文「How Not to Prove the Poincaré Conjecture（ポアンカレ予想を証明しない方法）」で、三次元の問題に取り組むにあたって自身の失敗した試みについて詳しく述べた。

私は長い間この予想に関心を持っていて、ときどきそれが頭に浮かんだ。たとえば前述のように、一九七六年の結婚式の直前にユーユンと姻戚たちとともに国を横断する旅をしていたときもそうだった。しかしこの取り組みに完全に没頭していたわけではなかった。その理由は主として、その問題をぱっくり割るひらめきが舞い降りなかったからだ。ポアンカレはかつて、着想をこう説明した。「長い夜の真夜中のひらめき。しかしこのひらめきがすべてなのだ」。この問題に関して言えば、私は悲しいかなそういう「ひらめき」を一度も経験しなかった。

その代わり、私の役割はむしろ下支えだった。リチャード・ハミルトンが次のように言っている。「リッチフローを使った解決法を生み出すことに、ヤウほど貢献した者はいない。そのリッチフローを使ってペレルマンがこの賞［フィールズ賞］を得た」。この発言は惜しみない賛辞かもしれないが明らかに言い過ぎだ。ペレルマンの理論が育つもととなった全般的な方法を生み出すのに最も貢献した人物は、ハミルトン自身のほかにはいなかった。私の役割はハミルトンがこの解決法を開発するのを助けたことで、それというのもこの研究がきわめて有望であることを最初から分かっていたからだった。

ハミルトンのリッチフロー

リッチフロー（第7章参照）はほとんどハミルトンが開発した手法である。標準的なトポロジー的手法ではなく微分方程式に基づくやりかたで、熱流の幾何学的類似物を出現させる。たとえば金属の大きい平板の一部分に火炎噴射器を向けると、その部分は当然きわめて熱くなる。だが平板を放置しておくと熱は徐々に熱い部分から伝導して金属全体に広がり、熱平衡に達する。つまり表面上のすべての部分が均一の温度になる。

リッチフローは平均化の過程と類似している。しかし熱を均等に広げる代わりに、どちらかというと幾何学空間上の凹凸と不規則性をならす。曲率が大きい部分が徐々に曲率が小さい部分に変わり、ついには表面が(正の)定曲率である球面のように、空間全体が均一の曲率になる。しかし凹凸のなかには頑固で容易にならせないものがある。その場合、数学者が「特異点」と呼ぶしわと折り目ができて、もっと思い切った方法が必要になることがある(それについてはまもなく説明する)。

ハミルトンはこの研究を一九八〇年代初めに開始した。私はしばしば彼に会って、研究途上で出現した差し迫った問題について話し合い、助言を与えたり以前にピーター・リとともに行った関連研究を教えたりして、できる限り全体的に支え励ました。また、彼から教わったり研究したり、何十年もかかった彼の研究を手伝う学生も送った。その種のことを言ったのは私が初めてではなかったかもしれないが、私は確かに、一九八〇年代にハミルトンに、リッチフローはポアンカレ予想を解く鍵になるだろうと言っていた。その指摘は自明のことだったかもしれないが、声に出して言われたのを聞いてハミルトンは奮起した。最大の難題は、リッチフローの過程中に発生する特異点の数と形を知ることだろうと私は彼に言った。

この場合の数学には複雑な微分方程式が関わっていてとてつもなく厄介なため、これをマスターした研究者はまだほんの少ししかいなかった。とはいえ基本戦略は比較的単純に説明できる。すな

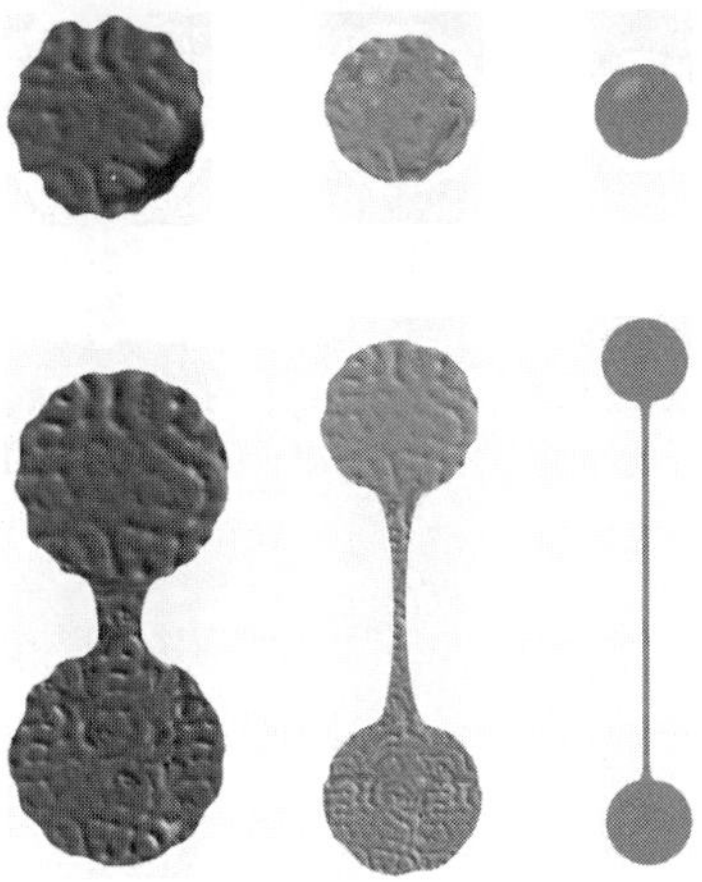

凸凹した三次元多様体の曲率はリッチフロー中に徐々になめらかに、均一になりうる（上。左から右へ）。しかし数学者には、この過程が失敗に終わるのではないかという懸念があった。たとえば、リッチフロー中に、多様体が伸びて、二つの突起物がくっつきその首の部分の幅がゼロになると、細長い「特異点」を形成する可能性がある（下）（図の提供はニューヨーク市立大学のChristina Sormani）

わち、やや丸みのある物体にリッチフローを適用し、曲率が一定になる過程でその物体が球面になるかどうかを見る。三次元球面では、高度に不規則な場合はとくに、その過程で凸凹が出現して結果的に特異点ができることがある。そのほとんどは取り除き、ジョン・ミルナーが導入したような「手術」で文字どおり切り取ることができる。手順が限定されていれば、実行可能な手法である。

ある種の特異点、つまり葉巻形の突起は「手術」では除去できない場合がある。そしてリッチフローの過程中、曲率が平均化に向かっているとき、この種の部分がならされるどころか制御不能に大きくなることがある。ハミルトンが言うには、これらのいわゆる「葉巻」がポアンカレ予想を証明するのに最大の障害になったという。それができたが最後、リッチフローによって空間を球面と同じにする、つまり均一形状にすることが不可能になりかねないのだと。

一方、やっかいな葉巻が出現しないことをハミルトンが示すことができれば、その問題は完全に無視することができた。実際、彼は一九九六年頃に「葉巻」特異点は顔を出さず標準的な「手術」が使用できると想定して、ポアンカレ予想を証明できることを明示した。私がハミルトンに示唆し、彼も同意したのだが、この種の特異点を懐柔して出現させない方法は、ピーター・リと私が一九七〇年代と八〇年代に開発した、熱伝導方程式に端を発した有力な不等式の中にあるかもしれない。ハミルトンはこのアイデアの研究を始め、十年以上たってからいわゆるリ・ヤウ不等式をポアンカレ問題に対応するのに必要な、より一般的でやっかいな条件に適応させる際、私に協力を求めた。

一九九六年のハーバード大学数学教授会で、私はハミルトンがポアンカレおよび幾何化予想で前進していると同僚たちに話し、彼をハーバード大学に呼んでその研究を進めさせてはどうか、その異動は彼と大学双方のためになるはずだと説得した。そういうわけでハミルトンは一九九七年秋から客員教授としてハーバード大学で一年間を過ごした。その間、私たちはしばしば話し合い、その後も意見を交換した。ハミルトンが通常、夏を過ごすハワイに私も数回行った。リッチフローを研究していないとき、彼はサーフィンで太平洋の潮を満喫した。私も海岸で楽しんだが、わくわく感

（と冒険心）では負けていた。

ペレルマンの論文

一九九九年にコロンビア大学のアイレンベルク客員教授職も任命されたので、ハミルトンとの共同研究の時間も増えた。後に、コロンビア大学から就職の誘いも受けたが、妻と話し合って辞退した。それでもハミルトンとの密接なつながりは変わらなかった。彼は私の協力もいくらか得ながら着々と前進し、終わりも目前かと思われたそのとき、二〇〇二年十一月十二日にほとんど接触がなかったグリシャ・ペレルマンから思いもよらないメールを受け取った。ハミルトンも同じ頃、（同文ではないまでも）類似のメールを受け取った。「私の論文にご注目いただけますか」とペレルマンは前日に数学アーカイブに投稿した論文「The Entropy Formula for the Ricci Flow and Its Geometric Applications（リッチフローのエントロピー公式と幾何への応用）」について書いていた。

「幾何化予想の証明を略述」したとペレルマンが言うその論文は私を、そしておそらく数学界のほとんどの人を驚かせた。ポアンカレ予想をも包含するほど広いその予想をペレルマンが研究していたとは、まったく知らなかった。それまでに彼の知名度をいちばん高めた研究は、幾何学のまったく違う領域のものだった。じつは彼は、当時私が編集していた雑誌『Journal of Differential Geometry』に注目に値する論文を投稿したことがあった。この研究について私たちは有意義な意見交換をし、証明についてもっと詳しく知らせてほしいという査読者からの依頼に、ペレルマンはきっちりと応じていた。

しばしば世捨て人と言われるペレルマンは一九九五年にバークレー校を離れてロシアのサンクト・ペテルベルクの家に戻り、そこでまったく目立たない生活をしていたため、私たちのほとんどは彼がそれまでどうしていたのか、そもそも数学をしていたのかすら知らなかった。

当の三編のうち最初の論文は「エントロピー公式」に関するわずか三九ページのもので、二〇〇二年十一月十一日にオンラインで発表された。次いで二二ページの論文「Ricci Flow with Surgery on Three Manifolds（三次元多様体への手術付き、リッチフロー）」が二〇〇三年三月十日に掲載され、二番目の論文への七ページの短い補遺（「Finite Extinction Time for the Solutions to the Ricci Flow on Certain Three-Manifolds」（ある三次元多様体に対するリッチフローが有限時間に消滅することについて）が二〇〇三年七月一七日に発表された。

これらの三論文はこれほど幅広く複雑なものの証明にしては、従来の標準から見てまことに短かったが、ペレルマンはその中で、ハミルトンが最も恐れていた特異点がリッチフロー中に生じないことを証明できていた。「私ができなかった特異点の一部である葉巻の排除」をしたとハミルトンが言ったように、それは見事な研究でペレルマンの最大の業績に違いなかった。この種の特異点を制御する新たな手法を発見したことによってペレルマンは、ポアンカレ予想がそれの特殊なケースにすぎないサーストンの幾何化予想（第7章に既出）を証明する道を開いたのだ。そのうえ、これらの結果の重要性は三次元だけでなく全次元に当てはまり、ハミルトンが言うにはこれらの予想を優に超えていた。

サーストンは、三次元空間は均一な形状の八つの基本形に分割することができ、その一つが球面であると仮定した。彼の幾何化予想を証明することは、三次元空間から球面を切り分ける方法を示し、どのようにこの種の物体がつくられるかを正確に証明することである。このように、幾何化予想の証明にはポアンカレが提示した、球面だけに関する狭い定義の問題の証明が含まれ、かつ三次元空間全体の形状を完全に特徴づけることも含まれる（この予想はサーストンが仮定した八つのうち六つについてはすでに証明され、球と双曲面の二つがペレルマン以前の数学者たちの手に負えずにいた）。

ペレルマンはこれらの論文で、すべてのステップをすっかり説明する、完全に肉づけした論文ではなく幾何化予想の「取捨選択した証明」を発表すると約束した。彼は一種の速記法を用いて論証の概略を示し、余分だと考えた多くの技術的詳細を省いたのだろう。しかしほかの人たちは、たとえ数学にかなりの専門知識があっても、省略された詳細をそれほど自明だとは必ずしも思わないだろう。ペレルマンの証明はどこもかしこも分かりやすいものではなかったが、彼の論文が三次元空間とそこで発生しうる特異点の構造に関する私たちの理解を、たしかに驚異的に前進させたのは明らかだったと思う。彼が数学の目覚ましい仕事をやってのけたことに疑いはない。

二〇〇三年四月にはペレルマンが、ＭＩＴ、ストーニーブルック、プリンストン、コロンビア大学で自身の証明について話をするためにアメリカに来た。彼の講演旅行の時点でほかの数学者たちには二番目の論文を消化する時間が一か月しかなく、三番目の論文が発表されたのは夏の半ばになってからだった。その頃にはペレルマンはロシアに戻っていて、同僚たちとほとんど連絡を取り合っていなかった。彼はイギリスの新聞『サンデー・テレグラフ』に、ポアンカレ予想とより広い幾何化予想についての考えはすべて、三編のオンライン論文に込められていると語った。「全部入っている。私の計算はすべて発表した。これが、私が公にできることだ」とナデジャ・ロバストーバ記者に言った。そして私が知る限り、彼はこの話題についてそれ以上一言も言わず書いてもいない。

印刷版の雑誌がペレルマンにさまざまな点について詳述してほしいと依頼したと思うが、彼は紙の雑誌に論文を発表しなかった。私は一九八〇年以来編集していた『JDG』誌でその研究を発表するよう依頼する手紙を何度か送ったが、返事がなかった。

したがって、ペレルマンが主張した「点をつなぎ合わせた」(『ニューヨーク・タイムズ』紙がそう書いた)論文が完全か、それとも重要な欠落部があるのかを判定し、彼の論文で正確には何が立証されたのかを解明する作業は、ほかの数学者に委ねられた。私は昔の大学院生でリーハイ大学にいた曹懐東と昔のポスドクで中国の孫逸仙《そんいっせん》大学にいた朱喜平に、ペレルマンの論文を綿密にチェックして論理を完全に再構築するよう頼んだ。一九九〇年代にリッチフローの研究を始めてこれについては広範囲に及ぶ経験を持つ曹と朱だから、その仕事の遂行にたいていの人よりずっと適任なのではないかと思ってのことだった。

当時、ハーバード大学からほぼ通りの向こう側にあった非営利財団、クレイ数学研究所もペレルマンの証明の重要段階を描き出す仕事のために、数学者のチーム二つに経済的支援を申し出た。ブルース・クライナーとジョン・ロット、ジョン・モーガンと田剛(当時私が対立していた元教え子)の二チームだった。クレイ研究所は二〇〇〇年にポアンカレ予想を「ミレニアム懸賞問題」七問題の一つにしていたため、ペレルマンの研究に当事者めいた関心を示していた。七問題の一つの証明を提示して受け入れられ、論文が出版されてから少なくとも二年たった最初の人物が、クレイ研究所から百万ドルを受け取ることになっていた。

ポアンカレ予想の証明は数学界の大きな節目になるだろうから、できるだけ多くの数学者がペレルマンの論文を再検討するといいと私は思っていた。しかし「保守派」である私は長い間、証明の責任は他者に検証を委ねるのではなく著者にあると考えていた。実際、数学者なら他者にも自分自身にも詳しく説明するのが義務だと考えて育った。なぜなら、あらゆるステップを残らず明らかにして証明を完全に書き記さないかぎり、それが正しいと確信できないのだから。思い出されるかもしれないが、私はこのことを一九七三年に痛い思いをして学んだ。カラビ予想が間違いであることを証明したと思ったときのことだ。しかし三年後、とんでもなくきまりの悪い思いで、結局カラビ予想が正しかったのに気づいた。

また、ミレニアム懸賞の考えそのものも受け入れがたく思っていた。クレイ研究所にポアンカレ予想とほかの、リーマン予想を含むよく知られたリスト上の問題について、賞を与えるだけの正当な権利があるとは思えなかったからだ。これらの問題には歴史的価値があって、第一に問題の作者の、次いで数学全体のものだと思っていた。単にある財団が高額な賞を提示したからといって、それを研究する気になるべきではない。これほど大きい問題を解くこと自体が報奨であるべきで、それ以上の動機は必要ないと思っている。また、ある財団がいかに裕福であっても、数学界の最も差し迫った問題のいくつかを私物化して、自身の名前をそれらに付ける権利はないとも思う。ペレルマンはポアンカレの証明に金銭的価値が与えられることについて、私の疑念と同じようなものを持っていたかもしれない。いずれにしてもペレルマンは、百万ドルのクレイ賞を授与されることになったときそれを辞退し、ポアンカレ予想の解明に対する彼の貢献はハミルトンの貢献より大きくないから、その賞は不公正だとロシアのインテルファクス通信に語った。

この重大な証明の審査をクレイ研究所に任せることはある意味、この問題に経済的利害関係を持たせることだから、私はそれを喜んで受け入れる気になれなかった。そこで私の招待で朱が二〇〇五～二〇〇六年度の六か月間、ハーバード大学で週に数時間、曹とともに研究していた論文について講義した。二〇〇五年十二月に曹と朱は三百ページ余の論文を（やはり私が編集していた）『Asian Journal of Mathematics』に投稿し、「ハミルトンとペレルマンによるポアンカレ予想の完全な証明を詳細に説明する」と断言した。ペレルマンのずっと短い論文には含まれていなかった詳細の多くを記載した彼らの論文は、二〇〇六年六月に出版された。クライナーとロットが「ペレルマンの論文についての注記」を投稿してから一か月後、モーガンと田の論文（「リッチフローとポアンカレ予想」）がオンラインで発表される一か月前のことだった。

曹・朱論文が雑誌に提出されてから約六か月後に出版されたことについて、いくらか非難を受けた。論文が適切な査読を受けるには期間が短すぎるという強い主張が一部にあったのだ。しかし、それは違う。タイムリーと思われる注目度の高い論文は迅速に処理するのが、出版業界全体の一般的なやり方だ。さらに、ハミルトンとペレルマン自身を含む、リッチフローの第一級の専門家数人に査読を依頼したが断られたため、このテーマでたいていの同僚より深い経験のある私が査読を引き受けた。朱のハーバード大学での講義に六十時間以上出席して原稿を注意深く調査したところ、解決できない重要な問題は発見されず、この論文の出版を編集委員会のほかのメンバーたちに推奨した。明白な間違いは見られなかったものの、証明が百パーセント正しいとは保証できなかったが、それは実際のところほとんどの編集者ができないことで、できるのは、徹底的に検証したうえで、査読者が知る限り主張は妥当と思われると言うことだけである。

私はそれから雑誌のすべての編集者に論文を配布して意見を求めたが、苦情も意見も出なかった。その論文はその後、『Asian Journal』の通常の手順に従って受理された。編集委員全体の同意が必要だというこの雑誌の条件は、一流の数学定期刊行物いくつかで実施されている方針より厳しいことを指摘しておく。

それでも、私が編集過程で近道をしたと批判する意見がやむことはなかった。また、私が北京で企画運営したひも理論会議中の二〇〇六年六月二十日に、ポアンカレ予想についての講演で述べたいくつかの意見でも面倒なことが起きていた。ペレルマン自身が「この論文でハミルトンの研究の詳細を実行する」と明記していたにもかかわらず、ハミルトンの仕事に重点を置きすぎていたと一部の参加者が感じたという。ペレルマンは一貫してハミルトンの研究の重要性を強調していて、後にはポアンカレ予想の証明ではハミルトンが自分と同じだけ称賛に値すると主張していた。

北京での約一時間の講演で、とくに二つのことで気分を害した人たちもいた。私はこう言った。「ペレルマンの研究では、証明の多くの主要な考えが概略述べられているが、証明の詳細がしばしば欠けている。曹と朱の最近の論文は……ポアンカレ予想の証明を最初に完全に詳述したものである」。私の最初のコメントには疑問の余地がないと思う。ペレルマンの論理は間違いなく完璧だが、証明を要約してすべての詳細を示してはいない。二番目のコメントについては、もっと言葉に気をつけたほうがよかったかもしれない。曹と朱が「詳細な説明」を最初に出版したことについて、私の頭の中に疑問はほとんどないが、曹・朱論文、あるいはクライナー - ロット、モーガン - 田が提示した考察が「完全」かどうかについては議論の余地がある。曹と朱が形はどうあれペレルマンの研究を超えたとは、私は決して主張していないし考えてもいない。彼らの貢献は重要ではあったが、主として解説、つまりペレルマンが省略して立ち入らなかった手順のいくつかを埋めたものだった。曹と朱はこの点で最も綿密な解説をしたと思うが、彼らを褒めることで私がしようとしたのは、ほかの中国人研究者たちに、数学の最前線で大胆に大きな研究に取り組むよう奨励することだった。

いまだ発展が必要な中国の数学を押し上げることは私にとって、第二の天性である。それは父に奨励された性向であり、以前の先生、陳も同じような努力をしていた。それはともかく、私が称賛したことがこの場合、不当なものだったとは思わない。曹と朱の努力は大したもので、彼らは証明全体を説明しようと熱心に取り組んだ（そして成功したと言える）。それでも、私の指摘に対してなんらかの反発――ひょっとして中国の数学界はまだ二流だから、その代表者が数学界の最前線に立つなんておこがましいという深層心理――があったのではないかとときどき思う。

曹・朱論文の初めの部分で、クライナーとロットの論述が彼らの名前を適切に示すことなく数ページにわたって引用されていた。これは曹と朱の側の残念な失敗で、何年にも及ぶ研究中に、特定の論旨――すなわち有限距離は有限曲率を含意するということ――がクライナーとロットの研究に基づくことを忘れていたために起きたというのが、彼らの説明だった。その過失のせいで曹と朱はかなり狼狽したが、故意ではない誤りであってもそれは当然のことだった。当該雑誌の編集者として、私もこの見落としが批判された。数か月後、『Asian Journal』誌は曹と朱からの謝罪文と、クライナーとロットの先行研究を明確に認めた訂正文を掲載した。

『ニューヨーカー』の記事

二〇〇六年八月二八日に私の評判はもっと深刻な打撃を受けた。その日、シルビア・ネイサーとデイビッド・グルーバーが書いた「Manifold Destiny（多様体の運命）」と題した記事が『ニューヨーカー』誌に掲載されたのだ。私は、数学者ジョン・ナッシュについて書いた本、『ビューティフル・マインド』の著者ネイサーと長時間にわたって話をしたことがあった。彼女の共著者グルーバーとの接点はあまりなかったが、コロンビア大学ジャーナリズム学科の卒業生で当時はラトガース大学で海洋学を学んでいた。ネイサーと私の会話はなごやかに進み、私が企画運営したひも理論会議に出席し、またそこで何人かの数学者と物理学者に取材できるよう中国行きの手配を手伝ったほどだった。しかし彼女の本心を、記事が出るまで、まったく知らなかった。

ネイサーがつくりあげた物語は次のような見慣れた構成になっていた。主人公（彼女の物語ではペレルマン）は純粋な動機に動かされ、富や名声への欲望には汚染されていない。この高貴な魂に対抗するのが卑劣な悪党で、ことあるごとに彼を妨害しようとむきになっている。それが私の役回りだった。配役担当者と相談する機会は全然なかったのだが。

記事の最初の見開きにあった漫画がすべてを物語っていた。そこでは私がペレルマンの首からフィールズ賞をもぎ取ろうとしていた。このイラストはいろいろな意味で私を困惑させた。第一に、私はすでにフィールズ賞を受けていた。同賞の八十余年の歴史で二度も受けた人はいないし、私は二度目の受賞のために張り合ってもいなかった（そのときとっくに五十歳代になっていたし、受賞者は受賞の年に四十歳未満でなければならないから、どのみち不可能だった）。それに私はこの分野で個人的な名誉を求めてもいなかった。実際、ハミルトンがリッチフローについての重要な論文に、共著者として私の名前を加えたがったとき、感謝しつつも断ったくらいだ。またペレルマンがフィールズ賞に決まった二〇〇六年に、私は彼が完全にその賞に値すると公言していた。

ハミルトン自身も同じ年に次のように証言している。「ペレルマンの功績に対する名声を盗むどころか、彼［ヤウ］はペレルマンの研究を称賛し、私ともどもペレルマンのフィールズ賞受賞を支持している」。ところでペレルマンは二〇〇六年八月のマドリードにおけるフィールズ賞授賞式に出席しないことを選択した。表彰状に記載された授賞理由は、「幾何学への貢献とリッチフローの解析および幾何学的構造への革新的洞察」だった。表彰状はポアンカレ予想に触れていなかったし、ペレルマンも二〇〇二年と二〇〇三年の論文でその予想に明確に言及してはいなかった。

『ニューヨーカー』の記事中ほかの部分も多くは断じて真実ではなく、私は不満だった。カラビ予想とカラビ - ヤウ多様体の研究にも自分の手柄にしすぎているという攻撃も受けたが、私の友人エウジェニオ・カラビから、それどころか彼の功績を認めすぎていると直接言われていたほどだ。

ハーバード大学でエウジェニオ・カラビと私（2002年）

「Manifold Destiny」には、陳が国際数学者会議を北京に呼びたかったのに、私がその会議を香港に移そうと「ぎりぎりまでがんばった」とも書いてあった。これは多くの点で間違っていた。第一に、国際数学者会議を中国で開催することを最初に提案したのは私だった。一九八六年から九四年まで国際数学連合の執行委員だったケンブリッジ大学の数学者ジョン・コーツは、将来北京で会議を開催することについて、一九八八年頃に私が執行委員会に正式に手紙を書いたと確認している。「返事の原稿を書くよう頼まれたから、はっきり覚えている」とコーツは言った。

陳のほうは、この会議を北京で開くことにそれほど乗り気ではなかった。さらに、当時香港数学会の副会長だったシウ・ユエン・チェンが、ヤウは決して国際数学者会議を香港に移そうとしなかったと断言した。私がそうしたという風評はすべて完全な作り話、あるいはコーツが言ったように「匿名の情報筋から出て記事で報じられた、よくある根拠のないうわさ話だった」。

『ニューヨーカー』の記事は、ヤウの政治的陰謀が数学者仲間に損害を与えたのではないかと「多くの数学者が」心配していたと主張し、フィリップ・グリフィスの次の言葉を引用した。「政治、権力、および支配は我々の世界ではまっとうな役割を持たず、それらは数学界の公正性を脅かすものである」。これは、自身が政治に関与している数学者から出たおかしな主張である。グリフィスの元大学院生で指導教官に深い恩義があると認めているウィルフリード・シュミットでさえ、私を擁護する手紙でその主張が皮肉だと認めていた。ネイサーは「数学界におけるグリフィスの政治力を十分に知ってから書くべきだった」とシュミットは指摘した。グリフィスは国際数学連合の事務局長、プリンストン高等研究所所長、デューク大学副学長を歴任している。「グリフィスと違ってヤウは影響力のある管理職を求めたことは決してなかった」とシュミットはつけ加えた。

『ニューヨーカー』は、「中国の大学で数か月働いて十二万五千ドルの報酬を得た」という理由で、ヤウが元教え子の田を非難したと書いた中国の新聞記事を引用して、私を弱い者いじめ扱いした。

同誌は田を「ヤウの最も成功した教え子」と書いているが、その評価を私はきっぱり否定する。田は「師を敬え」という中国の格言に忠実に従う清廉な者としても描かれているが、かなり長い間、誰に対しても敬意をあまり払っていなかったことに、ほとんどの数学者が同意するだろう。そのうえ、田が公の場とウェブ上で私に対する中傷活動に関与していたと信じる理由がいくつかあった。私が彼の言動を批判すると、私や同僚を標的としたたくさんのウェブ攻撃がしばしばあった。そうした攻撃の一部には、学生だった田にだけ話したことも含めて私の個人情報が含まれていたため、なおさら疑がわしかった。

私が田と決別したおもな理由は、決して同意できない行為に手を染めたことにあった。『サイエンス』誌の二〇〇六年の記事によれば、中国のいくつかの大学が「中国としては天文学的な十二万五千ドルの年俸を与える『百万元の教授職』を創設した」。その記事は田を「中国の学問界を席巻する台風の中心人物であり、外国で常勤の大学教員職にある中国生まれの研究者で、故国で短期間仕事をして結構な報酬を得て物議を醸している張本人の一人」と称した。

百万元は当時、中国の一流大学の教授が受け取る一般的俸給の十倍を超えていた。私は『サイエンス』の記事が出るずっと前に、田が受けていた割の良い待遇のことを聞いていた。プリンストン大学からすでに得ていた俸給に加えて受け取っていたのだ。当時、外国に住んでいたほかの中国人数学者たちも彼が歩んだ道を辿って、他国での仕事を続けながら中国の大学で高給の職に就いていた。

私は最初にこのやり方を公然と非難した。理由はたくさんあるが、一つは、中国の教授は著しく低賃金であり、大学院生の多くは月額たった五十ドルの手当でやっていかなければならなかった。教授も学生も、経済的支援をもっと受けられるべきだった。私が苦情を表明してきたのは、田が教え子であり、この種の行為を決して許さないことを明らかにしたかったからだった。

中国にも、この種の行為を可能にした責任がある。この国は同じ頃に、「千人計画」という政策を開始した。何十億ドルもかけて有名な学者たちをアメリカその他の西洋諸国からスカウトして、国内の大学を増強する計画だった。しかし中国がその計画で得たものは多くはなかった。訪問して報酬を受け取りながら、多くの時間とエネルギーを中国に捧げない学者が多すぎた。実際、その制度は悪用のし放題だった。同じ年に中国で三つの職を持ち、アメリカにも常勤の職を持っていた研究者がいた。それに比べて、現地の中国人教授の俸給は微々たるものだった。私は自分が中国で開設して運営しているどのセンターからも、金銭を受け取ったことがないので、『ニューヨーカー』誌がポアンカレ関連の「暴露」記事で試みたように私を悪人扱いするのはこの場合、公正ではない。

最後に、同誌は「ヤウが最後の大きな結果を示してから十年超が過ぎた」と書いて、私のキャリアが下り坂にあると主張している。しかしこの主張は私がひも理論で行った最近の研究（ミラー予想、SYZ予想、ストロミンジャー方程式に関するもの）――と一般相対性理論ほかの分野における研究にはまったく触れていなかった。数学の同僚の多くがこの記事に反論したと聞いてうれしく思った。「偏微分方程式、幾何学、数理物理学を根本的に新しい方法で結びつけた」幾何解析の研究で二〇一〇年のウルフ賞数学部門を授賞したことも、数学界における私の立場が、四年前の『ニューヨーカー』の描写によって永久に傷つけられたわけではないことの証拠ではないかと思う。

それでもやはり、ペレルマンを称賛するのと同じだけ私を中傷した一八ページの記事は愉快なものではなかった。自分が書いた本について否定的な論評を読むのはつらいかもしれないが、自分が築いてきたキャリアと過ごしてきた人生について否定的な論評を読むのはもっとつらい。まして、その論評があきらかに偏っていて、あちこち間違っていればなおさらである。私の目下の問題は、どう対応するのがベストかを考えることだった。

私はボストンの一流の弁護士に同誌に対する名誉毀損訴訟の相談をした。彼はその訴訟に勝算はあるが、一年かそれ以上長引くだろうと言った。また、こちらが勝ったとしても、最終的に何が得られるか、私にも確信が持てなかった。名声に傷をつけられて立腹していたものの、名声を回復する最良の方法は法廷にではなく教室や書斎にあると考え直した。長引く法廷闘争はこの出来事を忘れさせるどころか、逆の方向に私を連れて行きかねない。

孔子の寓話が頭に浮かんだ。父からしっかり教え込まれていたので、それはよくあることだった。紀元前五〇〇年頃にさかのぼるその物語は、最初に憶えたものの一つだった。古代中国の斉州で飢饉があったときのこと。金持ちの男チェン・アオが方々の道端にいる飢えた人たちに、さげすんだ目で食べ物を恵んでやった。ある男がチェン・アオから食べ物を貰うのをこばんだ。餓死しそうだったが、チェン・アオが彼を敬意を持って扱わなかったからだった。チェン・アオは後に彼を探し出して詫びたが、それでも男は食べ物を受け取るのを拒み、まもなく死んだ。

この寓話の教訓を私なりに考えてみると、人はつねに尊厳を与えられるべきだが、同時に、誇りに盲目的に固執するあまり自身の利益に反してはならない、ということになる。半世紀たった今もこの話を覚えているように、十分に教訓を得たのは明らかだった。子どものときにはそれほど大きな意味を持たなかったが、よく考えてみると長い年月、どれだけこの話が私に影響を及ぼしたか、そして私の人生のさまざまなところでそれを思い出したことに驚く。

私を理不尽に批判したネイサーの記事が出版されたあとにももちろん、この話を思い出した。だが孔子の寓話に出てきた、最初の無礼から進歩しようとしなかった飢えた男と違って、私は痛手を受けた自尊心のせいで進歩しそこなうつもりはなかった。また、ネイサーに言わせれば「アメリカで最も名誉ある雑誌」に不当に餌食にされた受け身の犠牲者の役割にしがみつくつもりもなかった。私は生来、闘う人間であって、他人にこづき回されるのは好まない。

これは確かに不快なエピソードだったが、私はこれよりずっと悪いときも通り抜けてきたから、人生が行く手に投げてよこす苦難に対処することは学んでいた。これまで経験したなかで父の死が格段に辛いことだったから、それに比べれば今回のことは大した問題ではなかった。攻撃されたときの最初の衝動は自己防衛だが、この場合の最良の行動指針は、この出来事を忘れてただ前に進むことだという結論に達した。

父のヒーローである孔子の言葉を再び借りれば、人の最大の栄誉はたたきのめされたあと、たとえ、ひょっとしてとりわけ不正な反則攻撃で倒された場合であっても、立ち上がることである。一つ助けになったのは、『ニューヨーカー』の記事が出たあと二か月足らずの二〇〇六年十月の『ニューヨーク・タイムズ』紙に、「数学の帝王」と題する私を称賛する紹介記事が出たことだった。その順番は偶然ではなかった、とネイサーが私に言った。『タイムズ』紙の記事が出る前に彼女の記事が出るように急いだのだという。

『タイムズ』紙の記事は非常に好意的で、私と私の仕事をよりバランス良く書いていたと信じる。それはひょっとすると、著者のデニース・オーバーバイが時間をかけて、半年にわたって断続的に取材したからかもしれない。そうは言ってもその記事は、その前の辛口の記事と同様に私にとっては外部のものであり、私が生み出したものでも支配したものでもなかった。はるかに重要なのは、自分でできること、今でも専門分野と職歴全体の中で達成したいと望んでいることである。好都合だろうと不都合だろうと私を論じた記事にさらに思いを致すより、つねに喜びとする数学と研究にすべての注意を向けたかった。ストレスがかかったとき、しばしばこの仕事に退避したし、数学が私を見捨てたことは、仮にあったとしてもまれだった。

たとえば何十年間も考えてきた一般相対性理論の問題――それは正質量予想について（リック・シェーンたちと行った）早期の研究から派生したものだが――に取りかかった。この問題の核心は、アインシュタイン理論において「局所質量」をどう定義すべきかわかっていないことに端を発している。ただ、きわめて遠い（基本的に無限の距離にある）孤立系の質量を定義できるだけである。シェーンと私はそれが正であるに違いないことを示した。そうでなければこうした系は安定しないからである。しかし私たちはもっと近い、「準局所質量」という概念に関わる系について明らかにしたい。たとえば二つのブラックホールが相互に作用している場合、その系の部分質量、すなわち総質量ではなく一つだけのブラックホールの質量は、遠くから見た場合どうなるだろうか。

この種の問題はもちろん、ブラックホールだけに当てはまるわけではない。空間中に任意の二次元閉曲面があるとすると、計算値は正のはずだとわかっているのは別として、その質量についても何らかのことを知りたくなるだろう。二〇〇三年に元教え子のメリッサ・リウ（現在はコロンビア大学教授）とともに準局所質量を初めて定義し、それが（質量がゼロでありうる自明な場合を除いて）いかなる場合も正であることを証明した論文を発表した。そのテーマについてイギリスのケンブリッジで、スティーブン・ホーキングとロジャー・ペンローズ（二人とも準局所質量について自身の定義を研究していた）、それにケンブリッジのゲイリー・ギボンズなどの物理学者に話をした。数学面については誰も異議を唱えなかったが、物理面についてはさらに研究をしたいと言われた。だがこれらの研究者は引っ込み思案ではなかった。私の理論に少しでも弱点を発見していたら、間違いなく黙ってはいなかっただろう。

以前に知られていた方法では測定できなかった、ある空間領域の質量およびエネルギー含有量を測る方法を証明するのに、リウと私が重要な貢献をしたとも感じていた。しかしまた、この研究はさらに強固にできそうなこともわかっていた。このことについて教え子だった王慕道（同じくコロンビア大学教授）とともに、二〇〇六年から現在まで発表している一連の論文に書いた。それによって準局所質量についてこれまでで最良の定義をしたと信じているし、またこの定義は、より広く自然な空間にもあてはまる。準局所質量についての王と私の研究は角運動量と質量中心――一般相対性理論の中で正確に定義されていなかった二つの概念――のより良い理解にもつながった。

二〇〇八年に私はハーバード大学数学科の学科長になった。それは全国的な金融危機でアメリカの金融システムが崩壊しそうな、格別に難しい時期だった。寄贈されたハーバード大学の財産が株価市場の暴落で百十億ドル失われ、さらに数十億ドル失われる危機に瀕していた。大学全体が崩壊しそうな恐れのなか、どの学科も予算の削減を求められ、手始めに軒並み二〇パーセントのカットが指示された。私は学部長に、数学科はすでにまったく余裕がないと説明した。わずかな予算がこれ以上カットされたら、最重要使命である学部の教育が損なわれることになる。いくらか節約できるかもしれないところとは、教員陣が使う電話代の三万ドルだと提案した。私がこう言ったのは、絶対に妥協しないわけではないことを示すための見せかけだった。数学科でできる節約はあまりないことを学部長はすぐに悟り、結局つましい予算をさらに減らさずにおいてくれた。

次の問題は若手教員の採用だった。通常、毎年三～四人の助教を雇っていたが、この時期に人を雇う余裕があるかどうかという問題があった。私はサイモンズ財団、フレンズ・オブ・ハーバード・マセマティクスというグループ（デヴィッド・マンフォードの教え子であるフランス人数学者ベルナール・サン゠ドナが代表）のほか一九七二年に数学の学士号を取ってハーバード大学を卒業した慈善家ウィリアム・ランドルフ・ハーストⅢ世などの個人寄贈者からいくらか寄付を集めた。こうした外部の協力によって、わが科は私の任期初年度にいつもより一人多い五人を採用することができた。二〇〇九年には有名な教授三人を採用した。前途有望な若い数論学者マーク・キシン、とくに代数幾何学と圏論で優れた能力を示したジェイコブ・ルーリー、ラングランズ・プログラム、数論、代数幾何学、表現論に専門知識がある人気急上昇中のソフィー・モーレルである。私はとりわけ、モーレルを我らの教員陣に加えられたことを誇りに思った。非常に才能があるのに加えて、ハーバード大学数学科で最初の女性正教授だった(残念ながら彼女は三年後にプリンストン大学に移った)。

これらの動きによって学科の士気が回復し、逼迫した財政状況に動揺していた教員陣が落ち着いた。数学の教員陣、学部生、大学院生、ポスドクたちが二週間ごとに四階の共用スペースでランチをともにできるように、外部から金策した。ここで科の全員がアイデアを交換し交流することができるようにしたこの試みはかなりのヒットだったが、もう一つの策も士気を高め、生産性を上げるのに役立った。誰かが大変上等で高価なコーヒーメーカーを、学科長室に設置したのだ。私はコーヒーを飲まないのだが、全員がコーヒーを注ぐために私の部屋の外に並んで事務員たちをイライラさせた。そこでコーヒーメーカーを上階の共用スペースに移動させた。そこでは誰もがコーヒーを注ぐことができ、それが数学科のほぼ三百年の歴史で数学科学科長が取った最も人気のある方策の一つだったかもしれない(一六三〇年代のハーバード大学の学生たちはビールが足りないと反乱を起こしたが、聞いた限りではコーヒー不足での反乱はなかった)。

ぜひ学科長になりたかったわけではなく、年長の教授が回り持ちする仕事だったが、思うに私の任期中はかなりうまくいったようだ。実際、学部長が数学科の管理をえらく気に入ってくれて、通常の任期三年を超えて続けてほしいと頼んだくらいだった。だが私は慣習に従うほうを選び、三年で十分だと答えた。

二〇〇八年か二〇〇九年の初めに北京の精華大学学長グ・ビンリンがケンブリッジの自宅に訪ねてきて、同大学の数学センターを運営してくれるよう頼んだ。清華大学は一九五〇年頃まで基礎研究で中国の最も重要な大学の一つだったが、毛沢東が大学の焦点を工学、工業への応用、技術開発に移行させることにした。そのため大勢の数学者が科学院、北京大学などに移動させられた。その結果、清華大学の科学と数学の教育は、後に持ち直すまで著しく低下した。応用数学の課程が一九七〇年代に始まり、一九九〇年代には純粋数学が再び導入された。

清華大学のセンター設立の件では何年も前から打診されていた。始まりはペンシルベニア大学の電気工学科教授グ・ウシュウから、当時の中国国家主席江沢民への手紙だった。グは一九三〇年代に上海交通大学で江の教授だった。その手紙でグは、中国を強化するには科学技術が必要であり、中国が科学技術、数学、そしてとくに基礎数学に強くなることが必須だと説いた。グが私にもコピーを送ってくれたその手紙のおかげで、江国家主席が清華を含むいくつかの大学で数学を強化する決心をしてくれた。

清華の学長、王大中に指示が伝えられ、王が二〇〇〇年頃に同大学の数学センターの運営を私に頼んだ。王が資金集めに成功していないことを知って、お金がなければ私にできることはないと彼に告げた。そして私が知る限り、王はそれ以上計画を進めていない。

教え子だった劉克峰が話してくれたところでは、王は清華大学に数学センターを設置することについて陳にも話を持っていったが、陳が数学科に独自の図書館があるかどうか聞くと、依頼は取り下げられたという。

八年後に清華大学の次の学長グ・ビンリンが私を訪ねてケンブリッジに来たとき、事態はすっかり変わっているようだった。新しい数学センターを設立することを真剣に考えていることがすぐわかった。同校の「事務長」で最高の意思決定者であるチェン・シーもまた、清華を一流の大学にする決心をしていた。物理学者であるグは、清華センターを成功させる資金を約束した。新しいセンターは清華大学の数学を高める触媒となり、中国全体に波及効果をもたらすのではないかと、二人の意見が一致した。まもなく北京に行くとチェン・シーも同意して、私も今度はこの冒険的事業にかかわることを約束した。

前章で述べたように、物理学者C・N・楊からマイケル・アティヤを清華大学の新しい数学センターの責任者にしたいと言われたことをアティヤ自身から知らされていた。ところが楊はその計画を学長のグにも事務局長のチェンにも知らせていなかったらしい。私はそれを知ったとき、大学の役員たちに「楊がアティヤを責任者にしたいなら私はかまわないが、二人の人間にセンターの経営を依頼すべきではない」と言った。この問題はまもなく自然消滅した。おそらく、（アティヤが私に言ったところでは）その地位にまったく興味がなかったからだろう。

私の最優先事項は数学センターの研究員を集めることだったが、そこでまた楊と対立することになる。彼も自分の機関のために数学者を集めようとしていたのだ。楊の採用哲学は私のとは決定的に違って、有名な数学者に高額を提示して短期間滞在してもらう傾向があった。その戦略は私の考えではそれほどうまくいくとは思えず、中国における数学の発展のためにも、とくに健全ではないと考えた。

私は再び大学の役員たちに会って、中国科学院、北京大学や中国のその他の施設とは喜んで競争するが、私のセンターは清華大学そのものと競争するつもりはないと言った。さらに、清華大学は数学者の採用に関して一貫した方針を持つべきであり、その部分での指名は数学者である私がするべきだとも述べた。彼らは同意し、私はまもなく優れた教員陣を集めることができた。

数年後、このセンターはヤウ数理科学センターと改名された。二〇一四年末までに約四十人の数学者を常勤または非常勤で採用したこのセンターは、東洋では根を下ろし始めたばかりの西洋式の上質な研究を行うよう教育された、中国人の強力な専門家集団を輩出していると信じている。

ハーバード大学に応用数学のセンターを開設

私が東洋にばかり集中していたという印象を与えないように言っておくと、二〇一四年にハーバード大学に数理科学および応用センター（CMSA）を開設する指揮をとった。中国最大の不動産開発業者、恒大集団から二億ドルの資金を得て、ＣＭＳＡ、ハーバード・グリーンビルディングおよび都市センター、ハーバード大学医学部の恒大免疫疾患センターの三つの新センターの設立を手伝った。同僚の何人かから、おそらく冗談半分に、ヤウは幾何学より資金集めのほうが上手だと言われたことがある。さまざまな施設の開設やそれに関連した活動など価値ある目的を喜んで手助けしてきたが、何だかんだ言っても「金のなる木をゆすって落とす」のに成功したことよりも数学の研究で知られてほしいものだ。

とくにＣＭＳＡを開設したかったのには、理由が二つあった。ハーバード大学には純粋数学に関する限り世界最高級の学科があるが、どちらかと言えば「純粋すぎる」と長い間感じていた。その科の人たちは応用を忌み嫌い、その態度は変わりそうもない。応用数学と学際的テーマを専門とする人たちを雇うよう私も試みてきたが、採用決定の責任者たちは通常の基準を当てはめようとするものの、候補者評価の際に別の基準が働くためどうにも難しい。偉大な数学者デヴィッド・マンフォードが一九九六年にブラウン大学に移ったのは、応用研究をもっとしたかったがハーバード大学では必要な支援を受けられないと思ったからだった。

生物学、化学、経済学、工学、そしてもちろん物理学など多くの分野で数学がますます重要になっている世界に住んでいる今、もう応用数学を完全に無視している余裕はない。また、過去の多くの有名な数学者、たとえばオイラー、ガウス、リーマン、ポアンカレ、ヒルベルトなどが、応用分野に無関心でなかったのも事実だ。そう考えて、私は率先して外部から資金を集めて応用数学の新たな機会をつくってきた。ハーバード大学の学部長と学長も、もっと学際的研究が行われるのを切望していたので、この動きに強く賛同した。私の具体的な望みは、数学科が扱っていない分野の隙間をCMSAが埋めることだった。マイケル・ホプキンス、クリフォード・タウビズ、ホン゠ツェール・ヤウなどのハーバード大学数学科の同僚と、応用数学者で物理学者のマイケル・ブレナー、統計学者のジュン・リューの協力を得て、良いスタートを切れると思う。

確かに、私の名が知られた研究のほとんどは「純粋」数学の部類だが、ときには「純粋ではない」領域も掘り下げてきた。一九九〇年代の初めには、カリフォルニア大学サンディエゴ校のファン・チョンとともにグラフ理論、つまりさまざまな物理学、生物学、社会システムの過程にヒントを与えることができるグラフ理論の研究をした。また、弟スティーブンと共同で非線形制御理論――産業界で広く使われた応用数学の分野――についての論文を書いた。マンフォードがブラウン大学に去るとき、コンピューター科学の博士課程の学生デービッド・グを引き継いだ。グと私はそれ以来、ほかの学生やポスドクとともに、カラビ予想の証明で開発した共形幾何学とモンジュ・アンペール方程式を含むツールのいくつかをコンピューター・グラフィックスに応用し、それをさらに脳の撮像とより一般的な医用画像に利用してきた。

この種の研究は楽しく、ペースを変えて気分をすっきりさせてくれる。そしてハーバード大学で応用数学と学際的数学研究への道を開けたことをうれしく思う。だがそれはまだ私にとって副業的なもので、純粋数学がこれまでも、また今後も当分の間、私のおもな研究分野で真にわくわくさせるものである。ときどき守備範囲を広げたくなるとはいえ、数学の最高の、最も重要な部分は純粋および基礎数学だと思っている。そしてそれが、『ニューヨーカー』の失敗を受けて心血を注いできたことだった。私は一九九〇年代半ばに最初に取り組んだひも理論関係の研究にどっぷり浸かるようになった。

ひも理論と、代数幾何学の一分科である数え上げ幾何学の間の密接なつながりについての手がかりが、ミラー対称性によって得られた。私はひも理論を数論に結びつけることを望み、その努力が実を結ぶと信じる理由もあった。その一つは、カラビ‐ヤウ多様体がひも理論の中心にあることにあった（第8章参照）。一次元のカラビ‐ヤウは「楕円曲線」と呼ばれ、楕円曲線の理論は数論の中心にある数学の最も深いテーマの一つである。楕円曲線のより高次元への一般化はカラビ‐ヤウ多様体そのものだから、それら多様体を完全に理解すれば（ひも理論という名の）物理学を数論に、また数論を物理学に持ち込むのに役立つのではないかと思った。これが生産性のある道だと考えることは、少なくともそれほど奇想天外ではなかった。

エリック・ザスロフと私は一九九六年にこの面の研究を始め、その論文でK3曲面——二次元のカラビ‐ヤウ多様体と複素二次楕円曲線を含めて——の有理曲線の数を数え、それが一八七七年にリヒャルト・デデキントが発表したイータ関数に関連することを示した。しかし私たちの解析は限られた種類の曲線、すなわち大まかに穴のない曲線（または面）を指す種数ゼロの曲線だけのものだった。ハーバード大学の物理学者カムラン・バッファと三人の共同研究者が、三次元のカラビ‐ヤウ多様体における種数がより大きい曲線を数える問題について、重要な貢献をした。私はこの研究にもとづいて、二〇〇四年に当時ポスドクだった山口哲とともにこの研究をして、数え上げ母関数の構造について新しい考えを示した。この数え上げ母関数がいずれはイータ関数の一般化であると信じているので、今でもほかの人たちとともにこのテーマを研究している。このつながりがはっきりすれば、次にはひも理論と数論の関連性が強固なものになり、同時に数論におけるさまざまな応用への道を開くことにもなるだろう。

ひも理論と数論の関係に関連する研究でボング・リアンとともに、クインティックカラビ‐ヤウ空間上の曲線の数はある場合——その曲線を定義する方程式の次数が5で割りきれない場合——には125で割りきれることを証明して、代数幾何学者ハーバート・クレメンスが提起した疑問に答えた。過去十年間ほど、リアンと私はミラー対称性から着想を得て、周期積分を計算するアイデアの構築を手掛けている。それは一七〇〇年代にオイラーが論じて、まだ完全に解かれていない問題にも関連する。

ひも理論が数論の新たな重要な道に導いてくれると自信を持っているが、それはこれまでのところ表面を引っかくのがやっとだった、長年の研究である。私ではなくほかの人たちが成功するのは十分にありうることで、それでかまわないが、今後もこの方向にボールを転がしていくつもりだ。

前にも述べたように、私はいつでも、車の運転中とか歯科医院で座っているときなど頭が暇なときに、いろいろな問題を研究したり考えたりするのを好んでいる。そのとき私の料理皿にはひも理論から前述のストロミンジャー方程式までかなり多くの食材が載っていて、これらは、非ケーラー多様体という、広範囲で多分にぼんやりした領域に光を当てる可能性がある。数学の最良の進歩は、問題を解くことによってある研究分野を閉ざすことではなく、探究すべきまったく新しい領域の問題とそれに関連する分野を切り開くことだと思う。

私が積極的に研究していない問題の一つがポアンカレ予想だが、それはこの予想をめぐる論争に背を向けていたいからである。しかしときには、その問題に気持ちを向けずにいられないこともあるのだが、はっきり言ってしまえば、この問題が私をトラブルに巻き込みそうだという懸念がいまだにくすぶっている。これは異説かもしれないが、私は証明が確定したとは確信していない。これまで何度も述べたように、ペレルマンは三次元空間における特異点の形成と形状について見事な研究をしたし、その研究はまさに彼が授与された（しかし受領しなかった）フィールズ賞に値すると確信している。ペレルマンはハミルトンが苦労して築いた土台に基づいて、私たちが踏み込んだより遠くまで、ポアンカレが敷いた道を進ませてくれた。それについては何の疑いも持っていないし、それ故にペレルマンはとてつもなく大きい名誉に値する。しかしそれでも、リッチフローの「テクノロジー」に関する彼の研究はどこまで私たちを連れていってくれたのだろう、と思う。そしてまた、別のアプローチで――つまりビル・ミークス、リッチ・シェーン、レオン・サイモンと私が何年も前に開発した極小曲面法のどれかを使えば、状況がいくらかはっきりするのではないかと思わずにいられない。

二〇〇三年にペレルマンは『サイエンス』誌の記者ダナ・マッケンジーに、この分野のほかの専門家が議論に加わる前に幾何化予想とポアンカレ予想の証明について公表するのは「時期尚早」だろうと語った。ペレルマンが数学の場からほぼ完全に退いてしまった（それは数学界にとって大きな損失だった）ために、この証明の確認は大部分、部外の「専門家」に託された。問題は、リッチフロー分野の専門家がきわめて少ないことで、ペレルマンの証明で最後の最も難しい部分を完全に理解していると主張する人物に、私はまだ会ったことがない。

二〇〇六年頃に、この分野に詳しい客員の数学者がハーバード大学の私の研究室に立ち寄って、ペレルマンの研究に疑問を呈したことで私を非難した。しかし私の質問にペレルマンの理論の後半部分は完全には理解していないと認めた。その点では多くの数学者も同じなので、それで非難されることはない。実際、ハミルトンも含めてほかの誰かが完全に理解しているかどうかも知らず、私もその一人だ。私が知る限り、ペレルマンが論文の終わり頃に紹介した手法のどれかを使って、ほかの重要な問題を解くのに成功した者はいない。このことは、ほかの数学者たちがまだこの研究とその方法論を自家薬籠中のも

長年の友人で共同研究者のリチャード・シェーンと（2012年）

のにしていないことを意味すると思う。

今は七十歳代になったハミルトンが、ポアンカレ予想を証明することが今でも自分の夢だと言ったことがある。だからと言って、ペレルマンが何か間違いをしたと彼が思っているわけではない。ハミルトンは真に独立した人物で、他人の足跡を辿ることはせず、他人の理論の「点と点を結ぶ」ようなこともしない。彼はただ、自分自身の方法で過去三五年間のライフワークを完成させたいだけだ。

それにもかかわらず、この状況ははっきりとは解決されておらず、おそらく信じられないほど振れ幅の広い定理がどっちつかずの状態にあるという感覚が私には残っている。このテーマについて疑念を表明することは波風をたてる発言であることを、経験で知っている。しかし私自身のためにも、また数学全体のためにも、私たちが現在いる場所をもっと確実にしたいと思うのだ。もしそれで私がのけ者になるとしたら、ならばなれ。結局私が気にかけるのは、他人が私をどう思うかよりも数学――そう、半世紀以上も前に進むと決めた道だから。

第12章
二つの文化の狭間で

一九六九年、家から遠く離れたことがなかった二十歳の私が初めてアメリカに足を踏み入れたとき、何より強い印象を受けたのは驚くほど青い空だった。その透明感とさわやかさに、まもなくもっと遠くを見ることができるかもしれない、ひょっとすると数学の秘密もいつか明らかになるのではないかという望みを持った。

十年後に中国に着いたとき——それは周囲に無関心だった子どものとき以来久しぶりだったのだが——そのときの私の反応ははるかに直観的で本能的だった。私は先祖たちが誕生し、その後私が生まれ出た地面とつながろうとするかのように、かがみこんで土にさわった。衝動的に行動しながら、話にはさんざん聞かされ私の存在のきわめて重要な部分だったにもかかわらず、物心ついてからは一瞬たりとも訪れたことがなかった土地と心を通わせていた。ふだんは感情を大仰に表すことはなく、どちらかと言えば冷静な態度で知られているのだが、その経験には心を揺さぶられた。

現在に戻ろう。私は今、少なくとも年に数回、中国とアメリカを行ったり来たりしている。それはほとんど決まった行動になっているが、その都度、最もくつろいでいられる二つの場所について新たに知ることがあり、しかも完全に知ることはない。私は社会評論家ではないし、これら二つの根底から異なる文化について大それた洞察を述べるつもりはない。ただ、これら二つの環境の違いを示す小さな特異性や、ちょっとしたいらだちのもとでこれまで語られていないことを、簡単に記そうと思う。

日々の過ごし方でどこにいようと同じ部分もあれば、異なる部分もある。これを書いている二〇一七年秋、私は北京にいて、精華大学のヤウ数理科学センターで研究休暇を過ごしている（センターに私の名前がついていると思い出させてくれるものが方々にあるので、一瞬、自分が何者かわからなくなったとき助かるかもしれない）。コーヒーを飲む習慣はまったくなかったが一日を一杯の濃い茶で始めるのが好きで、できれば中国茶が好ましいのでどこに行くにも手元に十分な量を置くのを習慣にしている。数学との日常的なつき合いも変わらないものの一つで、中国標準時で生活していても、ハーバードに戻って東部標準時で、またはその間のたとえばグリニッジ標準時で暮らしていても変わることはない。

しかし実務上では二つの国の間にかなりの違いがある。たとえば、一緒に研究できる同僚は中国よりアメリカのほうが断然多い。私の研究には共同作業がつねに重要で、アメリカでは世界各地から来た優秀な数学者たちとチームを組むことができたが、そういう状況はほかでは難しいだろう。中国には、アイデアを交換して互いに得るものがある人材がずっと少ない。また中国ではグーグル検索が基本的に禁止されており、メールのやりとりもときに制限される。これは、私の生活と研究習慣を根本的に変えるものではないが、迷惑なのは確かだ。

大学の管理者への対応はアメリカと中国でまったく違う。たとえばハーバード大学で何らかの依頼をしたとすると、ふつうは学部長からメモ書きが来て、できることとできないことがはっきりした言葉で書いてある。その後の話し合いや場合によっては説明の余地があるが、その過程はきわめて明快である。中国では逆のことがしばしば起こる。

一例を挙げると、私の元大学院生、劉克峰が一九九〇年代初めに南開大学の陳数学研究所に陳省身を訪ねたときのことを聞いた。劉が南開に行ったのは、研究所の設立所長だった陳が所長の座を退いてから間もない頃だった。一九九二年に新しい所長が雇われたが、陳はまだ同センターを監督するという大きな役割を担っていた。陳はどんな様子だったか劉に聞くと、「お元気でした。でも不満そうでした」と答えた。新しい所長が陳に頼まれたことをすべてやっていたので、陳の不満を劉は理解できなかった。劉のとまどいの原因は、ビザンチン的複雑さと言えばいちばんわかりやすいかもしれない、中国式やり方を彼が知らなかったことだった。尊敬され、政府に高く評価されている学者は公的に述べたのとは別の結果を、内心では強く求めていることがある。口に出して言うのを良しとせず、他人に忖度してほしい場合だ。

新しい所長が陳の希望に添っているつもりでも、実際は逆のことをしていたから陳が憂鬱になったのだ。話の筋は旧態依然とした中国式やり方に沿ったものだが、奇妙で、かなり回りくどいやり方だと思う。私が知る限り陳はこのやり方に間違ったところがあるとは思わず、現状を受け入れているらしい。しかし劉は、水面下で起きていることに何の手がかりも持っていなかった。

私がいくつかの数学センターの所長という立場で中国の大学の管理職クラスと話をするとき、彼らはたいてい丁寧なことこの上ない。相手である学部長、学科長、学長などは文書にはしないが口ではどんなことでも約束しがちである。だがその約束を実行する段になると、遂行できない、またはする気がないことが多い。

私が現在、滞在している精華大学はいささか例外で、この点では中国のほとんどの大学より良好で西洋方式に近いやり方を採用している。そうは言っても中国の教育制度は、おもな大学が教育部を通じて政府の管理下にあるため、事情が込み入っている。大学の首脳部が定期的に変わり、それが大混乱を招くことがある。新しい人物が入ると、前任者が同意したとおりにしたのでは後継者の功績が認められないから、同じようにしたがらない。新しいことをして自分たちが優位にあることを示したがるのだが、うまくいっているカリキュラムを廃止して代わりに無駄なカリキュラムを入れることであっても、変更は変更なのだ。これによって、中国の大学にはアメリカの大学にはない、運営の不確実性の要素が入り込む。

アメリカではどの大学にも独自の内部の駆け引きがあるため、必然的に学科内、学部間、教員陣と管理部門の間の小競り合いがある。だが連邦国家が新しい大統領を選んでも、ふつうは学内では何の影響もない。もちろん、トップ交代の結果、大きな財源の削減や政策転換があれば別だが。

中国の高等教育機関は政府と緊密なつながりがあるため、中国の学問界では政治権力のはしごを登る誘因がことのほか大きい。この階層型組織の中で、大学の管理職すべてに階級がある。階級が上がるにつれて給料も上がれば、病院や空港などでの優遇措置が増える。

北京大学元数学科長の丁石孫が次に同大学の学長になり、さらに中国の八つの「民主」党派の一つ中国民主同盟の会長になった。そのため丁は多大な力を及ぼしてきた。なかでも影響力を用いて私の教え子田剛を権力の座に着かせた。田は今、ハーバード大学で博士号を取る前に修士号を取った北京大学で、非常勤教授をしている。田は中国人民政治協商会議という諮問機関の高官も務めており、最近、北京大学の副学長になった。これは、中国の政治組織では次官に相当する地位である。この任命によって田は北京大学の強力な力となり、現在九十歳である丁から権力を引き継ぐ勢いである。

田は以前私に、自分の野心は数学に留まらないと言ったことがある。二〇〇一年にボストンコモン公園で一緒に座っていたとき、いつか中国のリーダーに、国の最高権力者の一人になりたいと言った。私は一数学者で満足だったが、教え子たちの力になって彼らのキャリアに協力するよう努める。たとえ彼らの選択と選ぶ道が必ずしも私のと一致しなくてもだ。

田と私の関係がこれほど悪化しなければよかった、そして願わくはもっと良い関係になればと思う。だが完全に和解するためには、私には不適切と思われる所業を償ってほしい。たとえばサイモン・ドナルドソンとその同僚たちの先行研究に言及せずにアイデアを使用したと田を糾弾したことがあった。とりわけ、学問的基準が必ずしも西洋ほど厳格ではなかった中国でのことだから、田の出世は私が疑問に思う所業によって早まったと思われる。

アメリカでは学問界での昇進は主として学問的研究に基づいて、つまり研究の良し悪しで決まる。しかし中国では政治的本気度のほうが大きく物をいうため、数学を含む多くの学問分野が研究をおろそかにして、代わりに序列を登る直接的な手段に注力するようになった。そして権力への最も確実な道が「アカデミー会員」になることだ。これは中国における最高の学術称号で、科学と数学の学者約七五〇人に中国科学院から、また中国工学院会員の約八五〇人に終身の栄誉が授与される。

それのアメリカ版である米国科学アカデミー（NAS）は中国科学院が設立された一九四九年よりずっと前の一八六三年に設立された。NASには現在、約二三〇〇人の会員がいて、私も二五年前から会員になっている。NASの会員になることは確かに栄誉ではあるが、実際面では人生でそれほど大きな意味を持たない。中国ではアカデミー会員は病院の個室や空港のVIP用ラウンジなど、共産党の高級幹部と同じ特権の多くが与えられる。「中国のリーダー」と呼ばれるほどの重要人物になれば、鉄道車両一両が専用になり、結構な収入も得られる。そんなこんなの個人的恩恵のほかに、もっと得がたい効果がある。というのは、相当数のアカデミー会員がそれが正しいと言えば、ほとんどの人が同意するのだ。ある研究委員会にアカデミー会員が一人もいなければ、その委員会は政府の目から見て大して重要ではないのだろう。逆に、三人以上のアカデミー会員が政府に連名の手紙を書けば、その手紙は首相の机に乗る可能性が高い。

教授陣にアカデミー会員が何人いるかによって大学の名声が決まるように、都市がアカデミックであるかどうかの尺度はアカデミー会員が何人そこに住んでいるかである。チベットのはるか遠くの県にいるアカデミー会員は二〜三人だけだろうから、そのうちの一人からの依頼は真剣に受け止めなければならない。もしその会員がその地を離れようものなら、県全体の地位が低下するからである。そのため、あえてアカデミー会員を怒らせる者はほとんどいない。彼らは必ずしも高尚な肩書きを得るほどのことをしていなくても、王族のように扱われる（大した働きをしていない点でも王族に似ているかもしれない）。

中国の学問界を支配している人たちは、ある分野で誰が優れているかいないかの判断力があまりなく、外部の機関から助言を受けたがらないことが多い。中国には必要な評価をできる専門家があまりいないうえに、専門知識のある人たちの多くは、会員志願者とそのスポンサーが申し出た利益で買収される場合がある。そのため入会について疑わしい人選が行われることもある。

私は中国に住んでもいないし中国のパスポートも持っていないので、中国科学院の新会員に投票する権利はない。だが二十年ほど前に、動的システム分野の研究をしていた中国人数学者の立候補について相談を受けたことがあった。ところでこの候補者はたまたま、科学院の上級メンバーの義理の兄弟だった。彼には熱心に後押ししている同じく動力学者である中国系アメリカ人の数学者が付いていて、彼が友人を通すよう私に頼んできた。

私はその候補者の研究に詳しくなかったので、マイケル・ハーマンとジョン・メイザーなど力学系の世界的権威何人かに、彼をどれくらい優秀だと思うか聞いた。彼の研究は中国でも平均的なものにすぎない、というのが彼らの意見だった。私がそれらの手紙を中国科学院の院長に回すと、院長は選定委員会の討論に委ねた。前記の上級会員もその討論に参加していて、それらの手紙は書いたのが中国人ではないから無視すべきだと言った。こういうことは、中国人が、中国人だけが扱うべきだと彼は主張した。彼の意見が優勢になった。その候補者は正式に科学院会員に選任され、数年後に中国数学会の会長になった。

ロビー活動が横行し、また会員が友人、支持者、家族のほか支持したほうが得だと思う人物に投票する傾向があるため、中国の科学院会員の選定では知的能力がしばしば二の次になる。その結果、研究にほとんど関心を持たない会員が多すぎて、おもな関心事が他人の機嫌を取って出世を目指すことであるように思われる。

こうした状況はとても理想的とはいえない。多くのオブザーバーが私同様に、中国における科学の進歩を妨げているおもな原因の一つが科学院会員自身――とりわけ中国全体で学問的業績の手本となるはずの人たちだと考えている。

私の第一の住所はアメリカだから、科学院会員になる資格はない。と言ってもなろうとしたりなりたかったりしたことは一度もない。しかし、私は科学院の外国準会員に指名された。その会員種別が導入された一九九五年のことだった。C・N・楊も、当時アメリカに住んでストーニーブルック大学でアルベルト・アインシュタイン教授職にあったため、同時に外国準会員になった。

田は二〇〇一年に科学院会員になった。もっと早くなろうとしたのだが、アメリカの大学で常勤になっていたから資格がなかったのだ。常勤として中国に戻ると田が約束して――彼のプリンストン大学での職位を考えれば実行が難しい約束だったと思うが（その後半分の勤務に減らした）――中国科学院への入会が正式に受け入れられた。田を含む候補者たちについての討議は数日間続き、田は明らかな過半数は得られなかった。そこで北京大学で田の修士論文研究の指導教官だったK・C・チャンが、ほかに一人か二人の科学院会員とともに通常の手続きに違反して、重病で会議に出席できなかった会員の家に人を差し向けた。この会員（高熱があった）は田への投票にぎりぎり間に合うように連れていかれたが、科学院の規則ではそれまでの討議のほとんどに参加している必要があったから、投票は許されないはずだった。だが最後の瞬間に引っ張り出し

2006年に中国杭州市で中国の後の国家主席、習近平に会う

てルールを曲げた一票のおかげで、田は中国科学院の会員になった。

それより約十年前、陳はバークレー校での同僚ウー＝イー・シアンを名誉ある中央研究院（中国科学院の前身で一九四九年、共産党が政権奪取する直前に台湾に移った）の会員にしようと努めていた。一九九一年にシアンは天文学者ヨハネス・ケプラーが三八〇年前に提起した有名な問題を証明したと主張した。ケプラー予想、別名「球充填問題」は丸い物体（すなわち球）を四角い箱にできるだけ多く詰めることに関するものである。丸い物体がどれも同じ大きさのオレンジだとすると、問題はつまるところ次のようになる。どんな配置なら最多のオレンジが箱に収まるだろうか？　最適な配置はそれぞれのオレンジが下の三つのオレンジがつくる穴に収まって、箱の真ん中（端には沿わない）の各オレンジが合計六つの別のオレンジに接している形だとケプラーは推測した。ダフィット・ヒルベルトが一九〇〇年にその問題を、言いまわしをわずかに変えて広く伝えられた未解決の数学問題リストの一八番として再掲した。

これが、シアンが解決したと主張した問題で、この難題によって球面幾何学で使える新しいツールを数多く開発したと彼は言った。彼の論文「球充填問題とケプラー予想の証明について」は『International Journal of Mathematics』の一九九三年十月号に掲載された。シアンを中国科学院に選出するのがこの業績の正当な報酬だと陳は思った。ほかの科学院会員たちとの会議でシアンの入会を強く推薦し、ウー＝チャン・シアンも弟の立候補について熱く語った。

その討議の一部の参加者がもっと納得のいく説明がほしいということで、私の意見を求めた。私は親しい友人と身内の推薦に加えて、外部の専門家の意見に基づく慎重な対応を勧めた。結局、このテーマの最高権威者たち、(プリンストンの)ジョン・コンウェイ、(当時ミシガン大学にいた)トーマス・ヘイルズ、(当時AT&Tシャノン研究所にいた)ニール・スローンが三人ともシアンの理論には問題がある――コンウェイとスローンが「重大な欠陥」がある、ヘイルズが「大きな欠落と誤り」がある」――と考えた。これらの意見に照らして、この研究に基づく研究院へのシアンの入会には賛成しがたいと私は言った。その後の投票の結果、シアンは入会が認められなかった。

約一か月後に香港中文大学を訪れると、C・N・楊の研究室に呼ばれた。私の意見が陳の願いに反していたので「君は師である陳を怒らせたね」と彼は言った。私は聞かれるまで何も言わなかったし、聞かれたら正直に答えざるを得ないと答えた。「君が言うべきことは、証明は正しかったということだけだよ!」と楊は言い返すが早いか、研究室から私を追い出した。

それが、一部の中国人学者の挙動を知る手がかりになる。数学の真実は私たちの個人的意志や野心によって決まるのではなく、自然の秩序の一部であって犯すべからざるものと私は信じているが、違う考えを持つ、つまりものには都合というものがあって、必要とあれば科学的技術をしのぐことができると考える人たちがいるかもしれない。

中国の研究文化

楊は中国科学院の外国人会員だったが、二〇一七年に九四歳で正式な会員になった。それは中国で大ニュースになり、この新たな肩書きによって楊は中国の学問界でそれまで以上に影響力を持つことになった。

この影響力はもちろん、実績の上に立っている。楊は物理学できわめて重要な業績を成し遂げているからだ。楊がロバート・ミルズとともに開発した、一九二〇年代末にヘルマン・ワイルが行った基礎研究を一般化した研究は「ヤン - ミルズ理論」に結実し、素粒子物理学の標準理論で中心的な位置を占めている。その標準理論は、自然界に見られるすべての素粒子とそれらの相互作用を説明して、現在私たちが持っている、観測された宇宙についての現在の知識をうまく包含している。皮肉なことに、楊はその包括的な理論的枠組の重要な側面について危惧の念を表明しており、完全に満足してはいないようだった。たとえそうだとしても、ミルズと彼の共同研究はノーベル賞を受賞した李との別の共同研究とともに、いまだに非凡な功績であり、素粒子物理学は彼らから大きな恩恵を受けた。

楊はどういうわけか二〇〇三年に精華大学物理学科の学科長パンフェン・チューに、「素粒子物理学［または］原子核物理学の教員をこれ以上増やしてはいけない。これらの分野の現存する教員には別の分野への転向を促すべきである」と勧告する手紙を書いた。楊がこの指示を出した理由として挙げたのが、彼の分野が「死にかけて」いたからだが、半世紀前にミルズとの有名な共同研究をした楊が長い間、その分野の発展についていけてないからだと反論する向きもあるかもしれない。楊がその手紙を出してから九年後の二〇一二年に、ヒッグス粒子が発見されて素粒子物理学の記念碑的発見になった。同じ年に中国の研究所で新種のニュートリノ振動が発見されて、宇宙の大半を占めるのが反物質ではなく物質である理由に大きな意味を持たせた。そんなこんなの業績から、素粒子物理学の訃報は、ユーモアのあるマーク・トウェインの言葉を引用すると、「大げさに過ぎる」と思われる。

二〇一六年に楊は「中国は今、巨大加速器を建造すべきではない」と題する論文を書いた。中国、アメリカ、ヨーロッパなどの著名な物理学者の大集団が、スイスのジュネーブ郊外にある大型ハドロン衝突型加速器（LHC）の後継機にするつもりで、世界最大で最強の加速器を中国で建造するよう熱心に要求していた。私はこの運動を後押しする積極的な役割を担っていた。というのは、このプロジェクトは中国のためにも物理学のためにも国際関係のためにも良いし、さらには基礎物理学の飛躍的進歩が長い間、数学者にとっての実り多いアイデア源だったことから、数学にも良いと信じていたからだった。逆もまた真なりで、両分野はこの相互作用から利益を得てきたと言える。

しかし楊は、最小の最も基本的なスケールで宇宙を理解しようとするこの取り組み全体を「底なしの投資」と切って捨てた。おまけに、二〇一六年十一月に精華大学で行われる予定だった、中国の粒子加速器プロジェクトの先頭に立っていた中国科学院高能物理研究所所長ワン・イーファンの講演中止まで強いた。楊は開催を告知するポスターが清華大学キャンパスの至るところと都市のほかの場所に貼られたあとの最後の瞬間に、この講演を中止させることができた。ワンは代わりに多くの聴衆を前に粒子加速器についての公開講演を行った。粒子加速器は二〇一六年十二月現在、北京大学で研究開発段階にある。

楊の動機は善良なもので、彼が適切と思う物理学を心から発展させようとしていると信じるが、同時に九十歳代半ばで自分の分野の活発な研究から遠く離れている人物は、若い物理学者や科学研究全般にあまり支配力を振るうべきではないとも思う。この件は、中国の科学と社会一般の固有の問題が現れたものだと私は思う。この数十年間に若い研究者による進歩があったにもかかわらず、最長老の人物たちがいまだに権力の大部分を握っている。これはとりわけ科学院会員に見られることである。

ここにはもちろん、かなり息の長い歴史的伝統が働いている。中国の格言「年長者を敬え」は少なくとも二五〇〇年前の孔子の時代にさかのぼる。この姿勢は「儒教の孝」の道徳となり、親、年長者、先祖を敬うことは義務であり徳であると考えるものである。私もまた、中国文化に深くしみ込んでいるこの考えに従う。いつでも、母と父の両方が認めるであろう生き方をしようと努めてきたし、その点では大体において問題なくできていると思う。

そうは言っても、その姿勢が行き過ぎになる可能性があり、またしばしばそうなって社会全体に不利益をもたらす。アメリカでは七十歳を超えた人のほとんどは、学問界で大きな支配力を振るわない。だが中国では「亀の甲より年の功」がしきたりになっている。

一つ例を挙げると、楊が第一級の科学者で、物理学界で威厳のある人物であることは間違いない。物理学に直接多大な貢献をしたのに加えて、一九五七年に李政道と共同でノーベル賞を受賞したことは、アメリカ、ヨーロッパ諸国、それに日本からはるかに遅れた国の人でも、世界的な偉業を達成できるという自信を中国全体に与えた。その功績の重要性はいくら評価してもし過ぎることはない。しかし、彼の世代の人たちが中国の科学への手綱をゆるめて、若い研究者が昇進して自分たちの足跡を残せるチャンスを与える時期はとっくに過ぎていることも、明らかと思われる。

私は陳を大いに尊敬している。彼は紛れもなく偉大な数学者で幾何学に多大な貢献をした。シカゴ大学とバークレー校で数学科を強化し数理科学研究所を立ち上げ、一方で私を含む多くの弟子のキャリアを押し上げた。そのことを私は永久に感謝する。そしてまた、陳との間の亀裂を修復できなかったことを非常に残念に思っている。だが彼の助けを得て初めてバークレー校に到着してから約十年がたった一九七〇年代末に、私が自分の道を行く必要性を感じたことを、陳が許したとは思わない。そして、私に対するそうした悪感情は陳に限ったことではなかった。中国では、先生に反逆していると思えばほとんど全員が生徒のことを悪く思う。たとえ決して反逆しているのではなく、自己主張して自分の目標を実現しようとしただけであってもだ。

中国の研究文化が、現代では時代錯誤である昔ながらのやり方に浸りきった保守的な人たちの支配によって、進歩を妨げられてきたことは疑いない。そしてこの問題はひとえに科学院会員の不健全な影響によって発生したものである。

ならば、この状況は絶望的だということだろうか？　そうは思わない。でなければ、私が長い時間をかけて中国本土、香港、台湾で半ダースの数学センターを運営しないし、それらの場所で数学と科学のほかの目標に献身的に尽くすこともない。結局私は、変化は起きるだろうし、それは止めようがないと信じているのだ。私は若い世代に賭けている。それぞれの分野に新鮮なものの見方を持ち込む数学と科学の若いリーダーたちが出現して徐々に影響力を持つようになり、いずれは学問界全体を変えるのは自然であると同時に必然だと私には思える。

本当のエリートを育てる

私はこれを別のやり方で手助けしようとしていて、自ら運営している中国のセンターでは本当のエリート集団を育てている。私たちは資金調達を続けられる限りこれを続けなければならないから、そのためにも民間からの寄付を集め続けている。これらのセンターにいるのは主として、ふつうは科学院会員になることを考えるのはずっと先である若手の数学者で、政治的関心とは無関係に、優れた研究による褒賞をありがたく受けるのに手を貸している。

清華大学のセンターはその一例で、すぐれた研究をしている有能な研究者たちである。この研究倫理を共有する人たちを最小限維持できれば、ほかの数学・科学機関の手本となる足がかりを中国で打ち立てられるかもしれない。だがそれは苦闘となるだろう。私たちが清華大学数学センターの若い学者の研究に注目させようとしたとき、北京大学数学部のリーダーたち数人が、その当然の評判を抑えこもうと決めたようだった。

おもな関心事が金と力である人物はいつでもいるだろうが、学業成績を最も重要とみる若い研究者が増えてきているのではないかと思う。ほかの人びともそうした考え方をするようになれば、それが中国における数学の未来像になる可能性がある。

大学生、博士研究員と若手教授だけを重視するのではなく、私は二〇〇八年に高校数学賞を開始することによって、中国の高校生が真の研究を経験できるよう手を差し伸べることにした。この催しは、当初ウェスティングハウス・コーポレーションが、その後インテル・コーポレーションとリジェネロン・ファーマシューティカルズが主催している、アメリカのサイエンス・タレント・サーチに倣ったものだった。その意図は、毎年の数学オリンピックで出る標準的問題を解くのを生徒たちに競わせるのではなく、独創性と協同作業を奨励するもので、生徒たちは解くのに時間と努力と創造力が必要な問題を、自分たちで選んで取り組めるようにした。

その大会は、何でも先生が言うとおりに暗記する受け身の教育といった、何年間もの硬直した教育制度に対抗する私なりの広範囲な試みの一つだった。本当の研究はまったく違うもので、単に先生が出す問題を解くだけでなく、少なくとも興味を持っている特定の分野については先生を追い越してその先へ行くことである。

励ましと一人で考えるスペースを与えれば、中国人学生もアメリカ人学生のように独創的になるのは疑いないと私は思っている。それがこのコンテストのすべてで、受賞者は習熟度とともに創造性によって選ばれる。

二〇一三年に高校物理学賞が中国で始まり、二〇一六年には生物学と化学の賞が導入された。毎年、ニーマ・アルカニ＝ハメド、ブライアン・グリーン、デイビッド・グロス（ノーベル賞受賞者）たち物理学者とジョン・コーツ、テリー・タオ（フィールズ賞受賞者）たち数学者などの著名な科学者が審査のために中国入りしている。

通常、八五〇チームと三〇〇校から参加した約二千人の生徒が競う。たとえば二〇一五年には数学賞受賞者二四人の三分の一が外国のエリート大学に入学を許された。そうした学生が勉学を終えたあと中国に戻るだろうかと疑ったのは、それほど昔のことではなかったが、状況は変わった。

三十年近く一〇パーセントを超える年間成長率を維持した国家経済の急速な発展のおかげで、中国の給与は競争力を増している。その結果、私の数学センターで働く才能ある人材も得やすくなっており、その傾向は全国的なものだと思う。

中国の高等教育制度について諸問題を挙げてきたが、中国がアメリカよりよくやっている面もある。たとえばこの数十年間にアメリカはアフガニスタンとイラクの戦争に何兆ドルも費やして、経済に莫大な損失をもたらしている。その間、科学と数学の研究開発費は抑えられた。一方、中国は総じてこの種の長期的に費用がかかる武力衝突を避けることができていた。そのため国内支出に回せるお金が増えて、インフラストラクチャーの建設、生活水準の向上、科学技術研究費の増加が可能になった。アメリカの大学がまだ大幅に勝っているが、それぞれの側が相手から学べるものはある。

私は両方の文化の良いところをとって、あることには西洋の有利な視点から、別のことには東洋の視点で臨もうとしている。私は中国文化の影響を強く受けており、中国の文学と歴史を読むのが前より好きになっている。ときには感情や落胆を表現したり、ただリラックスするために漢詩まで書いている。

中国の伝統の知識と作詩の趣味は私の存在の切り離せない部分と思われるが、そのために私はアメリカ人の同僚たちとは違うものになっている。しかしまた、私が五十年近くアメリカにいたため中国人の同僚たちとも違うのも事実なのだ。中国文化の最良の部分は父――儒教、道教と父個人の倫理観を教えてくれた――と母から受け継いだ。今度はユーユンと私がこうした考えと価値観の一部を息子たちに渡そうとしている。息子たちはうれしいことに何事かを成し遂げる好青年に成長し、自分たちの家族を持っている。

「年長者を敬え」は行き過ぎて若い世代に無用な障害となることもあるが、有益な指針でありうることも間違いない。中国の子どもたちは家族と友人たちにつねに忠実であるよう教育される。高齢者は見捨てられることなく、緊密に社会の中に組み込まれているため、高齢者がときに自力で生きていかなければならない西洋でしばしば見られるより、安心感が得られる。このことは、それほど遠くない将来、私がいわゆる老後になったときに安らぎの源になりうると思う。

私の経験では、中国人は良い点もあまり良くない点もある歴史への関心が高い。一六〇〇年頃から一九〇〇年頃まで続いた清王朝時代には、中国では数学の研究はほとんど行われず、学者はたいてい数学の歴史に専念した。もちろん、数学史を学べば先人たち（私にとってはガウスやリーマンなどの幾何学者）の業績を知ることができて大きな価値がある。私はその視点がきわめて有用だと思っているが、多くの知人のアメリカ人はそれほど歴史を振り返らない。ある問題に長い間取り組んだあと、もとのアイデアがどこから、誰から来たかを私が言うと、驚かれることが多い。

もう一つ、伝統的な中国哲学でありがたいと思うのは、私たち人間は自然の一部であると考えていることで、それは自然に勝とうとすることには関心がないことを意味する。アメリカ人は必ずしもこの考えを支持せず、アメリカでの意図はしばしば自然を分析してコントロールすることにあると思われる。現代では、中国人もつねにこの考え方を守っているわけではないけれども、少なくとも中国文化圏で長い間、支持されてきている信条である。これら二つの見方を混ぜ合わせたものが最善の道と私は思う。自然を理解しようとすることはそれ自体、重要な探究だが、同時に自然に従おうとする、つまり共存して道教の道理（Tao）で言われる「一体」の一部になろうとすることもできる。

私はしばしば、中国にはなぜ西洋と同じくらい偉大な科学者が少なかったのだろうと思う。私はたいていの中国人数学者より成功できたが、それはたぶん、歴史と哲学的な基礎知識を父から受け継いだのに加えて、アメリカに長く住んで、自由奔放なアメリカ式が疑いもなく私に影響を与えてきたからだと思う。

半世紀近くアメリカで厚遇してもらって、非常に感謝している。とくにアメリカの数学界は心地良い。若い学者を育てるのに多大な努力をしていることも素晴らしいと思う。そのうえ、世界中から来た研究者がアメリカでは歓迎されていると感じる。その結果、多様な考えに触れることができ、それが私の数学観に大きく貢献した。アメリカでは積極的に発言できると感じる。中国では自分の言葉に細心の注意を払わなければならないから、積極的にものが言えるとは限らない。学生たちも同僚たちもたいていは、私の聞き取りにくい訛りにきわめて寛容だった。もう一つ感謝しているのが、アメリカではある分野で好成績を挙げれば、昇進をそれなりに確信できること。中国では個人の実績だけで昇進できるとは限らない。

そうは言っても、私は中国に強い思いを抱いている。とくに、教育と研究が行われる風土を変えるために尽力している。この点ではとくに近年、改善が見られ、私もそれに一役買えたことをうれしく思う。

そうすると、私はどこにいることになるのだろう? 中国への熱い思いがあり、中国の進歩をもっと助けたいと心の底から思っているにもかかわらず、実態は、それほど強い愛着を持っていないアメリカで、ほとんどの時期を過ごしている。だがそれが、息子たちが生まれ育ち、家庭があり、常勤の仕事がある場所だ。そのために前にも述べたように、アメリカでも中国でも完全にくつろいだ気持ちになれないという、やや特異な状況にある。本当の本拠地はその間のどこかにあるらしい（太平洋の真ん中をジグザグ状に通る国際日付変更線のあたりか）。これら二つの国と文化の間を、あるいは世界のどこにでも邪魔をされずに楽々と移動できたのは、長い間、真のパスポートの役割を果たしてくれた数学そのもののおかげだった。

バークレー校の大学院生になってから約五十年間、数学とは長い付き合いだが、まだ直定規とコンパスを手放す気にはならない。探究を始めてまだ続けるつもりの問題と、まだ始めていないが依然として「やること」リストに載っている問題が多数ある。

一方、すっかりもうろくして標準的レベルに届かず、同僚と友人たちに不快の念を起こさせるのがオチである証明を出し続けるほど居座りたくはない。研究によって貢献することができなくなったら教育に専念するつもりだ。これまでに七十人の学生が私の指導の下で博士号を取得しており、ほかに数人がその途上にある。ハミルトンがあるとき、私が「一緒に最も難しい問題を研究する才能の集団」をつくってきたと言ってくれた。彼が言うとおりだといいのだが、いずれにしても私は誇りに思う。というのはこの人たちがこれまでにしたこと、また将来するであろうことは、間違いなく私が個人で成し得たことを超えている。とはいえ、私が教育面でも貢献できなくなる日も来るだろう。そのときは、ずいぶん長いこと闘ってきた守旧派の一部にはならないように身を引くつもりだ。願わくは喜んでそうしたいものだ。

だが私は、大混乱があった幼年期のあとに数学という分野に進むことができ、数学が川の急流のように私の足をさらう力を今でも持っていることを、いつもありがたく思っている。私にはこの川を旅する機会があった。ときには小さい支流から障害物を取り除いて、それまで入ったことがなかった新しい場所に水を流せるようにもした。探索をもう少し続けようと思う。それからたぶん、数歩離れて川岸から観察するか、チアリーダーのように応援することになるだろう。

これまでは（少なくとも私にとっては）波瀾万丈の旅だったが、汕頭出身の貧しい少年が自然の深い真実を探究中につまづきながら、その途上でたぶん幸運なことにかすかに見える洞察をいくつか発見できたという、このとりとめのない話にみなさんが何らかの関心を持ってくれたらと思う。

エピローグ

大きい実験や研究計画を始める前、参加する科学者はしばしば、その計画から学びたいことについて話し、この種の試みにはいつでもサプライズがあるとつけ加える。悔しい挫折もあれば予想外のご褒美もある。人生も同じものだと分かった。まる一週間、緻密な計画をし、一時間ごとに行うことを細かく列挙したとしても、愉快なサプライズも含めて予定表にないことが毎日起こる。

二〇一八年の始め頃、故郷である蕉嶺県の役人から突然、連絡があった。そこには住んだことがなく、その町を初めて訪れたのが三十歳になってからだったから、「故郷」と呼ぶのは中国式かもしれない。だがそこは父の出身地であり、父の先祖が八百年ほど住んでいたところだった。だから、私個人が強いつながりを持たなくてもルーツはそこにある。

役人たちは石窟河《しくがわ》沿いに公園をつくっておもな観光スポットにしたいと考えていた。その計画では新しい彫刻と像を建てる必要があって、その一つが私のだという。私がその町につながりがある人間で比較的有名だと思われていたからとのことだった（一九七九年に訪ねたときは、ホテルはおろか舗装された道すらなかった孤立した集落がいまや、自前の水辺公園を持とうとするにぎやかな都市になっている）。その申し出は光栄だったが、私は少し違う提案をした。私（珍しくもない外見の男）の像を建てるより、もっと普通でない形のカラビ‐ヤウ多様体を考えてはどうかと。それが第一段階の話し合いで、両者ともじっくり考える時間が必要だった。それ以後、話し合いはかなり進んでいて、この思い切った事業はまもなく前進すると信じるだけの理由がある（中国では、政府首脳が何かをすると一度決めたら、アメリカの場合よりずっと早く動けるのだ）。

ほぼ同じ頃、インディアナ大学のコンピューター科学者アンディ・ハンソンから連絡があった。彼は数十年前にひも理論と一般相対性理論を研究する物理学者として研究生活を始めていた。ハンソンはＭＩＴで博士号を取ったあと、一九七一年には高等研究所のポスドクで、そのとき私もバークレー校を卒業して高等研究所にいた。当時はプリンストン大学でナイジェル・ヒッチンたちと途方もない時間、カラビ予想について話していた。前にも書いたように、その予想は「話がうますぎる」と私たちは考えた。そうした会話の一部がハンソンに影響を及ぼしたかもしれない。というのは彼がそれ以来、多くの研究をするなかでカラビ‐ヤウ多様体を視覚化する世界最先端の研究もしているからだ。

一九九九年にハンソンはブライアン・グリーンのベストセラー本『The Elegant Universe（邦訳

『エレガントな宇宙』』のためにカラビ‐ヤウ多様体のイラストを描き、四年後にはテレビの有名な科学ドキュメンタリー『NOVA』の同名の番組にもアニメーションを提供した。カラビ‐ヤウ画像の一つは私の共著書『The Shape of Inner Space（邦訳『見えざる宇宙のかたち』）』の表紙を美しく飾ったし、何年もの間私は多くの講義で彼の画像を使わせてもらった。これらすべてのことが、ハンソンはまさに私が話をする必要がある人物であることを物語っている。

ハンソンの話は偶然にも、ボルチモアの彫刻家ビル・ダフィーと組んで直径四フィートのカラビ‐ヤウ空間の彫刻（ステンレスかブロンズ製の三次元表現の六次元多様体）を、彼の大学の中庭に設置したいというものだった。彼らの計画はずいぶん進んでいたが、ハンソンはまだ最終承認を得ていなかった。私見では、この事業の芸術的・教育的価値を大学側が了承するのは時間の問題だと思う。

私はハンソンに蕉嶺県の提案について話した。ブロンズで鋳造する高さ約一六フィートの、真の（しかもかなり大きい）幾何学への賛歌となるカラビ‐ヤウ多様体である。もちろんハンソンの設計が、そのプロジェクトに役立つだろう。そしてそのアイデアが広がっているように思われる。北京の精華大学で開設を手伝った数理科学センターが、カラビ‐ヤウ像を同校数学科の中庭に置くことに関心を持っているらしい。ハンソンは二〇一八年の春に中国から戻ったのだが、中国では私の友人で数学センターの副所長シウ・ユエン・チェンに会って、この種の構造物を設置するのにキャンパス上で最も好都合な場所を探した。一方、同僚たちと私は清華大学付属の数学コンベンションセンターに像を設置することを真剣に検討した結果、海南島のリゾート都市三亜《さんあし》市に設置した。

そういうわけで、遠からずこれら多様体の複製があちこちに出現することもありうる。もちろん、ひも理論では、宇宙のどこを指さしても(行く先々、触るところすべてに)目にはまったく見えないが物質界に強い影響を及ぼしている六次元の小さなカラビ - ヤウ多様体があると仮定している。ひも理論によればこれが、隠れた宇宙のどこにでもある重要な特徴である。そしてこの前提が正しいとすれば、これらの像が見えないものを見えるようにすることへの一歩前進になるだろう。たとえひも理論のその大胆な主張が証明されないとしても、私はカラビ - ヤウ多様体が美しいと思う。それ以上に、カラビ - ヤウ多様体の重要性は数学と物理学の両方で数え切れないほど何度も証明されている。

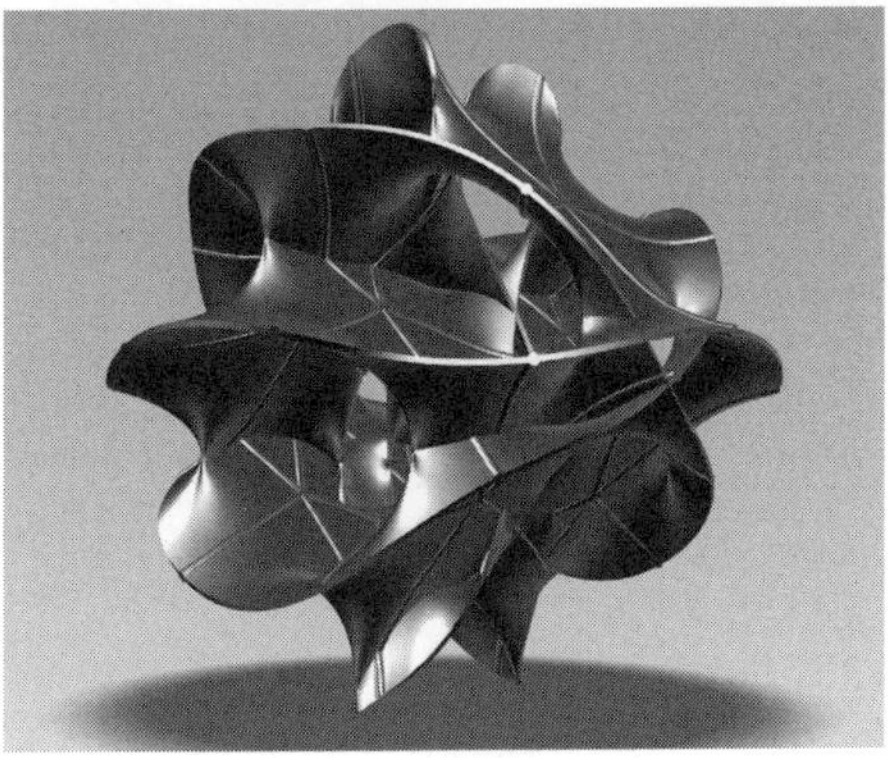

インディアナ大学のアンドリュー・J・ハンソンと彫刻家ウィリアム・F・ダフィーが製作した、インディアナ大学用に提案したカラビ - ヤウ像の模型(設計はインディアナ大学のアンドリュー・J・ハンソンと彫刻家ウィリアム・F・ダフィー)

　私は大学院の初年度で弱冠二十歳のとき、カラビの方程式の優雅さに感銘を受けた。ハンソンの魅力的な図面や三次元モデルを見る何十年も前のことだった。数学者はいつも、自分たちの往々にして深遠な分野について感じている情熱と興奮を、数学者ではない人たちにも共有してもらおうと奮闘してきた。これらの像がついに、数学者が何十年、いや何世紀にもわたって一般の人びとに伝えようとしてうまくいかなかった何かを伝えることができると考えるほど単純な者ではないが、芸術と数学を融合させたこれらの作品は少なくとも、なにがしかの関心を呼び起こすのではないだろうか。ひょっとすると両親と新しい公園を探索していた少年少女が、それまで見たことがなかった、何にも似ていない異常な形の物（間違いなくそれまで見たことがなかった非線形微分方程式の副産物）に好奇心を持つかもしれない。ちょうど、近くの石窟河に自然に現れる渦（これも非線形現象の例）に魅了されるように。

なかには像の土台に記されている説明を読む気になる子がいるかもしれない。そこにはカラビ予想の証明と、それがどのように宇宙、素粒子物理学、そして微分幾何学と代数幾何学と数論を含む数学の多くの領域に影響を与えてきたかが書いてあるだろう。言い換えれば、ほとんど知られていなかった幾何学の問題から多くのこと——カラビが六五年前に予想を提示したときよりずっと多くのものが生まれた。ひとたび火が点いた数学への関心が大きくなれば、これら通りすがりの少年少女の何人かがやがて、私も好奇心旺盛な子どものときに引きつけられた職業に引かれるかもしれない。この芸術品に魅了されて数学の研究に入る若者がたった一人だとしても、それは重要なことだろう。なぜなら数学分野では、少しの才能、意欲、そして運に恵まれた一人の人間が、変化をもたらすことができるのだから。

「ポアンカレの夢」

長く静かな夜
ある方程式が国中に響き渡った。
長年の難問に狙いを定めたインスピレーションで
一世紀間解決を許さなかった頂上への道が明かされる。

この美しさと輝きは
どうやってできたのだろう?
すべては優雅な計算が
宇宙波で運ばれた賜物。

空の見晴らしの良い高みから
君はトポロジーの優雅さを発見し
幾何学の特異点をつかみ取った。
あとは手強い道の征服を残すのみ

難解な言語、夢のような推論に
学んだことすべてを駆使した。
必要だったのは球体の複雑性をときほぐした
一つの鋭い推定。

かくしてこの地球上を光が照らし
自然の輝きの覆いが取り除かれた。
人はみな光を浴び
次のためらいがちな一歩も確かなものに。

――シン゠トゥン・ヤウ、二〇〇六年

「時空に寄せる歌」

時はなぜ容赦なく進むのだろう。
そして生き物はなぜ増殖するのか。
すべての水滴が共通の源を持つのではないか、

ちょうど心と物質が同じ世界に共存するように?

時は速く静かに過ぎ去り決して戻らない。
空は境界を見せず永遠に進み続ける。
宇宙はブラックホールと同様に絶えず膨張し
空間と時間は一つの継ぎ目のない全体となる。

我々の不可解な宇宙はきわめて広大に見えるが
真実の源はかくも美しく言葉では言い表せない。
偉大な思想家は忍耐と粘り強さで努力し
時空の量子的見方を慎重につくり出す。

大と小を併合させる絵を描くこと
それは無限大を無限小に結合する絵。
学ぶことは膨大な未知を覗き込むことにすぎない
まるでカップを果てしない海に浸すように。

——シン゠トゥン・ヤウ、二〇〇五年

訳者あとがき

中国で生まれ香港で極貧の幼少期を送った数学者シン・トゥン・ヤウ氏がアメリカに渡り、フィールズ賞など多くの賞を受賞してハーバード大学の教授になった。輝かしいアメリカンドリームを縦糸に、中国人版白い巨塔を横糸にした一大タペストリーが本書である。一目惚れしたときから長い(長すぎる?)年月をかけて妻にした夫人との交際が彩りを添えている。

数学者の自伝であるから当然のことに、ところどころに数学についてのずっしりしたアップリケが縫い込んであるが、(あまり)心配はいらない。一般の読者にも抵抗がないようにわかりやすく書かれている。そうは言っても、フィールズ賞受賞級の数学を真に理解できる人がそれほど多いとは思えない。著者が微分幾何学の研究でマッカーサー賞を受賞したとき、『ロサンゼルス・タイムズ』誌の記事に「あまりに複雑で彼自身の同僚たちも理解できない」と書いてあったというから、わからなくても落ち込む必要はない。賞と言えば、著者はフィールズ賞について「数学界の外の人はほとんど誰も知らない」と謙遜しているが、アメリカ国家科学賞をクリントン大統領(当時)から手渡されたときは、さすがに息子たちや近所の人に面目を施したと喜んだ。

一九四九年生まれの著者が一九六九年に二十歳でカリフォルニア大学バークレー校の大学院に進

んでから数学漬けの生活をして数々の功績を挙げ、一九八七年から現在までハーバード大学の教授を務めている。とにかく公明正大な人物で、大恩ある師にもいっさい忖度せずに信じる道を進み、はっきり物を言うので敵も多数つくった。反面、とことん味方をしてくれる人も多く、若い才能を見つけてたくさんの共同研究をし、輝かしい業績を上げてきた。

また、後進の指導のために、中国などに数学センターを六施設もつくった。それには抜群の資金集めの才能が物を言って、「金のなる木をゆすって落とす」のが数学より上手とからかわれたほど。

私にとってとくに興味深かったのは、以前から不思議に思っていたペレルマンについての下りだった。フィールズ賞を与えられながら受け取らず、ロシアに引きこもってしまったあのグリシャ・ペレルマンである。フィールズ賞の授賞理由にポアンカレ予想は入っていなかったとのことだが、ポアンカレ予想にまつわるペレルマンについての著者の考えが興味深い。

翻訳ではいつも人名のカタカナ表記に苦労しているが、本書には中国人が多数登場するので、とりわけ苦労した。著者のシン＝トゥン・ヤウ（丘成桐）にしてからが、丘が香港読みでは「ヤウ」、中国標準語読みでは「チウ」になる。漢字なら間違いないし、日本人には身近に感じられるので、わかる場合は漢字にした。中国語読みと日本語読みが違うのでルビはつけられないため、お好きなように読んでいただきたい。カタカナの場合は英語のローマ字読みに中国名の特徴を加味して表記した。「私のことか？」と思う人がいるかもしれないが、お許しいただきたい。

数学に関することは学習院大学の細野忍教授に監修していただいた。細野教授は一九九二年〜

一九九三年にハーバード大学でヤウ教授の下で博士研究員を務められており、私は直弟子さんに見ていただく幸運に浴した。

原著では写真が中頃にまとめて掲載されていたが、本文の関連箇所にそれぞれ移されて、読みやすくなった。それも含めて、日本評論社の佐藤大器氏にたいへんお世話になった。なにより、この貴重な本に出合わせていただいたことに感謝している。

二〇二〇年八月
久村典子

わ

な

は

た

さ

索引

著者 シン＝トゥン・ヤウ 丘成桐, Shing-Tung Yau

1949年, 中国汕頭市生まれ, 香港育ち. 香港中文大学を卒業後, アメリカに渡る. カリフォルニア大学バークレー校で博士号を取得. プリンストン高等研究所, ニューヨーク州立大学ストーニーブルック校, スタンフォード大学, カリフォルニア大学サンディエゴ校などを経て, ハーバード大学教授. 1982年にフィールズ賞を受賞.
主な著書に, “Seminar on Differential Geometry” “The Shape of Inner Space”（共著, 邦訳『見えざる宇宙のかたち』（岩波書店））他がある.

スティーブ・ネイディス Steve Nadis

サイエンスライター. 『アストロノミー』誌, 『ディスカバー』誌の寄稿編集者. 『ケンブリッジ・クロニクル』誌のコラムニストでもある.

訳者 久村典子 ひさむら・のりこ

翻訳家. 東京教育大学文学部英文科卒業. 主な訳書に, 『百万人の数学（上・下）』『機械学習』『ロボット』（以上, 日本評論社）, 『現代科学史大百科事典』（朝倉書店）, 『チーズの歴史』（ブルース・インターアクションズ）, 『毒性元素』（共訳, 丸善出版）他がある.

宇《う》宙《ちゅう》の隠《かく》れた形《かたち》を解《と》き明《あ》かした数《すう》学《がく》者《しゃ》

カラビ予《よ》想《そう》からポアンカレ予《よ》想《そう》まで

2020年10月20日　第1版第1刷発行

訳者　久村典子

発行所　株式会社 日本評論社

〒170-8474 東京都豊島区南大塚3-12-4

電話：03-3987-8621［販売］ 03-3987-8599［編集］

印刷所　精文堂印刷

製本所　難波製本

カバー＋本文デザイン　粕谷浩義（StruColor）

ISBN978-4-535-78906-7